DER INDUSTRIEOFEN
IN EINZELDARSTELLUNGEN

HERAUSGEBER:

OB.-ING. L. LITINSKY
LEIPZIG

BAND I:

WÄRMETECHNISCHE GRUNDLAGEN DER INDUSTRIEÖFEN

VON

HOFRAT ING. HANS v. JÜPTNER
O. Ö. PROFESSOR

Springer-Verlag Berlin Heidelberg GmbH 1927

WÄRMETECHNISCHE GRUNDLAGEN DER INDUSTRIEÖFEN

EINE EINFÜHRUNG
IN DIE WÄRMELEHRE UND GEDRÄNGTE ÜBERSICHT
ÜBER DIE VERSCHIEDENEN ARTEN VON BRENNSTOFFEN
UND IHRE VERWERTUNG

VON

HOFRAT ING. HANS v. JÜPTNER
O. Ö. PROFESSOR

MIT 25 FIGUREN IM TEXT

Springer-Verlag Berlin Heidelberg GmbH 1927

ISBN 978-3-662-33392-1 ISBN 978-3-662-33789-9 (eBook)
DOI 10.1007/978-3-662-33789-9

Ursprünglich erschienen bei Otto Spamer, Leipzig 1927.

Vorwort des Herausgebers.

Bei der immer mehr durchdringenden Erkenntnis der Notwendigkeit der Spezialisierung auf allen Gebieten der Industrie und der Technik kann folgerichtig auch das Gebiet der technischen Literatur nicht ausgeschaltet werden. Es leuchtet ohne weiteres ein, daß in technischen Werken von mehr oder weniger zusammenfassendem Inhalt den einzelnen Gebieten der Technik schon allein aus Raumgründen nicht eine solche Behandlung zuteil werden kann, wie diese es eigentlich ihrer Natur und Bedeutung nach beanspruchen könnten. Diese Tatsache zwingt deshalb zu gleichzeitiger Anschaffung von mehreren Büchern, in welchen das fragliche Spezialgebiet häufig nur fragmentarisch behandelt wird, und verursacht nicht selten insofern unnütze Ausgaben, als ein großer Teil des sonstigen Inhaltes des angeschafften Buches den Spezialfachmann gar nicht interessiert. Es kommt noch hinzu, daß das Nachsuchen in mehreren Werken mit Verlust an kostbarer Zeit verbunden ist. Eine Sparwirtschaft und Rationalisierung muß deshalb auch auf dem Gebiet der technischen Literatur mit angewendet werden.

Von allen Gebieten der technischen Literatur ist kein einziges bis jetzt dermaßen vernachlässigt worden, wie das Gebiet der industriellen Öfen. Die wenigen vorhandenen Werke behandeln gleichzeitig mehrere Gebiete; über viele industrielle Öfen ist in der Buchliteratur überhaupt nur wenig zu finden. Bedenkt man, daß der Industrieofen die Seele beinahe eines jeden industriellen Prozesses ist, so sieht man ein, daß in bezug auf Bücher auf diesem Gebiete ein unzweifelhafter Mangel herrscht, dem unbedingt abgeholfen werden muß.

Nach dem vorliegenden Plan soll jeder industrielle Ofen in einem besonderen Buch für sich behandelt werden. Es ist eine Reihe voneinander unabhängiger Einzelbücher geplant, und zwar zunächst über folgendes: Hochöfen, Siemens-Martin-Öfen und andere Stahlwerksöfen, Kokereiöfen, Gaswerksöfen, Schwelöfen, Zementbrennöfen, Kalkbrennöfen, Keramische Brennöfen, Öfen zum Brennen von Dolomit, Magnesit usw., Ziegelbrennöfen, Porzellanbrennöfen, Brennöfen für feuerfeste Erzeugnisse, Glasschmelzöfen, Emaillieröfen, Holzverkohlungsöfen, Ofenberechnungen, Grundlagen des Ofenbaues, Wärmetechnik im Ofenbau, Torfverkohlungsöfen, Gießereiöfen, Öfen der chemischen Industrie, Erzröstöfen, Metallschmelzöfen, Destillier- und Raffinieröfen, Hüttenmännische Öfen, Gaserzeuger für Industrieöfen, Baustoffe der Industrieöfen, Wärmeregeneration in den industriellen Ofenanlagen, Betriebsüberwachung der industriellen Ofenanlagen, industrielle

Ofenheizgase, Schornsteine, Abhitzeverwertung in den Industrieöfen, Staubfeuerung in den Industrieöfen usw. usw.

Dem vorliegenden Band folgen in Kürze eine Reihe weiterer Spezialbände.

Ich hoffe durch die Herausgabe der Sammlung „Der Industrieofen in Einzeldarstellungen“ einem wirklichen Bedürfnis entsprochen zu haben und bitte die Herren Fachgenossen mich durch Verbesserungswünsche und weitere Anregungen zu unterstützen.

L. Litinsky.

Vorwort des Verfassers.

Der vorliegende erste Band der Sammlung „Der Industrieofen in Einzeldarstellungen“ soll die wärmetechnischen Grundlagen der industriellen Öfen, auf welchen ja nicht nur der rationelle Betrieb, sondern auch die Konstruktion der technischen Feuerungen beruht, in möglichst knapper Form bringen. Er behandelt zunächst die Wärmelehre einschließlich der Wärmeübertragung, der Verbrennung, der Mittel zur Erzielung einer vollständigen Verbrennung, bespricht dann kurz die Prüfung der Feuerungsanlagen, gibt hierauf eine gedrängte Übersicht der Brennmaterialien und ihrer Veredlungsverfahren und schließt mit einer kurzen Übersicht über die verschiedenen Arten ihrer Verwendung. Das Werk bezweckt, eine Wiederholung dieser Grundlagen in den folgenden Bänden der Sammlung zu ersparen, und mußte, um nicht allzu umfangreich zu werden, namentlich in den die Brennstoffe enthaltenden Kapiteln, möglichst gedrängt gehalten werden. Daß hierbei das richtige Maß getroffen und das Buch seinem Zwecke dienen möge, wünscht

Wien, im März 1927. **Der Verfasser.**

Inhaltsverzeichnis.

Figurenverzeichnis.

I. Wärmelehre.

Arten der Energie, Wärme, Temperatur und Wärmemenge, Wärmeeinheiten, Wärmekapazität, spezifische Wärme.

Der Zweck aller Öfen ist es, in rationeller Weise Wärme zu erzeugen und auf zu erhitzende Räume oder Körper zu übertragen, wobei wir uns zur Gewinnung der Wärme in erster Linie der Brennstoffe, in vielen Fällen heute auch der Elektrizität und manchmal auch der mechanischen Energie bedienen.

Die Wärme ist eine bestimmte Form der Energie, wobei wir unter Energie alles verstehen, was Arbeit leisten kann. Solche Energieformen gibt es verschiedene, die sich in zwei scharf von einander getrennte Gruppen einteilen lassen:

A. Potentielle Energie (Energie der Lage, Spannkraft). Hierher gehören alle jene Energieformen, welche unmittelbar keine Arbeit leisten können, weil sie hieran irgendein vorhandener Widerstand hindert. So gehört hierher die Energie einer gespannten Feder, des im Staubecken gesammelten Wassers, des in einem hinreichend starken Gefäße enthaltenen hochgespannten Dampfes, aber auch die in den Brenn- und Explosivstoffen aufgespeicherte chemische Energie. Alle diese, man kann sie als latente bezeichnen, Energieformen müssen freigemacht, d. h. es muß zuerst das Hindernis, welches ihrer Wirksamkeit entgegensteht, beseitigt werden, ehe sie Arbeit leisten können.

B. Kinetische Energie (Energie der Bewegung, lebendige Kraft), welche jeder bewegten Masse (*m*) innewohnt und, indem sie Arbeit leistet, in eine andere Energieform übergeht. Je nachdem es sich hierbei um bewegte größere Massen, um bewegte Atome und Moleküle, um die Bewegung von Elektronen oder des Lichtäthers handelt, unterscheidet man folgende verschiedene Arten:

Handelt es sich um die Bewegung größerer Massen, so haben wir mechanische Energie (und Schallwellen), bei der Bewegung von Molekülen und Atomen haben wir Wärme, bei jener von Elektronen elektrische Energie und bei jener des Lichtäthers strahlende Energie[1]).

Wenn eine Kraft *K* eine Masse *M* längs einer Wegstrecke *s* fortbewegt und hierbei einen bestimmten Widerstand überwinden muß, wobei unsere Masse

---

[1]) Allerdings rechnet man zur strahlenden Energie auch die Bewegungsenergie von fortgeschleuderten Elektronen oder ganz kleinen Massenteilchen, wie bei den α- und β-Strahlen.

nach Zurücklegung des Weges s zum Stillstand kommt, so ist dieser Widerstand ebenso groß wie die Kraft K, und bei dieser Bewegung wird die Arbeit

$$A = K \cdot s$$

sein. Würde dieselbe Kraft die Masse M längs der Wegstrecke s fortbewegen, ohne daß hierbei irgendein Widerstand zu überwinden wäre, so würde die Masse M am Ende des zurückgelegten Weges eine Geschwindigkeit v erlangen, und die von der Kraft geleistete Arbeit wäre dann

$$A = \frac{M \cdot v^2}{2} .$$

Da nun diese beiden Arbeitsgrößen einander gleich sein müssen, wird

$$\frac{M v^2}{2} = K \cdot s .$$

Die im zweiten Falle geleistete Arbeit ist nämlich nicht verloren, sie ist selbst Energie, denn wenn wir der Masse M, nachdem sie die Geschwindigkeit v erlangt hat, das Hindernis K entgegensetzen, so ist sie imstande, dasselbe durch die Wegstrecke s hindurch zu überwinden, indem sie dieselbe mit verzögerter Geschwindigkeit fortbewegt, bis sie endlich nach Zurücklegung des Weges s zum Stillstand kommt.

Da nun alle freien Energieformen Bewegungsenergien sind und sich nur durch die Art der bewegten Massen (größere Massen, Atome und Moleküle, Elektronen und Ätherteilchen) voneinander unterscheiden, andererseits aber die bewegten Teilchen öfter gegeneinander stoßen werden, ist es selbstverständlich, daß es hierbei dazu kommen muß, daß eine Energieform in eine andere übergeht, sowie daß diese Energieumwandlungen in einem Äquivalenzverhältnisse stattfinden werden. Andererseits ergibt sich hieraus aber auch ohne weiteres, daß sich auf diese Weise keine vollständige Umwandlung der einen Energieform in eine zweite erzielen lassen wird, da ja die Energie übertragenden Zusammenstöße zwischen sehr verschiedenen bewegten Massen eintreten werden.

Wenden wir uns nun wieder der Wärme zu, die uns ja hier besonders interessiert, so bezeichnen wir damit jene Energieform, welche sich durch unser Gefühl merklich macht, indem wir finden, daß ein von uns berührter Körper warm oder kalt sei, was nichts anderes sagt, als daß die Bewegungsenergie der Teilchen des berührten Körpers in ersterem Falle größer ist als jene unseres Körpers, also teilweise auf letzteren übergeführt wird, während im zweiten Falle der entgegengesetzte Vorgang eintritt. Das Gefühl sagt uns nun auch, ob der eine Körper, den wir berührten, wärmer oder kälter ist als ein zweiter, d. h. ob die Energie seiner Molekularbewegungen, also seine Temperatur, größer oder kleiner ist als jene des anderen. Zur Messung der Temperatur bedient man sich des Thermometers (oder für hohe Temperaturen des Pyrometers), deren älteste auf der Messung der Volumenänderungen beruhen, welche ein hierbei benutzter Körper beim Erwärmen erleidet.

Bei festen Körpern ist die lebendige Kraft der Molekular- (bzw. Atom-) bewegungen nicht groß genug, um die Anziehung zweier benachbarter Teilchen vollständig zu überwinden; aber sie werden zufolge ihrer dichten Lagerung häufig zusammenstoßen, also nur kurze Wegstrecken zurücklegen, und ihre relative Lage gegeneinander nicht ändern können, so daß wir die Bewegung ihrer kleinsten Teilchen als Schwingungen um eine Gleichgewichtslage ansehen können.

Führen wir nun dem festen Körper immer mehr Wärme zu, so werden folgende Erscheinungen auftreten: Mit zunehmender Temperatur ändert der Körper sein Volum, und zwar tritt meistens (wenn auch nicht immer) eine Ausdehnung desselben ein. Zu diesem Zwecke muß aber zunächst der äußere Druck, der auf dem Körper lastet (gewöhnlich der Luftdruck) überwunden werden, d. h. es wird äußere Arbeit (*G. Schmidt* nennt sie ganz richtig „äußere Verschiebungsarbeit") geleistet. Tritt beim Erwärmen des Körpers eine Volumsverringerung ein, so wird diese Arbeit negativ.

Neben dieser äußeren Verschiebungsarbeit muß aber auch noch ein Teil der zugeführten Wärme dazu dienen, die Entfernung der einzelnen Atome oder Moleküle voneinander zu vergrößern (oder wenn Zusammenziehung eintritt, zu verringern), also die gegenseitige Anziehung derselben entsprechend zu verändern, d. h. innere Arbeit („innere Verschiebungsarbeit") zu leisten. Gleichzeitig kann unter Umständen durch die Wärmezufuhr auch eine Spaltung der Moleküle (Dissoziation) hervorgerufen werden, die auch einen Teil der inneren Arbeit darstellt.

Endlich wird ein Teil der zugeführten Wärme auch dazu verwendet, die kinetische Energie der Moleküle des festen Körpers zu vergrößern, also seine Temperatur zu erhöhen, für welche *G. Schmidt* die Bezeichnung „innere Bewegungsarbeit" gewählt hat.

Führen wir dem festen Körper noch weiter Wärme zu, so erreicht er allmählich seine Schmelztemperatur (die auch von dem auf ihn wirkenden äußeren Druck abhängig ist, weil sich ja beim Schmelzen gewöhnlich sein Volum ändert). Jetzt bleibt die Temperatur des Körpers so lange konstant, bis er vollständig geschmolzen, d. h. in den flüssigen Zustand übergegangen ist. Die hierbei ihm zugeführte Wärme wird also latent, oder mit anderen Worten, sie wird vollständig in äußere und innere Verschiebungsarbeit umgewandelt.

Wenn man dem vollständig geschmolzenen Körper weiter Wärme zuführt, so steigt auch wieder seine Temperatur, da jetzt die Wärmezufuhr nicht allein mehr für innere und äußere Verschiebungs-, sondern auch für innere Bewegungsarbeit aufgewendet wird. Die Art der so entstehenden Molekularbewegung ist aber nicht mehr ganz die gleiche, wie im festen Zustande. Im flüssigen Körper kann die lebendige Kraft der Molekularbewegung die Anziehung mancher benachbarter Moleküle so weit überwinden, daß eine gegenseitige Verschiebung der Moleküle möglich ist, sie also keine Gleichgewichtslage mehr besitzen. Hingegen ist selbe noch immer nicht groß genug, die Anziehung aller Moleküle zu überwinden.

Bei weiterer Erwärmung des nun flüssigen Körpers erreicht derselbe schließlich die Temperatur seines (gleichfalls vom äußeren Druck abhängigen) Siedepunktes, und es tritt auch hier wieder solange keine Temperaturerhöhung ein, d. h. die zugeführte Wärme wird so lange vollständig auf innerer und äußerer Verschiebungsarbeit verbraucht, bis er vollständig vergast ist, wonach eine weitere Wärmezufuhr abermals Temperaturerhöhung (Vergrößerung der inneren Bewegungsenergie) hervorruft. Bei Gasen ist nun die Molekularbewegung eine noch freiere als bei flüssigen Körpern. Die einzelnen Moleküle bewegen sich so lange geradlinig fort, bis sie an andere Moleküle oder an die Gefäßwände anprallen und dann — wie vollkommen elastische Körper — wieder zurückgestoßen werden und neuerdings ihren Weg in gerader Richtung bis zum nächsten Anprall fortsetzen.

Für die sogenannten idealen Gase gilt nun das *Boyle-Gay-Lussac*sche Gesetz, nach welchem die Ausdehnungskoeffizienten aller idealen Gase (d. h. die einer Temperaturerhöhung um 1° C bei konstantem Druck entsprechende Volumsvergrößerung) ebenso wie die Spannungskoeffizienten (d. h. die bei konstantem Volum eintretenden, einer Temperatursteigerung um 1° C entsprechenden Druckänderungen) α gleich groß sind, ein Gesetz, das zwar selbst bei permanenten Gasen nicht ganz genau zutrifft bei anderen aber, namentlich in der Nähe des Kondensationspunktes, nicht unbeträchtlich abweicht, aber immerhin als annähernd gültig angenommen werden kann. Sind V_0 und P_0 Volum und Druck eines Gases bei 0° C und α dessen Ausdehnungs- bzw. Spannungskoeffizient, so haben wir für eine andere Temperatur t° C

$$V_t = V_0 (1 + \alpha t)$$

bzw.

$$P_t = P_0 (1 + \alpha t)$$

oder wenn wir für α den Mittelwert 0,003668 einsetzen

$$V_t = V_0(1 + 0{,}003\,668\, t) = V_0 \left(\frac{273 + t}{273}\right)$$

und

$$P_t = P_0 (1 + 0{,}003\,668\, t) = P_0 \left(\frac{273 + t}{273}\right).$$

Bei einer Temperatur $t = -273$° C würde somit sowohl das Gasvolum als auch seine Spannung den Wert Null erreichen, und diese Temperatur also die niedrigste sein, die man sich überhaupt als möglich vorstellen kann. Man nennt sie deshalb absoluten Nullpunkt und die von ihm aus gezählten Temperaturen absolute Temperaturen ($T = 273 + t$).

Bei Gasen ist nun die mittlere kinetische Energie der Molekularbewegung der absoluten Temperatur proportional. Setzen wir das Molekulargewicht derselben $= M$, die mittlere Geschwindigkeit bei den absoluten Temperaturen $T = \overline{v}$, bei T' aber $= \overline{v}'$, so ist

$$\frac{M \cdot \overline{v}^2}{2} : \frac{M\, \overline{v}'^2}{2} = T : T_1$$

oder

$$\left(\frac{\bar{v}}{\bar{v}_1}\right)^2 = \frac{T}{T_1},$$

und das gleiche gilt auch für flüssige und feste Körper, nur daß bei letzteren die mittlere Schwingungsenergie ihrer Atome in Betracht kommt.

Von der Temperatur haben wir aber auch noch die Wärmemenge zu unterscheiden, denn um beispielsweise 2 kg eines Körpers von 0° auf *t*° C zu erwärmen, brauchen wir natürlich zweimal so viel Wärme (richtiger ausgedrückt, Wärmeenergie), als zur gleichen Erwärmung von 1 kg erforderlich wäre. Zum Messen von Wärmemengen bedürfen wir einer Maßeinheit, die man als Wärmeeinheit oder Calorie bezeichnet, und als welche man jene Wärmemenge gewählt hat, welche nötig ist, um die Temperatur der Gewichtseinheit Wasser um 1° C zu erhöhen.

Je nachdem man nun als Gewichtseinheit 1 kg oder 1 g wählt, unterscheidet man die große oder Kilogrammcalorie (Cal) von der kleinen oder Grammcalorie (cal). 1 Cal = 1000 cal. Überdies sind die Wärmemengen, welche man braucht, um die Gewichtseinheit Wasser von 0° auf 1° C oder von 18° auf 19° C usw. zu erwärmen, nicht ganz gleich. So wählte *Berthelot* die Erwärmung von 0° auf 1° C, *J. Thomson* jene von 18 auf 19° C, *Bunsen* sowie *A. Schuller* und *V. Wartha* aber jene Wärmemenge als Einheit, welche durchschnittlich für 1° Temperaturerhöhung des Wassers im Temperaturintervall von 0° bis 100° erforderlich ist. Der Unterschied zwischen denselben ist jedoch nicht groß, wie folgende Zahlen zeigen:

Forscher	Temperatur-intervall	Wert der Calorie		
Berthelots Calorie	0°— 1° C	1,0	0,9980	0,9950
J. Thomsens Calorie	18°— 19° C	1,001	1,0	0,9960
Calorie nach *Bunsen* sowie *A. Schuller* und *V. Wartha*	0°—100° C	1,005	1,004	1,0

Manchmal, wenn auch sehr selten, wird auch die zum Schmelzen der Gewichtseinheit Eis bei 0° C und Atmosphärendruck aufzuwendende Wärmemenge, die man als Eiscalorie bezeichnet, benutzt. Sie ist ungefähr = 80 gewöhnlichen Calorien.

Erhitzt man einen anderen Körper als Wasser um 1° C, so braucht man hierzu für die Gewichtseinheit eine andere Wärmemenge, und das Verhältnis dieser zu jener, welche beim Wasser erforderlich ist, nennt man spezifische Wärme, während man jene Wärmemenge, welche eine (von der Einheit abweichende) bestimmte Gewichtsmenge eines Körpers um 1° C zu erwärmen vermag, seine Wärmekapazität nennt.

R. Clausius hat[1]) vorgeschlagen, nur jenen Teil der 1 kg eines Körpers zugeführten Wärmemenge, welche nur zur Erhöhung seiner Temperatur allein um 1° C dient, als wahre spezifische Wärme oder (späterer Vorschlag) als wahre Wärmekapazität zu bezeichnen, so daß hierbei der auf

[1]) Abhandlungen über die mechanische Wärmetheorie, I, S. 258, Anmerkung.

anderweitige Wirkungen im erwärmten Körper verbrauchte Teil der zugeführten Energie nicht in Betracht käme. Diese Anregung hat jedoch in der Literatur keine Verbreitung gefunden, weil sonst leicht Begriffsverwechslungen eintreten könnten, da man allgemein unter wahrer spezifischer Wärme jene Wärmemenge versteht, welche die Gewichtseinheit eines Körpers bei einer bestimmten Temperatur t um 1° erhöht (man bezeichnet sie mit c_t), während man jene Wärme, welche innerhalb eines bestimmten Temperaturintervalls (t bis t_1) eine durchschnittliche Temperaturerhöhung um 1° bewirkt, als mittlere spezifische Wärme bezeichnet (c_{t-t_1} oder $c_t^{t'}$). Beide Werte stehen zueinander in folgenden Beziehungen[1]):

$$c_{t-t_1} = A + B(t_1 + t) + C(t_1^2 + t_1 t + t^2) + \ldots$$

$$c_t = A + 2Bt + 3Ct^2 + \ldots$$

Setzt man in erster Gleichung $t_1 = 0$, d. h. will man die mittlere spezifische Wärme eines Körpers zwischen 0° und t° darstellen, so hat man

$$c_{0-t} = A + B + t + Ct^2 + \ldots$$

Zwischen der Wärmemenge, welche erforderlich ist, um die Temperatur eines Körpers um 1° zu erhöhen, wenn derselbe hierbei sein Volum beibehält oder aber sich gegen einen äußeren Druck ausdehnt, ist natürlich auch ein Unterschied, da im zweiten Falle äußere Arbeit sowohl als innere Verschiebungsarbeit geleistet werden muß. Man unterscheidet daher auch noch zwischen spezifischer Wärme bei konstantem Volum (c_v) und jener bei konstantem Druck (c_p), doch sind beide für feste und flüssige Körper nahezu gleich, so daß man in der Praxis diese Unterscheidung nur bei Gasen und Dämpfen trifft.

Der Unterschied zwischen beiden ist gleich der bei der Volumsänderung dv gegen den äußeren Druck p zu leistenden Arbeit

$$c_p - c_v = A \cdot p \cdot dv \text{ }^{2)}.$$

Allgemein läßt sich sagen, daß die spezifischen Wärmen fester und flüssiger Körper mit der Temperatur wachsen, sowie daß die spezifische Wärme desselben Körpers im flüssigen Zustande größer ist als im festen:

---

[1]) Es sind dies empirische Gleichungen, wie man sie gewöhnlich für solche Abhängigkeiten aufstellt. Streng gültig wäre, wenn die Erwärmung von 0° auf $\pm t$° C $q = f(t)$ Cal erfordert, für die

wahre spezifische Wärme

$$c_t = \frac{dq}{dt},$$

hingegen für die mittlere spezifische Wärme

$$c_{t'-t} = c_t^{t'} = \frac{1}{t'-t}\int_t^{t'} dq.$$

[2]) $p \cdot dv$ wäre diese Arbeit in mechanischen Einheiten gemessen, während $A \cdot p \cdot dv$ dieselbe Größe in Calorien ausgedrückt darstellt.

Substanz	fest		flüssig	
	Temperatur-intervall in ° C	spezifische Wärme	Temperatur-intervall in ° C	spezifische Wärme
Jod	0 bis 100	0,05412	—	0,10822
Schwefel	13 „ 97	0,2026	120 bis 150	0,234
Phosphor	10 „ 30	0,1887	50 „ 100	0,2045
Quecksilber	—40 „—78	0,0319	0 „ 100	0,0333
Blei	0 „ 100	0,0314	350 „ 450	0,0402
Wismut	0 „ 100	0,0308	280 „ 380	0,0363
Zinn	0 „ 100	0,0562	250 „ 350	0,0637
Gallium	23 „ 12	0,079	119 „ 12	0,0802
Wasser	—2 „—21	0,48	0 „ 20	1,0000
Kaliumnitrat	0 „ 100	0,239	350 „ 435	0,332
Natriumnitrat	0 „ 100	0,279	320 „ 430	0,413
Na_2HPO_4, $2\,H_2O$	—	0,4077	40 „ 80	0,7467
$CaCl_2$, $6\,H_2O$	unter 0	0,345	33,5 „ 80	0,555
Chloralhydrat	17 bis 44	0,206	51 „ 88	0,470

Von der Regel, daß die spezifische Wärme der festen und flüssigen Körper mit der Temperatur wächst, macht das Quecksilber eine beachtenswerte Ausnahme, wie folgende Zusammenstellung lehrt:

Temperatur °C	Wahre spezifische Wärme des Quecksilbers nach		
	Winkelmann	*Naccari*	*Milthaler*
0	0,03336	0,03337	0,03327
20	0,03322	0,03326	0,03308
40	0,03308	0,03315	0,03290
60	0,03295	0,03305	0,03271
80	0,03281	0,03294	0,03253
100	0,03267	0,03284	0,03235
140	0,03238	0,03264	0,03198
180	—	0,03245	0,03161
200	—	0,03235	0,03140

Hingegen ist der Übergang vom flüssigen in den gasförmigen Zustand mit einer Verkleinerung der spezifischen Wärme verbunden, wie folgende Zahlen zeigen:

Substanz	Spezifische Wärmen bei konstantem Druck und 0° C			
	Dampf		Flüssigkeit	
	c_p	α 1)	c_p	α 1)
Chloroform	0,1341	0,0000677	0,23235	0,00050716
Schwefelkohlenstoff	0,1315	0,0000963	0,23523	0,00081515
Äthylbromid	0,1354	0,0001780	—	—
Äther	0,3725	0,0004268	0,52191	0,0002958
Aceton	0,2984	0,0003869	0,5064	0,0003965
Essigäther	0,2738	0,0004350	0,52741	0,0005232
Benzol	0,2237	0,0005114	0,37980	0,0007200

1) α ist die Änderung der spezifischen Wärme für 1° C.

Die Ursache dieser Verschiedenheiten im Verhalten der spezifischen Wärme beim Übergang vom festen in den flüssigen und von diesem in den gasförmigen Zustand liegt darin, daß im festen und flüssigen Zustande neben der zur bloßen Temperaturerhöhung aufzuwendenden, sowie neben der ziemlich unbedeutenden, auf äußere Verschiebungsarbeit verbrauchten Wärmemenge noch ein recht beträchtlicher Anteil der zugeführten Wärme dazu dient, die Entfernung der einzelnen Moleküle voneinander zu vergrößern, also die gegenseitige Anziehung derselben zu überwinden. Die Abnahme der spezifischen Wärme des Quecksilbers mit steigender Temperatur dürfte wohl auf den hierbei stattfindenden Zerfall von komplexen Molekülen in einzelne Atome zurückzuführen sein.

Bei Gasen, die man unter konstantem Druck erwärmt, tritt eine bedeutende Volumsvergrößerung ein, wobei beträchtliche äußere Verschiebungsarbeit geleistet wird, die, wenn die Erwärmung bei konstantem Volum erfolgt, wegfällt. Der Unterschied zwischen beiden Werten, der durch $c_p - c_v = A \cdot p \cdot dv$ ausgedrückt wird, läßt sich leicht in folgender Weise berechnen.

1 g Luft nimmt bei 0° C und dem Atmosphärendruck den Raum von 773,3 ccm ein. Wird sie um 1° C erwärmt, so vergrößert sich dieses Volum um $\frac{1}{273}$, d. i. um 2,8326 ccm. Die hierfür zu leistende Arbeit ist gleich dem Produkt aus dieser Zahl und dem Druck einer Atmosphäre (1033 g/ccm), nämlich

$$1033 \cdot 2{,}8326 = 2926{,}1 \text{ g/ccm}$$

oder

$$\frac{2926{,}1}{42\,800} = 0{,}068\,367 \text{ cal.}$$

Wir finden somit für Luft

$$c_p - c_v = 0{,}068\,367 \text{ cal} = 2926{,}1 \text{ g/ccm.}$$

Für andere Gase erhalten wir andere Werte, so z. B. für den Wasserstoff

$$\begin{array}{r} c_p = 3{,}409 \\ c_v = 2{,}415 \\ \hline c_p - c_v = 0{,}994\,. \end{array}$$

Weit einfacher stellen sich diese Verhältnisse bei den Gasen, wenn wir die spezifische Wärme derselben auf gleiche Volumen beziehen. Da nun gleiche Volumen aller Gase bei gleicher Temperatur und gleichem Drucke auch eine gleiche Anzahl von Molekülen enthalten, empfiehlt es sich, das Gasvolum, auf welches wir die spezifischen Wärmen beziehen, so groß zu wählen, daß es genau ein Grammolekül (1 Mol), d. i. so viele Gramm Gas enthält, als sein Molekulargewicht beträgt. Für diese Gasmenge gilt (wenigstens, wenn wir es mit einem idealen Gase zu tun haben) die Gleichung

$$p \cdot v = R \cdot T\,,$$

in welcher $R = \frac{p_0 v_0}{273} = 8{,}322 \cdot 10^7\,\text{Erg} = 0{,}082314\,\text{l-Atm} = 1{,}982\,\text{cal} = 8{,}322\,\text{joule}$ zu setzen ist, während der Raum, den ein Gasmolekül bei 0° C und 760 mm

Quecksilberdruck einnimmt, 22,42 l (oder 22 420 cm³) beträgt. Die auf diese Gasmenge bezogene spezifische Wärme nennt man Molarwärme und bezeichnet sie mit C. Ist M das Molekulargewicht, so ist

$$M \cdot c_p = C_p$$
$$M \cdot c_v = C_v$$

und somit

$$C_p - C_v = R .$$

Anderseits können wir aber auch die Beziehungen zwischen beiden Arten der spezifischen Wärme statt durch die Differenz $c_p - c_v$ auch durch ihr Verhältnis $\frac{c_p}{c_v} = \frac{C_p}{C_v} = k$ ausdrücken, wobei zu erwähnen ist, daß dieses k denselben Wert besitzt wie die Exponentialgröße k in dem Ausdrucke

$$p \cdot v^k = p' \cdot v'^k \quad \text{bzw.} \quad \frac{T'}{T} = \left(\frac{v}{v'}\right)^{k-1}$$

für die adiabatische Kompression von Gasen (*Poisson*sches Gesetz). Da die äußere Arbeit nach früherem pro Mol $= R = 1{,}982$ cal ist, ergibt sich einfach

$$k = \frac{c_p}{c_v} = \frac{M\,c_p}{M\,c_v} = \frac{M\,c_v + 1{,}982}{M\,c_v} = 1 + \frac{1{,}982}{M\,c_v}$$

oder

$$k = \frac{M\,c_p}{M\,c_p - 1{,}982} .$$

Hieraus folgt weiter

$$M \cdot c_v\,(k-1) = 1{,}982$$

und

$$M \cdot c_v = \frac{1{,}982}{k-1} .$$

k läßt sich aus verschiedenen physikalischen Methoden bestimmen, so daß man also die Möglichkeit besitzt, die spezifische Wärme der Gase ohne jede calorische Messung zu ermitteln, vorausgesetzt, daß selbe dem *Boyle-Gay-Lussac*schen Gesetze folgen.

Dies wird begreiflich, wenn wir von der kinetischen Gastheorie ausgehen, nach welcher die Gasmoleküle sich mit sehr verschiedenen Geschwindigkeiten und nach den verschiedensten Richtungen durch den Raum bewegen, wobei sie natürlich gegeneinander, sowie gegen die Gefäßwände stoßen und wie vollkommen elastische Körper wieder abprallen werden, um ihre Bewegung in veränderter Richtung und Geschwindigkeit fortzusetzen. Die Stöße, welche die Moleküle gegen die Wand ausüben, verursachen den Gasdruck, und die mittlere kinetische Energie der Molekularbewegung, $\frac{m\bar{c}^2}{2}$, ist, wie schon früher gesagt, der absoluten Temperatur proportional. Haben also zwei Gase die nämliche Temperatur, so muß auch die mittlere kinetische Energie ihrer Molekularbewegungen gleich sein.

Ist $N_0 = 6{,}175 \cdot 10^{23}$ (*Lohschmid*sche Zahl) die Anzahl der in einem Mol enthaltenen Moleküle und W der Gesamtenergieinhalt, so ergibt sich

$$N_0 \cdot \frac{m \cdot \bar{c}^2}{2} = \frac{3}{2} R T = W$$

oder entsprechend dem sog. Gasgesetz

$$\frac{N_0 \cdot m \cdot \bar{c}^2}{3} = R T = p \cdot v\,.$$

Durch Differentiation dieser Gleichung erhalten wir

$$\frac{d W}{d T} = C_v = \frac{3}{2} R = 2{,}978$$

und nach

$$C_p - C_v = R$$

$$C_p = \tfrac{5}{2} R = 4{,}955\,.$$

Hiernach sollte die spezifische Wärme der Gase von der Temperatur unabhängig sein, wie dies auch *Nernst* beim einatomigen Helium nachgewiesen hat, bei welchem er zwischen 0° und 2000° C $C_v = 2{,}98$ fand.

Somit muß für solche einatomige Gase $k = \frac{C_p}{C_v} = {}^5/_3$ sein, wie das auch für Quecksilber, Helium und Argon tatsächlich gefunden wurde; auch für Jod, das bei sehr hohen Temperaturen einatomig ist, fand *Nernst* $C_v = 3{,}0$, also fast genau mit dem oben berechneten Werte übereinstimmend.

Bei mehratomigen Molekülen zeigt sich hingegen, wie die folgende Zusammenstellung *Nernsts* lehrt, nicht nur ein Ansteigen der Molarwärme mit der Temperatur, sondern dieselben haben schon bei 0° C einen bedeutend größeren Wert als $\frac{3}{2} R$. Überdies zeigt die Tabelle, daß die bei gleicher Temperatur miteinander verglichenen spezifischen Wärmen der Gase mit der Zahl der Atome im Molekül wachsen:

C_v in cal	0° C	100° C	200° C	500° C	1200° C	2000° C
Argon	2,98	2,98	2,98	2,98	3,0	3,0
Jod	—	—	—	—	3,0	3,0
Stickstoff, Sauerstoff, Chlorwasserstoff, Kohlenoxyd	4,90	4,93	5,17	5,35	5,75	6,22
Wasserstoff	4,75	4,78	5,02	5,20	5,6	6,0
Chlor	5,85	5,88	6,12	6,39	6,9	7,4
Wasser	5,93	5,97	6,45	6,95	8,6	12,1
Kohlensäure, Schwefeldioxyd	6,80	7,43	8,53	9,43	11,1	11,5
Ammoniak	6,62	6,82	7,41	8,52	—	—
Äthyläther	ca. 32	32,6	41,6	—	—	—

Eine Erklärung dieses verschiedenen Verhaltens ergibt sich in einfachster Weise aus der Überlegung, daß bei einatomigen Gasen keine anderen Bewegungen vorkommen können, als die geradlinigen Bewegungen der Moleküle[1]). Bei den mehratomigen Gasen kommen hinzu auch noch die rotierenden Bewegungen der Moleküle und die schwingenden Bewegungen der Atome innerhalb des Moleküls, welche natürlich gleichfalls einen Anteil der zur Erwärmung des Körpers nötigen Energie verbrauchen[2]).

Dies findet seine Bestätigung darin, daß nach *Clausius* die lebendige Kraft K der fortschreitenden Bewegung der Gasmoleküle zur lebendigen Kraft aller vorhandenen Molekularbewegungen H (einschließlich der rotierenden Bewegungen der Moleküle und der schwingenden Bewegungen ihrer Atome) in dem konstanten Verhältnis

$$\frac{K}{H} = \frac{3}{2}\left[\frac{C_p}{C_v} - 1\right] = \frac{3}{2}\,\frac{C_p - C_v}{C_v} = \frac{3}{2}\,\frac{R}{C_v} = \frac{3}{2}\,[k-1]$$

steht.

Für einatomige Gase, bei denen nach früherem $k = \frac{5}{3}$ ist, erhalten wir daraus

$$\frac{K}{H} = \frac{3}{2}\cdot\frac{2}{3} = 1\,,$$

d. h. bei solchen Gasen kommt nur die kinetische Energie der geradlinigen Molekularbewegung in Betracht.

Bei mehratomigen Gasen haben wir außer der kinetischen Molekularenergie, die natürlich ebenso wie früher um $\frac{3}{2}\,R$ für jeden Grad Celsius zunimmt, und der äußeren Arbeit R noch für die Erhöhung der Rotationsenergie der Moleküle und der Schwingungsenergie der Atome eine gewisse Energiemenge ε aufzuwenden, so daß wir schreiben können:

$$\frac{C_p}{C_v} = k = \frac{\frac{3}{2}R + \varepsilon + R}{\frac{3}{2}R + \varepsilon} = \frac{\frac{5}{2}R + \varepsilon}{\frac{3}{2}R + \varepsilon} = \frac{5R + 2\varepsilon}{3R + 2\varepsilon} = 1 + \frac{R}{\frac{3}{2}R + \varepsilon}\,.$$

Mit wachsender Zahl der im Molekül enthaltenen Atome wird somit k immer kleiner werden müssen und sich immer mehr dem Werte 1 nähern.

Für den Grenzfall, daß die Gasmoleküle aus einer unendlichen Anzahl von Atomen bestehen, wird $k = 1$, woraus sich

$$\frac{K}{H} = \frac{3}{2}\,[1 - 1] = 0$$

---

[1]) Die Rotationsenergie der Atome ist wegen des kleinen Atomdurchmessers, ebenso wie jene der Elektronen, gegenüber der kinetischen Energie der geradlinigen Bewegung zu vernachlässigen.

[2]) Da es nach den neuen Anschauungen sehr wahrscheinlich ist, daß der Atomkern selbst aus noch kleineren Massenpartikelchen (Wasserstoff? Helium?) aufgebaut ist, kann auch noch die Schwingungsenergie dieser kleinsten Teilchen in Frage kommen, wofür der Umstand sprechen würde, daß C_v beim Wasserstoff kleiner als bei N_2, O_2, HCl und CO, und auch dieser noch kleiner als beim ebenfalls zweiatomigen Cl_2 gefunden wurde. Ebenso ist C_v beim vieratomigen NH_3 kleiner als beim dreiatomigen CO_2 und SO_2, während sie bei letzteren größer ist als beim gleichfalls dreiatomigen H_2O.

ergibt, d. h. die kinetische Energie der Molekularbewegung verschwindet gegenüber der Schwingungsenergie der einzelnen Atome.

Wie die früher gegebene Zusammenstellung *Nernsts* zeigt, wächst die Molarwärme der mehratomigen Gase mit der Temperatur ziemlich merklich, eine Erscheinung, die *Mallard* und *H. Le Chatelier* veranlaßte[1]), für die Molarwärmen einiger technisch wichtigen Gase nachfolgende Gleichungen aufzustellen:

Kohlensäure . . . . . $M\,(c_o^t)_v$	$= 6{,}50 + 0{,}00387\,t$
Wasserdampf	$= 5{,}78 + 0{,}0287\,t$
Zweiatomige, permanente Gase	$= 4{,}76 + 0{,}00122\,t$.

Später[2]) vermutete *H. Le Chatelier*, daß sich die spezifischen Wärmen der verschiedenen Gase, die sich mit sinkender Temperatur einander immer mehr nähern, beim absoluten Nullpunkt einander gleich würden und etwa die Werte $M\,(c_o)_p = 6{,}5$ und $M\,(c_o)_v = 4{,}5$ erreichen[3]). Er stellte daher folgende allgemeine Gleichungen auf:

$$(C_p) = \frac{6{,}5 + \alpha T}{1000}; \qquad (C_o^T)_p = \frac{6{,}5 + 0{,}5\,\alpha T}{1000}$$

$$(C_p)_v = \frac{4{,}5 + \alpha T}{1000}; \qquad (C_o^T)_v = \frac{4{,}5 + 0{,}5\,\alpha T}{1000}$$

und wählte für α folgende Werte:

Wasserstoff, Stickstoff, Sauerstoff, Kohlenoxyd a	$= 0{,}0012$
Ammoniak, NH_3	$= 0{,}0071$
Kohlensäure, CO_2	$= 0{,}0074$
Stickoxydul, N_2O	$= 0{,}0089$
Wasserdampf, H_2O	$= 0{,}0058$
Äthylen, C_2H_4	$= 0{,}0137$
Chloroform, $CHCl_3$	$= 0{,}0305$
Bromäthyl, C_2H_4Br	$= 0{,}0324$
C_3H_8O	$= 0{,}0403$
C_6H_6	$= 0{,}0510$
CH_3, CO, O, C_2H_5	$= 0{,}0674$
$(C_2H_5)_2O$	$= 0{,}0738$

Wenn diese Formeln mit den direkten Versuchsergebnissen auch nicht vollkommen übereinstimmen, so sind die Abweichungen doch nur geringe, so daß sie sich für die praktische industrielle Anwendung deshalb besonders empfehlen, weil die, allerdings nicht zutreffende Annahme, daß die Molarwärmen aller Gase beim absoluten Nullpunkt gleich seien, die Rechnung wesentlich vereinfacht.

---

[1]) *Wiedemann* Beiblatt **14**, S. 364 (1890).

[2]) Ztschr. f. phys. Chemie I, S. 456 (1887).

[3]) Was allerdings nicht richtig ist, da ja die Molarwärmen einatomiger Gase nach dem früheren = 2,978 bzw. = 4,955 sind.

Zur Vereinfachung der Berechnungen kann folgende Tabelle dienen:

Wärmeinhalt verschiedener Gase zwischen 0° C und t° C

Temperatur in ° C	H_2, N_2, CO, O_2	H_2O	CO_2	Äußere Arbeit pro Mol in Cal
	1 Mol obiger Gase braucht zur Erwärmung von 0° C auf t ° C bei konstantem Druck, Cal			
100	0,689	0,837	0,889	0,2
200	1,39	1,73	1,85	0,4
300	2,10	2,69	2,89	0,6
400	2,82	3,69	3,99	0,8
500	3,56	4,77	5,19	1,0
600	4,31	5,87	6,44	1,2
700	5,07	7,08	7,78	1,4
800	5,82	8,23	9,07	1,6
900	6,63	9,62	10,67	1,8
1000	7,43	10,98	12,42	2,0
1100	8,24	12,40	13,85	2,2
1200	9,05	13,87	15,55	2 4
1300	9,89	15,41	17,3	2,6
1400	10,7	17,0	19,2	2,8
1500	11,6	18,65	21,1	3,0
1600	12,5	20,3	23,1	3,2
1700	13,3	21,8	25,2	3,4
1800	14,2	23,9	27,2	3,6
1900	15,1	25,8	29,55	3,8
2000	16,0	27,8	31,9	4,0
2100	17,0	29,8	34,2	4,2
2200	17,9	31,8	36,6	4,4
2300	18,9	33,9	39,2	4,6
2400	19,8	36,1	41,7	4,8
2500	20,8	38,3	44,4	5,0
2600	21,8	40,6	47,2	5,2

Für sehr hohe Temperaturen (zwischen 2000 und 4000° C) haben *Berthelot* und *Vieille*[1]) nachfolgende Gleichungen der Molarwärme bei konstantem Volum aufgestellt:

Für permanente Gase:

$$(C_v)_t = 6{,}7 + 0{,}0032\,(t - 2000)$$
$$= 0{,}3 + 0{,}0032\,t\,,$$
$$(C_v)_t^{t'} = 6{,}7 + 0{,}0016\,(t - 2000)$$
$$= 3{,}5 + 0{,}0016\,t,$$

Für Kohlensäure:

$$(C_v)_t = 19{,}1 + 0{,}0030\,(t - 2000)$$
$$= 13{,}1 + 0{,}0030\,t$$
$$(C_v)_t^{t'} = 19{,}1 + 0{,}0015\,(t - 2000)$$
$$= 16{,}1 + 0{,}0015\,\mathrm{t},$$

[1]) Compt. Rend. **95**, 1280; **96**, 116, 1218, 1358; Ann. de Chim. et de Phys. (6) **4**, 17.

für Wasserdampf:

$$(C_v)_t = 16{,}2 + 0{,}0076\,(t - 2000)$$
$$= 1{,}0 + 0{,}0076\,t$$
$$(C_v)_t^{t'} = 16{,}2 + 0{,}0038\,(t - 2000)$$
$$= 8{,}6 + 0{,}0038\,t.$$

In diesen Gleichungen sind 6,7, 19,1 und 16,2 die wahren spezifischen Wärmen der angeführten Gase, während sie sich nach den Gleichungen von *Le Chatelier* zu 7,0, 21,5 und 17,6 berechnen.

Wir haben früher gesehen, daß die einem Gase zugeführte Wärme zum Teil auf äußere Verschiebungsarbeit (Erwärmen bei konstantem Volum), zum Teil zur Erhöhung der kinetischen Molekularenergie (Temperaturerhöhung), zum Teil aber auch zur Vergrößerung der Rotationsenergie der Moleküle und der Schwingungsenergie seiner Atome verbraucht wird. Ist nun die Bindung der Atome und Moleküle eine sehr feste, so werden sie nur wenig oder gar nicht in Schwingungen kommen, die hierfür aufzuwendende Energiezufuhr und damit die spezifische Wärme solcher Gase wird daher kleiner werden, während sich dieselbe gleichzeitig mit der Temperatur nur wenig ändert (bei N_2, O_2, HCl, CO und bei Zimmertemperatur auch beim H_2). Wächst nun die Temperatur, so lockert sich die Bindung, die Energie der Atomschwingungen und damit die spezifische Wärme der Gase wird somit wachsen müssen, wie dies namentlich bei solchen Gasen, die schon bei Zimmertemperatur wenig stabil sind (Cl_2, Br_2, J_2, ClJ, BrJ usw.), besonders deutlich merkbar wird.

Von solchen Betrachtungen ausgehend, hat Prof. Dr. *Bernhard Neumann* in Breslau[1]) die spezifischen Wärmen der technisch wichtigsten Gase unter kritischer Benutzung der neuesten Beobachtungen neu berechnet. Er findet so folgende Gleichungen:

Einatomige Gase:

Argon $(mc_v) = 2{,}977$ konstant (nach *Pier*).

Zweiatomige Gase:

a) nach *Holborn, Henning, Langen.*

Stickstoff $c_p = 0{,}249 + 0{,}0000378\,t$
Sauerstoff $= 0{,}218 + 0{,}0000332\,t$
Kohlenoxyd $= 0{,}249 + 0{,}0000378\,t$
Luft $= 0{,}241 + 0{,}0000366\,t$
Wasserstoff $= 3{,}445 + 0{,}000526\,t$

b) nach *Pier, Bjerrum.*

Stickstoff $c_p = 0{,}249 + 0{,}0000332\,t$
Sauerstoff $= 0{,}218 + 0{,}0000281\,t$
Kohlenoxyd $= 0{,}249 + 0{,}0000332\,t$
Luft $= 0{,}241 + 0{,}0000311\,t$
Wasserstoff $= 3{,}445 + 0{,}0004464\,t.$

---

[1]) Stahl und Eisen 1919, S. 746, 772.

Mittlere spezifische Wärme bei konstantem Druck bezogen auf 1 kg Gas zwischen 0° und t° C.

Temperatur °C	CO_2, SO_2	H_2O	O_2	N_2, CO	Luft	H_2
0	0,202	0,462	0,218	0,249	0,241	3,445
100	0,209	0,464	0,219	0,251	0,2426	3,467
200	0,217	0,466	0,221	0,252	0,244	3,490
300	0,225	0,468	0,222	0,254	0,246	3,512
400	0,232	0,470	0,224	0,255	0,247	3,534
500	0,238	0,473	0,225	0,257	0,249	3,5566
600	0,243	0,476	0,226	0,259	0,250	3,579
700	0,248	0,479	0,228	0,2606	0,252	3,601
800	0,253	0,484	0,229	0,262	0,253	3,624
900	0,257	0,490	0,2306	6,264	0,255	3,646
1000	0,260	0,495	0,232	0,2656	0,2565	3,668
1100	0,263	0,500	0,2335	0,267	0,258	3,6905
1200	0,265	0,5065	0,235	0,269	0,260	3,713
1300	0,268	0,513	0,236	0,2706	0,261	3,735
1400	0,270	0,520	0,238	0,272	0,263	3,758
1500	0,273	0,527	0,239	0,274	0,264	3,780
1600	0,275	0,535	0,2405	0,2756	0,266	3,802
1700	0,278	0,544	0,242	0,277	0,267	3,824
1800	0,280	0,554	0,243	0,279	0,269	3,847
1900	0,282	0,566	0,245	0,2805	0,2705	3,869
2000	0,283	0,578	0,246	0,282	0,272	3,891
2100	0,284	0,590	0,248	0,284	0,2736	3,914
2200	0,286	0,603	0,249	0,2856	0,275	3,936
2300	0,288	0,616	0,250	0,287	0,277	3,958
2400	0,289	0,629	0,252	0,289	0,278	3,981
2500	0,290	0,642	0,253	0,2905	0,280	4,003
2600	0,291	0,655	0,255	0,292	0,281	4,025
2700	0,2925	0,669	0,256	0,294	0,283	4,047
2800	0,294	0,683	0,257	0,2955	0,284	4,070
2900	0,295	0,698	0,259	0,297	0,286	4,092
3000	0,296	0,713	0,260	0,299	0,288	4,1[illegible]5

Aus letzteren Werten ergeben sich für die mittlere spezifische Wärme bei konstantem Druck folgende Gleichungen:

$$\begin{aligned}
&\text{Stickstoff } (C_p)_m &&= 0{,}249 + 0{,}0000166\,t\\
&\text{Sauerstoff} &&= 0{,}218 + 0{,}0001406\,t\\
&\text{Kohlenoxyd} &&= 0{,}249 + 0{,}000166\,t\\
&\text{Luft} &&= 0{,}241 + 0{,}000155\,t\\
&\text{Wasserstoff} &&= 3{,}445 + 0{,}0002232\,t\,.
\end{aligned}$$

woraus sich wieder folgende mittlere Molarwärmen zwischen 0° C und t° C berechnen.

$$\begin{aligned}
&\text{Stickstoff } (C_p)_o^{t^\circ\,C} &&= 6{,}977 + 0{,}0004806\,t\\
&\text{Sauerstoff} &&= 6{,}977 + 0{,}00045\,t\\
&\text{Kohlenoxyd} &&= 6{,}977 + 0{,}000465\,t\\
&\text{Luft} &&= 6{,}977 + 0{,}000475\,t\\
&\text{Wasserstoff} &&= 6{,}948 + 0{,}000500\,t\,.
\end{aligned}$$

Mittlere spezifische Wärme bei konstantem Druck, bezogen auf 1 m³ Gas zwischen 0° und t° C[1]).

Temperatur °C	CO_2, SO_2	H_2O	O_2, N_2, Luft CO	H_2
0	0,397	0,372	0,312	0,310
100	0,410	0,373	0,314	0,312
200	0,426	0,375	0,316	0,314
300	0,442	0,376	0,318	0,316
400	0,456	0,378	0,320	0,318
500	0,467	0,380	0,322	0,320
600	0,477	0,383	0,324	0,322
700	0,487	0,385	0,326	0,324
800	0,497	0,389	0,328	0,326
900	0,505	0,394	0,330	0,328
1000	0,511	0,398	0,332	0,330
1100	0,517	0,402	0,334	0,332
1200	0,521	0,407	0,336	0,334
1300	0,526	0,413	0,338	0,336
1400	0,530	0,418	0,340	0,338
1500	0,536	0,424	0,342	0,340
1600	0,541	0,430	0,344	0,342
1700	0,546	0,438	0,346	0,344
1800	0,550	0,446	0,348	0,346
1900	0,554	0,455	0,350	0,348
2000	0,556	0,465	0,352	0,350
2100	0,558	0,475	0,354	0,352
2200	0,562	0,485	0,356	0,354
2300	0,566	0,495	0,358	0,356
2400	0,568	0,505	0,360	0,358
2500	0,570	0,516	0,362	0,360
2600	0,572	0,527	0,364	0,362
2700	0,574	0,538	0,366	0,364
2800	0,577	0,549	0,368	0,366
2900	0,579	0,561	0,370	0,368
3000	0,581	0,573	0,372	0,370

Ebenso erhält man für die mittlere Molarwärme zwischen 0° und T° absolut:

$$\begin{array}{lll} \text{Stickstoff} & (C_p)_0^T & = 6{,}846 + 0{,}00048\, T \\ \text{Sauerstoff} & & = 6{,}854 + 0{,}00045\, T \\ \text{Kohlenoxyd} & & = 6{,}843 + 0{,}000465\, T \\ \text{Luft} & & = 6{,}848 + 0{,}000475\, T \\ \text{Wasserstoff} & & = 6{,}8085 + 0{,}00050\, T\,. \end{array}$$

Viel unregelmäßiger verlaufen die Kurven der spezifischen Wärme bei Kohlensäure, schwefliger Säure[2]) und Wasserdampf, während für CH_4, C_2H_4, C_2H_2 und C_6H_6 zu wenig übereinstimmende Angaben vorliegen, um hieraus einheitliche Formeln aufstellen zu können.

Zur Erleichterung der calorischen Rechnungen seien vorstehende, teils von *B. Neumann* gegebene, teils vom Verfasser berechnete Tabellen für die technisch wichtigsten Gase mitgeteilt (S. 15 u. 16).

[1]) Die Werte für Wasserstoff vom Verfasser aus der vorigen Tabelle berechnet.

[2]) Erste beiden haben gleiche spezifische Wärme.

Der geringe Unterschied zwischen Wasserstoff und den anderen zweiatomigen Gasen kann für praktische Zwecke vernachlässigt werden. Bei Gasen kann man daher die einfache Gleichung

$$(C_p)_o^t = 0{,}312 + 0{,}00002\ t$$

benutzen.

Zur Vereinfachung der calorischen Berechnungen möge noch die Umrechnung auf 1 Mol mitgeteilt werden:

Wärmeinhalt eines Moles zwischen 0° und t° bei konstantem Druck (nach Neumanns Daten umgerechnet).

Temperatur °C	CO_2, SO_2	H_2O	O_2, N_2, Luft, CO	H_2
100	0,919	0,836	0,704	0,699
200	1,909	1,681	1,416	1,367
300	2,971	2,528	2,138	2,064
400	4,088	3,388	2,868	2,770
500	5,233	4,258	3,608	3,586
600	6,413	5,150	4,356	4,329
700	7,640	6,040	5,114	5,083
800	8,910	6,974	5,880	5,845
900	10.165	7,947	6,656	6,615
1000	11,452	8,919	7,440	7,396
1100	12,745	9,866	8,233	8,184
1200	14,062	10,897	9,036	8,982
1300	15,382	11,980	9,847	9,789
1400	16,691	13.058	10,667	10,604
1500	18,018	14,254	11,406	11,429
1600	19,398	15,418	12,334	12,263
1700	20,801	16,781	13,182	13,105
1800	22,186	18,090	14,038	13,957
1900	23,589	19,521	14,903	14,818
2000	24,920	21,441	15,797	15,687
2100	26,346	22,984	16,659	16,565
2200	27,708	25,688	17,552	17,455
2300	29,173	26,204	18,365	18,349
2400	30.550	27,881	19,266	19,255
2500	31,934	28,408	20,281	20,184
2600	33,328	30,186	21,208	21,108
2700	34,730	31,528	22,145	22,041
2800	36,205	32,855	23,092	22,983
2900	36,628	34,258	24,046	23,934
3000	39,061	35,677	25,010	24,893

Will man den Wärmeinhalt der Gase bei konstantem Volum berechnen, so kann man sich der früher nach *Le Chatelier* gegebenen Werte der molaren äußeren Arbeit bedienen, die dann von den Zahlen der vorstehenden Tabelle in Abzug zu bringen sind. Auch in diese Tabelle sind die Werte für Wasserstoff und die übrigen zweiatomigen Gase so ähnlich, daß man sich für solche Gase der einfachen Gleichung

$$(C_p)_o^t = 0{,}7 + 0{,}008065\ t$$

bedienen kann.

Über die interessante Arbeit von *Niels Bjerrum*[1]) wird nach Besprechung der spezifischen Wärmen fester Körper kurz berichtet werden.

Für die spezifische Wärme flüssiger Körper können wir auch heute noch nur empirische Gleichungen aufstellen, da hier neben der geradlinig fortschreitenden Bewegung der Moleküle auch noch die Schwingungsenergie derselben bzw. ihrer Atome in Frage kommt.

Für die spezifische Wärme des Wassers sind folgende Gleichungen aufgestellt worden:

a) Mittlere spezifische Wärme:

$c_0^t = 1 + 0{,}000\,02\,t + 0{,}000\,000\,3\,t^2$ (*Régnault*)
$= 1 + 0{,}000\,55\,t + 0{,}000\,000\,4\,t^2$ (*Jamin* und *Amaury*)
$= 1 + 0{,}000\,11\,t$ (nach *Régnaults* Versuchen von *Boscha* berechnet)
$= 1 + 0{,}000\,151\,t$ (nach *v. Münchhausens Versuchen* von *Wüllner* berechnet)
$= 1 + 0{,}000\,151\,5\,t$ (nach *Baumgartners* Versuchen von *Pfaundler* berechnet)

b) wahre spezifische Wärme:

$c_t = 1 + 0{,}000\,04\,t + 0{,}000\,000\,9\,t^2$ (nach *Régnault*)
$= 1 + 0{,}001\,10\,t + 0{,}000\,001\,2\,t^2$ (nach *Jamin* und *Amaury*)
$= 1 + 0{,}000\,22\,t$ (nach *Régnaults* Versuchen von *Boscha* berechnet)
$= 1 + 0{,}000\,302\,t$ (nach *v. Münchhausens* Versuchen von *Wüllner* berechnet)
$= 1 + 0{,}000\,303\,0\,t$ (nach *Baumgartners* Versuchen von *Pfaundler* berechnet)
$= 1 + 0{,}000\,315\,6\,t + 0{,}000\,004\,045\,t^2$ (nach *Henrichsen*).

Die spezifische Wärme des flüssigen Quecksilbers, die im Gegensatze zu den übrigen Flüssigkeiten mit wachsender Temperatur kleiner wird, wurde schon früher (S. 8) mitgeteilt.

Auf die spezifische Wärme amorpher Körper werden wir nach Besprechung jener festen Körper nochmals zurückkommen.

Für die spezifische Wärme fester Körper hat man bis jetzt meist gleichfalls nur empirische Gleichungen benutzt.

Schon im Jahre 1818 glaubten *Dulong* und *Petit* ein Gesetz gefunden zu haben, das unter ihrem Namen bekannt ist, heute aber überholt erscheint. Bezieht man die spezifischen Wärmen der festen Körper auf 1 Grammatom, statt auf die Gewichtseinheit, so erhält man ihre Atomwärme, die bei gewöhnlicher Temperatur für alle festen Stoffe annähernd = 6,4 sein soll. Hierbei ist für Verbindungen das Mittel der darin vertretenen Atomgewichte einzusetzen. Während dieses Gesetz nun für viele Elemente und Verbindungen tatsächlich annähernd zutrifft, zeigen doch manche Elemente (namentlich solche mit kleinen Atomgewichten) recht bedeutende Abweichungen (Kohlenstoff 1,8, Bor 2,7, Beryllium 3,7, Silicium 3,8, Phosphor 5,4, Schwefel 5,4), so daß diesem Gesetze nur eine recht beschränkte Gültigkeit zukommt.

Die klassischen Untersuchungen von *H. F. Weber* u. a. zeigten nun, daß die Atomwärmen dieser Elemente mit steigender Temperatur immer größer werden und sich also dem *Dulong-Petit*schen Werte immer mehr nähern, wie folgende Beispiele dartun:

[1]) Z. f. Elektrochemie **17**, 732 (1911).

Bor.

Amorph, $c_t^{t'}$	= 0,254	$A \cdot c_t^{t'}$ = 2,79	*Kopp* (18 bis 48° C)
krystallisiert	= 0,2518	= 2,77	*Mixtes* u. *Dana* (0 bis 100° C)
krystallisiert c	= 0,1915	$A \cdot c$ = 2,107	*Weber* (— 39,6° C)
	= 0,2382	= 2,520	„ (+ 26,6° C)
	= 0,2737	= 3,011	„ (+ 76,7° C)
	= 0,3069	= 3,376	„ (+125,8° C)
	= 0,3378	= 3,716	„ (+177,2° C)
	= 0,3663	= 4,029	„ (+233,2° C)

Kohlenstoff.

Gaskohle

$c_t^{t'}$ = 0,2040	$A \cdot c_t^{t'}$ = 2,448	*Bettendorf* u. *Wüllner* (24 bis 68° C)
= 0,3145	= 3,774	*Dewar* (20 bis 1040° C)

Holzkohle

$c_t^{t'}$ = 0,1653	$A \cdot c_t^{t'}$ = 1,984	*Weber* (0 bis 24° C)
= 0,1935	= 2,322	„ (0 bis 99° C)
= 0,2385	= 2,862	„ (0 bis 224° C)

Graphit

—186 bis —79° C	$c_t^{t'}$ = 0,075	$A \cdot c_t^{t'}$ = 0,90	*Behn*
— 79 „ +18° C	= 0,141	= 1,69	„
—50,3	c_t = 0,1138	= 1,37	*H. F. Weber*
—10,7	= 0,1437	= 1,72	„
10,8	= 0,1604	= 1,92	„
61,3	= 0,1990	= 2,39	„
138,5	= 0,2542	= 3,05	„
201,6	= 0,2966	= 3,56	„
249,3	= 0,3250	= 3,90	„
641,9	= 0,4450	= 5,34	„
822,0	= 0,4539	= 5,45	„
977,0	= 0,4670	= 5,60	„
19 bis 1040° C	$c_t^{t'}$ = 0,310	= 3,72	*Dewar*
0 „ 2000° C	= 0,475	= 5,70	*Violle*
0 „ 3000° C	= 0,535	= 6,42	„

Diamant.

—50,5° C	c_t = 0,0635	$A \cdot c_t$ = 0,76	*H. F. Weber*
—10,6	= 0,0955	= 1,15	„
10,7	= 0,1128	= 1,35	„
33,4	= 0,1318	= 1,58	„
58,3	= 0,1532	= 1,84	„
85,5	= 0,1765	= 2,12	„
140,0	= 0,2218	= 2,66	„
206,1	= 0,2733	= 3,28	„
247,0	= 0,3026	= 3,63	„
606,7	= 0,4408	= 5,29	„

Silicium, krystallisiert.

—39,8° C	c_t = 0,1360	$A \cdot c_t$ = 3,862	*H. F. Weber*
21,6	= 0,1697	= 4,819	„
57,1	= 0,1833	= 5,206	„
86,0	= 0,1901	= 5,399	„
128,7	= 0,1964	= 5,578	„
184,3	= 0,2011	= 5,711	„
232,4	= 0,2029	= 5.762	„

Im Jahre 1831 fand *Neumann*, daß die Produkte aus der spezifischen Wärme und dem Molekulargewicht (Molarwärmen genannt) chemisch ähnlicher Stoffe einander gleich seien, wie folgende Beispiele zeigen:

Kalkspat, $CaCO_3$	20,4
Dolomit (Ca, Mg), CO_3	20,4
Magnesit, $MgCO_3$	20,9
Spateisenstein, $FeCO_3$	20,8
Galmei, $ZnCO_3$	21,0
Schwerspat, $BaSO_4$	24,9
Cölestin, $SrSO_4$	25,4
Anhydrit, $CaSO_4$	23,9
Magnesia, MgO	11,4
Quecksilberoxyd, HgO	10,7
Zinkoxyd, ZnO	10,6
Kupferoxyd, CuO	10,9

II. Wärmelehre (Fortsetzung).

Neuere Ansichten über die spezifische Wärme.

1864 machte *Kopp* die Annahme, daß die Molekularwärme einer festen Verbindung gleich der Summe der Atomwärmen der darin enthaltenen Elemente sei. Besteht daher eine Verbindung aus n Atomen, so müßte nach dem *Dulong-Petit*schen Gesetze ihre Molekularwärme $= n \cdot 6{,}4$ sein. Berücksichtigt man jedoch die früher erwähnten Abweichungen vom *Dulong-Petit*schen Gesetze, so kann man das *Kopp*sche Gesetz zur Berechnung der Atomwärme solcher Elemente benutzen, die man noch nicht im festen Zustande kennt. So ergibt sich beispielsweise die Atomwärme des festen Sauerstoffes aus der spezifischen Wärme von Eisenoxydoxydul (0,156) in folgender Weise. Da das Molekulargewicht von $Fe_3O_4 = 232$ ist, beträgt seine Molarwärme

$$M \cdot c = 232 \cdot 0{,}156 = 36{,}2$$

$$= \sum A \cdot c = 3 \cdot 6{,}4 + 4x\,,$$

woraus man die Atomwärme des festen Sauerstoffs mit

$$x = 4{,}25$$

findet.

Daß dem *Kopp*schen Gesetze eine gewisse Berechtigung zukommt, ergibt sich daraus, daß die Berechnung der Atomwärme des festen Sauerstoffs aus den spezifischen Wärmen verschiedener Verbindungen gut übereinstimmende Werte ergibt.

Weitere Untersuchungen über die Atomwärmen fester Körper ergaben, daß sie bei allen (also nicht nur bei Elementen mit niederen Atomgewichten) mit sinkender Temperatur immer kleiner werden. So fand *Behn* für die Atomwärmen einiger Metalle folgende Werte:

Element	Atomwärme 100 bis 18°	18° bis −79°	−79 bis −186°
Kupfer	6,0	5,6	4,5
Nickel	6,4	5,8	4,3
Eisen.	6,3	5,6	4,0
Aluminium	6,0	5,3	4,3

so daß man geneigt war, anzunehmen[1]), daß sich dieselben einem unteren Grenzwert 3 nähern. In den letzten Jahren ergab sich jedoch, daß die Atomwärmen der festen Stoffe bei niederen Temperaturen außerordentlich rasch abfallen und sich beim absoluten Nullpunkte dem Nullwerte nähern (*Einstein* 1907, *Nernst* 1909).

Da sich dieses Verhalten mit den bisher benutzten empirischen Gleichungen in keiner Weise in Einklang bringen ließ, versuchte *Einstein*, unter Anwendung der sog. Quantentheorie das Temperaturgesetz der Atomwärmen zu entwickeln, wie wir dies im folgenden (in Anlehnung an *Nernst*) kurz skizzieren wollen. Zu diesem Zwecke müssen wir von den sog. Freiheitsgraden ausgehen, deren Theorie von *J. A. Maxwell* und von *Boltzmann* ausgebaut wurde. Betrachten wir ein einatomiges Gas, so ist der augenblickliche Bewegungszustand jedes einzelnen seiner Moleküle gegeben, wenn uns die drei Geschwindigkeitskomponenten in der Richtung der drei Koordinatenachsen eines senkrechten Koordinatensystems bekannt sind. Jedem Gasmolekül schreibt man nur so viele Freiheitsgrade zu, als zur vollständigen Darstellung seines Bewegungszustandes Variable erforderlich sind. Wenn wir unser einatomiges Gasmolekül als mathematischen Punkt auffassen, so kann ihm keine Rotationsenergie zukommen, und es kann daher keine andere als eine geradlinige Bewegung vollführen, bis dieses Molekül mit einem anderen zusammenstößt, worauf es sich in einer anderen Richtung, aber gleichfalls geradlinig, weiter bewegt usw. Unser Gasmolekül besitzt daher drei Freiheitsgrade. Bei im Wärmegleichgewichte befindlichen Gasen ist nun — wie *Maxwell* und *Boltzmann* gezeigt haben — die Wärmeenergie auf die vorhandenen Freiheitsgrade ganz gleichmäßig verteilt, so daß auf jeden derselben die gleiche Energiemenge entfällt. Diese gleichmäßige Verteilung der Energien wird nun, entsprechend der kinetischen Gastheorie, durch die zahlreichen Molekularzusammenstöße verursacht. Es ist das ein sehr wichtiger Satz, der jedoch nach den Vertretern der Quantentheorie nur dann gelten soll, wenn jeder einzelne Freiheitsgrad des Gasmoleküls das Vermögen besitzt, die Energie kontinuierlich, d. h. in jeder beliebig großen Menge, aufzunehmen oder abzugeben, wie dies beispielsweise bei unserem einatomigen Gase der Fall ist.

Der Wärmeinhalt eines solchen Gasatoms wird daher, nachdem es sich hierbei nur um die kinetische Energie der geradlinigen Bewegung handeln kann, gleich der Summe der kinetischen Energien aller Moleküle sein. Wir finden daher,

[1]) *Van 't Hoff*, Vorl. über theoret. und phys. Chemie, 2. Aufl. III, 66.

wenn n die Zahl der Moleküle in der Volumeinheit, V das Molekularvolum, m die Masse eines Moleküls, c seine Geschwindigkeit und N_0 die Zahl der 1 Mol bildenden Moleküle bedeutet, für diesen Wärmeinhalt

$$W = \tfrac{1}{2} m \bar{c}^2 \cdot nV = \tfrac{1}{2} m \bar{c}^2 \cdot N_0 .$$

Unter Berücksichtigung der für 1 Mol geltenden Gasgleichung $P \cdot V = R\,T$ und des aus der kinetischen Gastheorie sich ergebenden Ausdruckes für die Gasspannung

$$P = \tfrac{1}{3} n \cdot m \cdot \bar{c}^2$$

folgt dann weiter

$$W = \tfrac{3}{2} P \cdot V = \tfrac{3}{2} R\,T .$$

Somit finden wir für die Molekularwärme unseres einatomigen Gases bei konstantem Volum

$$C_v = \frac{dW}{dT} = \frac{3}{2} R .$$

Nun ist $R = 1{,}985$ cal oder rund 2 cal, so daß die Molarwärme unseres einatomigen Gases bei konstantem Volum rund 3 cal betragen muß. Somit muß auf jeden der drei Freiheitsgrade eines solchen Moleküls bei der Temperatur T die Energiemenge $\frac{R\,T}{2}$ entfallen und der Energiezuwachs jedes Freiheitsgrades wird für 1° C Temperaturerhöhung $\frac{R}{2}$ cal betragen müssen.

Wenden wir uns nun der Betrachtung dieser Verhältnisse bei einem Grammatom eines einatomigen, festen, krystallisierten isotropen Elementes (beispielsweise eines Metalles) zu, das durchaus die gleiche Temperatur T besitzen möge, so finden wir zunächst den Unterschied gegenüber den Gasen, daß die Atome des festen Körpers zufolge ihrer geringen Entfernung aufeinander eine beträchtliche Anziehung ausüben, welche dieselben an einer geradlinig fortschreitenden Bewegung, wie sie bei den Gasmolekülen auftritt, verhindert, sie an eine bestimmte Ruhelage bindet, so daß sie nur schwingende Bewegungen um diese ausführen können. Dabei wollen wir noch annehmen, daß der Abstand je zweier benachbarter Moleküle — so klein er auch sein mag — doch groß genug ist, um einen Zusammenstoß der schwingenden Atome zu verhindern, und noch überdies zur Vereinfachung unserer Betrachtungen die Annahme machen, daß die einzelnen Atome völlig unabhängig voneinander geradlinige Schwingungen um ihre Ruhelage ausführen und die Kraft, welche dieselben immer gegen diese Ruhelage drängt, in jedem Augenblicke ihrer Entfernung von der Ruhelage proportional und gegen letztere gerichtet sei. Die Schwingungszahl ν (Eigenfrequenz) des Atoms wird sich mit der Größe der Kraft ändern, welche es gegen die Ruhelage drängt, entsprechend der Gleichung

$$\nu = \frac{1}{2\pi} \sqrt{\frac{D}{m}} ,$$

in welcher D die in der Entfernung 1 von der Ruhelage auf das Atom wirkende Direktionskraft und m die Masse eines Moleküls bedeutet. ν wird daher (wenn wir von der Vergrößerung der Atomdistanzen, also der Lockerung der Lagerung infolge thermischer Ausdehnung absehen) von äußeren Umständen, namentlich auch von der Temperatur, unabhängig sein.

Mit Änderung der Entfernung des schwingenden Atoms von seiner Ruhelage wird seine Geschwindigkeit sowohl wie auch seine Schwingungsenergie periodischen Schwankungen unterworfen sein, was jedoch nicht hindert, daß wir den Energieinhalt sämtlicher Atome unseres festen Körpers in drei aufeinander senkrecht stehende Komponenten zerlegen können, und die Summe aller dieser Komponenten der Schwingungen jedes einzelnen Atoms wird für jede der 3 Komponentenrichtungen den gleichen Wert besitzen müssen.

Wie schon erwähnt, gilt dies aber nur für isotrope oder pseudoisotrope Körper, aber keineswegs für einzelne Krystallindividuen, bei welchen die Schwingungsenergie der Atome zufolge ihrer regelmäßigen Anordnung im Raume nach verschiedenen Richtungen auch einen verschiedenen Wert besitzen muß. Dementsprechend sind auch die übrigen Eigenschaften solcher Einzelkrystalle (wie Ausdehnungskoeffizient, Wärme- und Elektrizitätsleitungsvermögen usw.) nicht nach allen Richtungen gleich[1]).

Nun setzt sich die gesamte Schwingungsenergie E_o eines in solcher Weise geradlinig schwingenden Massenpunktes aus seiner kinetischen (E_k) und seiner potentiellen Energie (E_p) zusammen:

$$E_k + E_p = E_o,$$

und für die Schwingungsenergien aller Atome in einem gegebenen Augenblick würden die Mittelwerte dieser Energieform

$$E_k = E_p = \tfrac{1}{2} E_0$$

sein müssen.

Zerlegen wir daher die Schwingungsenergie unseres festen Grammatoms nach den drei aufeinander senkrechten Koordinatenachsen in Komponenten, so erhalten wir deren sechs, von denen sich je zwei auf die gleiche Achse, je drei aber auf potentielle bzw. kinetische Energie beziehen. Dementsprechend besitzt jedes Atom unseres festen Körpers sechs Freiheitsgrade.

Steht nun unser einatomiges festes Grammatom mit einem einatomigen idealen Gase im Temperaturgleichgewichte, so muß die mittlere kinetische Energie der Gasatome ebenso groß sein wie die mittlere kinetische Schwingungsenergie der Atome des festen Körpers, aber auch, nach obigem, wie die potentielle Energie der letzteren, d. h. sie muß sowohl für jedes Gasmol als auch für jedes Grammatom des festen Körpers und für jeden Freiheitsgrad $\frac{RT}{2}$ cal betragen. Somit finden wir, entsprechend dem *Dulong-Petit*schen Gesetze, für das feste Grammatom mit seinen sechs Freiheitsgraden und 1° Temperaturerhöhung rund 6 cal[2]), während wir für das einatomige Gasmol (der Erfahrung entsprechend) mit seinen drei Freiheitsgraden nur 3 cal erhalten.

---

[1]) *H. v. Jüptner*, „Die Festigkeitseigenschaften der Metalle“ I.

[2]) *Boltzmann*, Wiener Sitzungsberichte **63**, 731 (1871).

Zur Erklärung, warum das *Dulong-Petit*sche Gesetz nur annähernde Gültigkeit besitzt und sich die Atomwärmen fester Stoffe mit sinkender Temperatur dem Nullwert nähern, kann man in folgender Weise vorgehen[1]).

Wir gehen wieder vom einatomigen Gasmol aus und wollen — zur Vereinfachung der mathematischen Behandlung — nur die beiden Geschwindigkeitskomponenten u und v in bezug auf die X- und Y-Achse in Betracht ziehen. Nach dem *Maxwell*schen Verteilungssatze gilt für die Wahrscheinlichkeit, daß ein beliebiges, aus der Gesamtzahl herausgegriffenes Molekül in der Richtung der X-Achse eine Geschwindigkeitskomponente zwischen u und $u + d\,u$ besitze, der Ausdruck:

$$W_u = \frac{1}{\alpha\sqrt{\pi}} \cdot e^{-\frac{u^2}{\alpha^2}} \cdot d\,u\,,$$

worin α die wahrscheinlichste Geschwindigkeit der Gasmoleküle in bezug auf die absolute Geschwindigkeit aller Gasmoleküle (also nicht die wahrscheinlichste Schwingungskomponente) bedeutet. In gleicher Weise ergibt sich für die Wahrscheinlichkeit, daß ein Molekül in der Richtung der Y-Achse eine Geschwindigkeitskomponente zwischen v und $v + d\,v$ besitze:

$$W_v = \frac{1}{\alpha\sqrt{\pi}} \cdot e^{-\frac{v^2}{\alpha^2}} \cdot d\,v\,.$$

Es ist daher die Wahrscheinlichkeit, daß ein und dasselbe Molekül gleichzeitig in den beiden Richtungen Geschwindigkeitskomponenten der oben bezeichnenden Werte besitze, gleich dem Produkt der beiden früheren Gleichungen, nämlich

$$W_{u,v} = \frac{1}{\pi\,\alpha^2} \cdot e^{-\frac{(u^2+v^2)}{\alpha^2}} \cdot d\,u \cdot d\,v,$$

und für die Zahl solcher Moleküle mit diesen Geschwindigkeitskomponenten ergibt sich

$$d\,N = N_0 \frac{1}{\pi\,\alpha^2} \cdot e^{-\frac{(u^2+v^2)}{\alpha^2}} \cdot d\,u \cdot d\,v\,.$$

Wenn wir nun auf die Polarkoordinaten übergehen, so haben wir für die Resultierende r aus den Komponenten u und v den Wert $r^2 = u^2 + v^2$, und wir erhalten, wenn ϑ den Winkel darstellt, welchen der unserem Moleküle entsprechende Radius vector mit der positiven X-Achse bildet, für die Zahl aller Moleküle, deren Geschwindigkeitskomponenten zwischen u und $u + d\,u$ bzw. zwischen v und $v + d\,v$ (oder mit anderen Worten, zwischen r und $r + d\,r$) liegen, durch Integration von

$$d\,N_r \cdot \vartheta = N_0 \cdot \frac{1}{\pi\,\alpha^2} \cdot e^{-\frac{r^2}{\alpha^2}} \cdot d\,r \cdot d\,\vartheta\,.$$

$$d \cdot N_r = \int_0^{2\pi} N_0 \frac{1}{\pi\,\alpha^2} \cdot e^{-\frac{r^2}{\alpha^2}} \cdot d\,r \cdot d\,\vartheta = N_0 \frac{2}{\alpha^2} \cdot e^{-\frac{r^2}{\alpha^2}} \cdot r \cdot d\,r\,.$$

[1]) *Nernst*, Z. f. Elektrochemie 17, 265 bis 275 (1911) und *Jelinek* a. a. O.

Nun ist bekanntlich die mittlere Energie der Gasmoleküle $\overline{E} = \frac{m\overline{c}^2}{2}$, wobei das mittlere Geschwindigkeitsquadrat $\overline{c}^2 = \frac{3}{2}\,\alpha^2$ ist. Damit ergibt sich für die mittlere kinetische Energie der Gasmoleküle in bezug auf alle drei Freiheitsgrade:

$$\overline{E} = \tfrac{3}{4}\, m\,\alpha^2\,,$$

also für die mittlere Energie in der X—Y-Ebene (d. h. in bezug auf nur zwei Freiheitsgrade)

$$E_0 = \frac{2}{3}\cdot\frac{3}{4}\cdot m\cdot\alpha^2 = \frac{m\,\alpha^2}{2}\,.$$

Setzen wir nun die kinetische Energie eines Moleküls von der Geschwindigkeit r mit $E = \frac{m\,r^2}{2}$ ein, so erhalten wir

$$d\cdot N_E = N_0\cdot\frac{2}{\alpha^2\cdot m}\cdot e^{-\frac{E}{E_0}}\cdot dE$$

oder, weil

$$\frac{2}{\alpha^2 m} = \frac{1}{E_0}$$

ist,

$$d\,N_E = \frac{N_0}{E_0}\cdot e^{-\frac{E}{E_0}}\cdot d\,E\,.$$

Die Zahl der in einem Mol enthaltenen Moleküle (*Lohschmid*sche Zahl) ist aber

$$N_0 = 6{,}175\cdot 10^{23}.$$

Denken wir uns nun dieselben nach wachsendem Energieinhalt geordnet, so daß dem Molekül mit der Ordnungszahl N die Energiemenge E zukommt, so erhalten wir, wenn wir die vorige Gleichung integrieren, für die dem Molekül mit der Ordnungszahl N zukommende Energie

$$E = E_0\cdot ln\,\frac{N_0 - N}{N_0}\,.$$

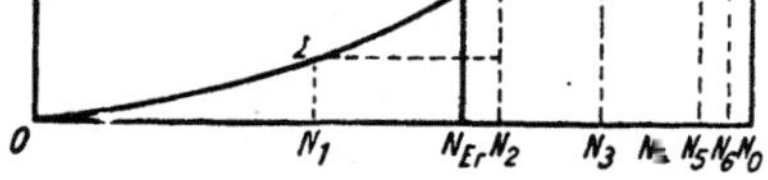

Fig. 1. Energieverteilung.

Fig. 1 zeigt das entsprechende Energiediagramm, in welchem die Abszissen die Ordnungszahlen der Moleküle, die Ordinaten die auf zwei Freiheitsgrade bezogenen Energiekomponenten, die Kurve aber die Beziehungen zwischen der Zahl der Moleküle und ihrem Energieinhalte darstellen. Die mittlere Energie $E_0 = \frac{R\,T}{N_0}$ kommt dem Molekül mit der Ordnungszahl $0{,}632\,N_0$ zu, und wie die Fig. 1 zeigt, besitzen die meisten Moleküle Energieinhalte, die nahe E_0 liegen.

Wenn nun unser Gasmol mit einem Grammatom eines festen Körpers im Temperaturgleichgewichte steht, so müssen die mittleren kinetischen Energien der Gasmoleküle nach den drei Koordinatenachsen ebenso groß sein wie die mittlere kinetische Schwingungsenergie der festen Atome, was zum *Dulong-Petit*schen Gesetze führen würde. Da dies erfahrungsgemäß zutrifft, zog man die von *Planck* gelegentlich seiner Untersuchungen über Wärmestrahlung zuerst aufgestellte Quantentheorie, nach welcher schwingende Körper nur ein ganzes Vielfaches eines bestimmten Energiequantums ε aufnehmen oder abgeben können[1]), heran. Denken wir uns ein ruhendes Atom, so würde es erst dann in Schwingungen geraten, wenn es einen Anstoß erhält, der mindestens den Wert ε erreicht. Unter diesen Umständen würde es das Energiequantum ε aufnehmen, und eine Vergrößerung seiner Schwingungsenergie müßte stets einem ganzen Vielfachen von ε entsprechen. Diese Energiequanten haben aber für verschiedene Körper nicht den gleichen Wert, sondern hängen von ihrer Eigenschwingungszahl ν bzw. ihrer Schwingungsdauer τ ab. Es ist nämlich

$$\varepsilon = h \cdot \nu = \frac{h}{\tau}$$

oder

$$h = \frac{\varepsilon}{\nu} = \varepsilon \cdot \tau\,,$$

worin $h = 6{,}548 \cdot 10^{-27}$ erg/sek (nach *Einstein*) eine universelle Weltkonstante bedeutet. Da h also ein Produkt aus Energie und Zeit darstellt, das man in der Mechanik als Wirkung bezeichnet, ist diese Größe das elementare Wirkungsquantum, also die kleinste Wirkung, die auf ein Atom ausgeübt werden kann. Strenggenommen, sagt obige Gleichung nichts anderes aus, als daß sich bei einem und demselben Atom die Schwingungszahl proportional, die Schwingungsdauer aber verkehrt proportional der Energie ändern wird, und es würde sich hieraus noch immer nicht die Notwendigkeit ergeben, eine quantenweise Energieaufnahme oder Abgabe vorauszusetzen. Um jedoch den beobachteten Tatsachen gerecht zu werden, hat *Bohr* im Jahre 1913 zu der Hypothese gegriffen, daß derartige Schwingungen, bzw. Umlaufsbewegungen, wie sie die Atome in festen Körpern oder die Elektronen um die Atomkerne ausführen, nur bei gewissen Schwingungszeiten stationären Charakter haben, wenn uns auch die Ursache diese Stabilität noch unbekannt ist.

Unter diesen Umständen wird aber die Energieverteilung der schwingenden Atome des festen Körpers nicht mehr durch die stetige Kurve der Fig. 1, sondern durch die punktiert eingezeichnete treppenförmige Linie O, N_1, ε, N_2, 2α, $N_3 \ldots$ dargestellt werden, deren Stufenhöhe $= \varepsilon$ ist. Die Größe der Fläche zwischen diesen Treppenlinien und der Abszissenachse ist aber:

$$\varepsilon\,(N_2 - N_1) + 2\,\varepsilon\,(N_3 - N_2) + 3\,\varepsilon\,(N_4 - N_3) + \ldots,$$

[1]) Mit anderen Worten heißt dies, daß unter den vielen möglichen Schwingungsarten nur einzelne, durch ein ganzes Vielfaches von ε voneinander unterschiedene, stabil sind. Die Ursache dieser Erscheinung ist uns völlig unbekannt, doch trifft sie, wie ganz besonders die Spektralforschung gezeigt hat, vollkommen zu und läßt sich diese Regelmäßigkeit auch bei den Bewegungen der Planeten und Satelliten, ja selbst bei den der Kometen um ihre Zentralkörper nachweisen (*H. v. Jüptner*, Allgemeine Energiewirtschaft S. 33—37).

wobei wir für die verschiedenen N-Werte

$$N_x = N_0 \left[1 - e^{-\frac{x\varepsilon}{E_0}}\right]$$

einsetzen müssen. Somit erhalten wir für die ganze Fläche

$$\varepsilon N_0 \left[\left(e^{-\frac{\varepsilon}{E_0}} - e^{-\frac{2\varepsilon}{E_0}}\right) + 2\left(e^{-\frac{2\varepsilon}{E_0}} - e^{-\frac{3\varepsilon}{E_0}}\right) + \ldots\right]$$

$$= \varepsilon N_0 \left[e^{-\frac{\varepsilon}{E_0}} + e^{-\frac{2\varepsilon}{E_0}} + e^{-\frac{3\varepsilon}{E_0}} + \ldots\right]$$

$$= \frac{\varepsilon \cdot N_0}{e^{\frac{\varepsilon}{E_0}} - 1}.$$

Obiger Ausdruck gilt nur für zwei Freiheitsgrade, während nach früherem die schwingenden Atome sechs Freiheitsgrade besitzen, so daß wir für die Gesamtenergie eines festen Grammatoms erhalten

$$W = \frac{3\varepsilon N_0}{e^{\frac{\varepsilon}{E_0}} - 1}.$$

Setzen wir hierin $E_0 = \frac{RT}{N_0}$ und $\varepsilon = h \cdot \nu$ ein, so erhalten wir hieraus:

$$W = \frac{3 h \nu N_0}{e^{\frac{h\nu N_0}{RT}} - 1}$$

oder, wenn wir die neue Konstante $\beta = \frac{h \cdot N_0}{R} = 4{,}865 \cdot 16^{-11}$ einführen:

$$W = 3R \cdot \frac{\beta \cdot \nu}{e^{\frac{\beta\nu}{T}} - 1}$$

bzw.

$$C_v = \frac{dW}{dT} = 3R \cdot \frac{e^{\frac{\beta\nu}{T}}\left(\frac{\beta\nu}{T}\right)^2}{\left(e^{\frac{\beta\nu}{T}} - 1\right)^2},$$

zwei Gleichungen, die zuerst von *Einstein*[1]) aufgestellt wurden. Der Verlauf der spezifischen Wärmen, wie sie sich nach dieser letzteren Gleichung für verschiedene Werte von $\beta\nu$ berechnen, ist aus Fig. 2 ersichtlich, in welcher die Kurven für $\beta\nu = 70$, 160, 350, 520 und 1100 eingezeichnet sind, welche Werte sich auf Blei, Silber, Chrom, Silicium und Diamant beziehen.

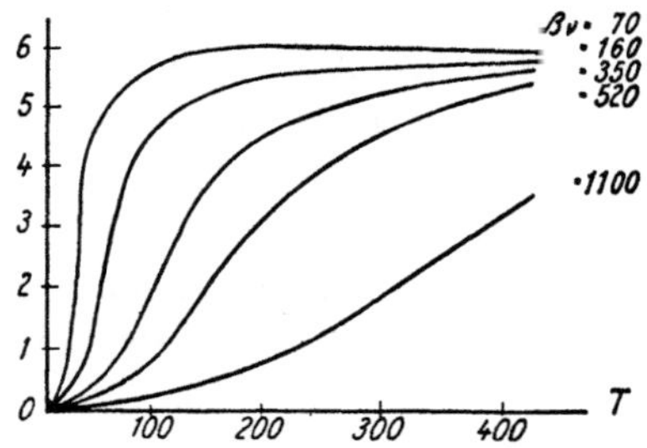

Fig. 2. Atomwärmen bei verschiedenen $\beta\nu$-Werten und Temperaturen.

[1]) Ann. d. Phys. (4) **23**, 180 bis 190 (1907).

Der Vergleich der so berechneten Werte mit den unmittelbaren Versuchsergebnissen zeigte nun, daß die nach der *Einstein*schen Formel berechneten Atomwärmen mit sinkender Temperatur weit rascher abfallen, als in der Wirklichkeit, weshalb *W. Nernst* und *F. A. Lindemann*[1]) dieselbe in folgender Weise abänderten:

$$C_v = \frac{3}{2} R \left[\frac{\left(\frac{\beta\nu}{T}\right)^2 \cdot e^{\frac{\beta\nu}{T}}}{\left(e^{\frac{\beta\nu}{T}} - 1\right)^2} + \frac{\left(\frac{\beta\nu}{2T}\right)^2 \cdot e^{\frac{\beta\nu}{2T}}}{\left(e^{\frac{\beta\nu}{2T}} - 1\right)^2} \right]^{2)},$$

eine Gleichung, die eigentlich nur das arithmetische Mittel aus zwei *Einstein*schen Gleichungen darstellt, deren eine sich auf die Schwingungszahl ν bezieht, während der zweiten eine nur halb so große Schwingungszahl $\left(\frac{\nu}{2}\right)$ zugrunde liegt. Die mit letzerer Gleichung berechneten Werte stimmen mit den Beobachtungen recht gut überein.

Verschiedene Forscher haben seither versucht, theoretisch begründete Formeln für die spezifische Wärme fester Stoffe abzuleiten, und dabei auch den Einfluß benachbarter Atome auf die Schwingungen des betreffenden Atoms in Betracht gezogen. So geht *P. Debye*[3]) von der Annahme aus, daß in einem festen Körper alle möglichen elastischen Schwingungen zwischen der Schwingungszahl Null und seiner Eigenfrequenz ν auftreten können, und kommt zu der Gleichung

$$C_v = 3R \left[\frac{4\pi^4}{5} \left(\frac{T^3}{\beta\nu}\right) - \frac{3\frac{\beta\nu}{T}}{e^{\frac{\beta\nu}{T}} - 1} \right.$$
$$\left. - 12 \cdot \frac{\beta\nu}{T} \sum_{n=1}^{n=\infty} e^{-n\frac{\beta\nu}{T}} \left(\frac{1}{n\frac{\beta\nu}{T}} + \frac{3}{n^2\left(\frac{\beta\nu}{T}\right)^2} + \frac{6}{n^3\left(\frac{\beta\nu}{T}\right)^3} + \frac{6}{n^4\left(\frac{\beta\nu}{T}\right)^4} \right) \right].$$

Nach *Debye* stellt die *Nernst-Lindemann*sche Gleichung eine befriedigende Summation obiger Reihe dar.

Damit ist nun eigentlich die Quantentheorie wieder abgetan, denn wenn eine unendliche Zahl von Schwingungen auftritt, ist auch eine beliebige Energieaufnahme möglich, und es besteht nur der Unterschied, daß die Schwingungsenergien nach *Debye* allmählicher wachsen als nach dem *Maxwell*schen Verteilungssatze.

Um die immerhin etwas gezwungene Annahme einer quantenmäßigen Zunahme der Schwingungsenergie zu umgehen, versuchte *H. v. Jüptner*[4]), zuerst

---

[1]) Z. f. Elektrochemie **17**, 817 bis 827 (1911).

[2]) In dieser Gleichung hat aber $\beta\nu$ einen anderen Wert als bei *Einstein*, nämlich $\beta\nu_{\text{Einstein}} = \frac{3}{4}\beta\nu_{(\text{N.u.L.})}$.

[3]) Ann. d. Phys. (4) **39**, 789 (1912).

[4]) Z. f. Elektrochemie **19**, 712, **20**, 11 und 105.

unter Annahme eines Schwellenwertes der Energie, unter welchem die Atome überhaupt nicht in Schwingungen geraten können, später unter Voraussetzung eines oberen Grenzwertes für die Schwingungsenergie, bei dessen Überschreitung die Atome aus dem festen Körper hinaustreten, also nicht mehr für den festen Aggregatzustand in Betracht kommen, entsprechende Gleichungen aufzustellen. Er kommt so zu nachfolgenden Gleichungen für die mittlere bzw. wahre spezifische Wärme fester Körper bei konstantem Volum, welche sich, wenn wir selbst von der Begründung derselben ganz absehen, von den früher gegebenen durch größere Einfachheit unterscheiden und daher um so mehr für die Praxis geeignet erscheinen, als sie mit den beobachteten Werten gut übereinstimmen[1]):

$$(C_0)_0^T = 3R \cdot e^{-\frac{\beta\nu}{T}}$$

$$(C_v)_T = 3R \cdot e^{-\frac{\beta\nu}{T}}\left(1 + \frac{\beta\nu}{T}\right).$$

Allerdings sind die Werte von $\beta\nu$ hier wieder andere als bei *Einstein* oder *Nernst* und *Lindemann*, nämlich:

$$\beta\nu_{\text{Jüptner}} = \tfrac{2}{5}\,\beta\nu_{\text{N. u. L.}} = \tfrac{3}{10}\,\beta\nu_{\text{Einstein}}\,.$$

Folgende Beispiele zeigen die gute Übereinstimmung.

Diamant, $\beta\nu = 790$.

T	$\frac{\beta}{T}$	$(C_v)_o^T$	$(C_v)_T$ berechnet	$(C_v)_T$ beobachtet	Differenz
30	26,33	0,00000	0,0000	0,000	0
42	18,81	0,00000	0,0000	0,000	0
88	8,98	0,00074	0,0075	0,006	—0,0015
92	8,59	0,00111	0,0106	0,009	—0,0016
205	3,85	0,1267	0,6145	0,62	+0,0055
209	3,78	0,1359	0,6495	0,65	+0,0005
220	3,59	0,1643	0,7542	0,74	—0,0142
222	3,55	0,1710	0,7782	0,78	+0,0018
232	3,40	0,1987	0,8746	0,87	—0,0046
243	3,25	0,2300	0,9813	0,97	—0,0113
262	3,02	0,2906	1,168	1,16	—0,008
268	2,78	0,3694	1,396	1,37	—0,026
306	2,58	0,4512	1,615	1,59	—0,025
331	2,39	0,5456	1,850	1,82	—0,030
358	2,21	0,6533	2,097	2,07	—0,027
413	1,91	0,8892	2,588	2,53	—0,058
1169	0,68	3,017	5,069	5,19	+0,121

[1]) *H. v. Jüptner*, „Neuere Ansichten über die spezifische Wärme". Berg- und hüttenm. Jahrb. 1918, Heft 3, S. 236ff.

Blei, $\beta\nu = 39{,}4$.

T	$\frac{\beta\nu}{T}$	$(C_v)_o^T$	$(C_v)_T$ berechnet	$(C_v)_T$ beobachtet	Differenz
23,0	1,704	1,073	2,9121	2,95	+0,0379
28,3	1,392	1,480	3,5402	3,63	+0,0898
36,8	1,070	2,043	4,2290	4,35	+0,1210
38,6	1,034	2,117	4,3060	4,43	+0,1210
85,6	0,460	3,759	5,4881	5,60	+0,1110
90,2	0,432	3,866	5,5361	5,62	+0,0839
200	0,198	4,885	5,8522	5,90	+0,0478
273	0,144	5,157	5,8996	5,92	+0,0204
290	0,136	5,198	5,9049	5,92	+0,0151
332	0,018	5,293	5,9176	5,93	+0,0124
409	0,096	5,410	5,9294	5,94	+0,0106

Kupfer, $\beta\nu = 120$.

T	$\frac{\beta\nu}{T}$	$(C_v)_o^T$	$(C_v)_T$ berechnet	$(C_v)_T$ beobachtet	Differenz
23,5	5,12	0,0356	0,2178	0,15	—0,0678
27,7	4,38	0,0776	0,4144	0,31	—0,1044
33,4	3,58	0,1660	0,760	0,59	—0,170
87,0	1,38	1,498	3,505	3,35	—0,155
88,0	1,36	1,529	3,608	3,37	—0,238
137	0,88	2,470	4,644	4,60	—0,044
234	0,56	3,402	5,307	5,42	+0,113
290	0,42	3,914	5,558	5,60	+0,042
323	0,38	4,073	5,621	5,66	+0,039
450	0,26	4,592	5,786	5,81	+0,024

Die mittlere Abweichung beträgt daher:

Bei Diamant . . . . 0,64 Proz.
„ Blei . . . . 2,24 „
„ Kupfer . . . . 2,34 „

Für die technische Praxis kommen hauptsächlich die mittleren spezifischen Wärmen in Betracht, und die obigen Gleichungen haben für die Praxis noch den Vorteil, daß sie für alle festen Körper die gleichen Werte ergeben, wenn man sie nicht auf T, sondern auf reduzierte Temperaturen $\frac{T}{\beta\nu}$, bezieht, zu welchem Zwecke allerdings $\beta\nu$ für den betreffenden Körper bekannt sein muß[1]). Für praktische Zwecke mögen diese Werte in den folgenden Tabellen zusammengestellt werden:

[1]) Worauf unten zurückgekommen wird.

A. Mittlere Atomwärme fester Körper zwischen 0° und $T = \beta\nu$[1].

$\frac{T}{\beta\nu}$	0,00	0,01	0,02	0,03	0,04	0,05	0,06	0,07	0,08	0,09
0,1	0,00024	0,00067	0,0014	0,0027	0,0047	0,0076	0,0115	0,0166	0,0230	0,0308
0,2	0,0401	0,0509	0,0632	0,0770	0,0927	0,1091	0,1272	0,1467	0,1674	0,1767
0,3	0,2124	0,2365	0,2616	0,2876	0,3144	0,3410	0,3703	0,3991	0,4285	0,4585
0,4	0,4888	0,5195	0,5507	0,5820	0,6138	0,6454	0,6773	0,7094	0,7430	0,7737
0,5	0,8059	0,8381	0,8704	0,9026	0,9345	0,9892	0,9986	1,030	1,062	1,092
0,6	1,125	1,156	1,187	1,218	1,248	1,279	1,309	1,339	1,368	1,398
0,7	1,427	1,456	1,485	1,514	1,542	1,570	1,597	1,625	1,652	1,680
0,8	1,706	1,733	1,759	1,785	1,811	1,836	1,862	1,887	1,912	1,936
0,9	1,960	1,984	2,009	2,032	2,055	2,079	2,103	2,124	2,146	2,169
1,0	2,191	—	—	—	—	—	—	—	—	—

B. Mittlere Atomwärme fester Körper für $T > \beta\nu$.

$\frac{\beta\nu}{T}$	0,00	0,01	0,02	0,03	0,04	0,05	0,06	0,07	0,08	0,09
0,0	5,955	5,897	5,837	5,780	5,721	5,665	5,608	5,553	5,498	5,443
0,1	5,389	5,335	5,282	5,229	5,177	5,126	5,075	5,025	4,974	4,925
0,2	4,875	4,827	4,780	4,732	4,685	4,638	4,592	4,546	4,501	4,457
0,3	4,412	4,368	4,324	4,282	4,238	4,197	4,155	4,113	4,073	4,032
0,4	3,992	3,952	3,914	3,874	3,835	3,798	3,759	3,722	3,685	3,648
0,5	3,612	3,576	3,541	3,505	3,471	3,436	3,402	3,367	3,334	3,301
0,6	3,268	3,236	3,203	3,172	3,140	3,109	3,078	3,047	3,017	2,987
0,7	2,957	2,928	2,899	2,870	2,841	2,813	2,785	2,757	2,730	2,703
0,8	2,676	2,649	2,623	2,597	2,571	2,546	2,520	2,495	2,470	2,446
0,9	2,421	2,397	2,373	2,350	2,326	2,303	2,280	2,257	2,235	2,213
1,0	2,191	—	—	—	—	—	—	—	—	—

C. Wahre Atomwärme fester Körper zwischen 0° und $T = \beta\nu$.

$\frac{T}{\beta\nu}$	0,00	0,01	0,02	0,03	0,04	0,05	0,06	0,07	0,08	0,09
0,1	0,00264	0,0067	0,0130	0,0235	0,0383	0,0583	0,0834	0,1142	0,1501	0,1928
0,2	0,2406	0,2932	0,3508	0,4120	0,4793	0,5455	0,6152	0,7276	0,7650	0,7863
0,3	0,9197	0,9992	1,0791	1,1504	1,2387	1,3163	1,3997	1,4767	1,5555	1,6323
0,4	1,7108	1,7871	1,8614	1,9357	2,0071	2,0782	2,1153	2,2183	2,2884	2,3520
0,5	2,4177	2,4808	2,5416	2,6049	2,6543	2,7797	2,7810	2,8325	2,8886	2,9395
0,6	3,0038	3,0518	3,0981	3,1546	3,1949	3,2487	3,2856	3,3341	3,3790	3,4251
0,7	3,4676	3,5235	3,5492	3,5862	3,6391	3,6581	3,7050	3,7375	3,7666	3,8136
0,8	3,8385	3,8646	3,9049	3,9270	3,9661	4,0025	4,0219	4,0571	4,1017	4,1043
0,9	4,1356	4,1664	4,1988	4,2266	4,2333	4,2538	4,2901	4.3117	4,3349	4,3597
1,0	4,382	—	—	—	—	—	—	—	—	—

[1]) Bei Benutzung dieser und der folgenden Tabellen sind die $\frac{T}{\beta\nu}$- bzw. $\frac{\beta\nu}{T}$-Werte durch Summierung der linken vertikalen und der Kopfreihe zu bilden; so erhält man z. B. für $\frac{T}{\beta\nu} = 0,65 = 0,6 + 0,05$ die Atomwärme 1,279.

D. Wahre Atomwärmen fester Körper für $T > \beta\nu$.

$\frac{\beta\nu}{T}$	0,00	0,01	0,02	0,03	0,04	0,05	0,06	0,07	0,08	0,09
0,0	5,955	5,955	5,954	5,953	5,950	5,948	5,944	5,942	5,938	5,933
0,1	5,928	5,922	5,916	5,909	5,902	5,895	5,887	5,879	5,869	5,861
0,2	5,850	5,841	5,832	5,820	5,809	5,798	5,786	5,773	5,761	5,750
0,3	5,736	5,722	5,708	5,695	5,679	5,666	5,651	5,635	5,621	5,604
0,4	5,589	5,572	5,558	5,540	5,522	5,507	5,488	5,471	5,454	5,436
0,5	5,418	5,400	5,382	5,363	5,345	5,326	5,307	5,286	5,268	5,249
0,6	5,229	5,210	5,189	5,170	5,150	5,130	5,109	5,088	5,069	5,048
0,7	5,027	5,007	4,986	4,965	4,943	4,923	4,902	4,880	4,859	4,838
0,8	4,817	4,795	4,774	4,753	4,731	4,710	4,687	4,666	4,644	4,623
0,9	4,600	4,578	4,556	4,536	4,512	4,491	4,469	4,446	4,425	4,404
1,0	4,382	—	—	—	—	—	—	—	—	—

Um diese Tabellen praktisch zu verwerten, muß $\beta\nu$ und die spezifische Wärme der betreffenden Körper bei konstantem Volum bekannt sein, was leider nur in wenigen Fällen zutrifft. Sind die Ausdehnungskoeffizienten der Körper sehr klein, so kann man die für ihre Ausdehnung bei konstantem Druck aufzuwendende Wärmemenge vernachlässigen und kann dann den Wert von $\beta\nu$ aus vorliegenden Beobachtungen in folgender Weise ableiten.

Diamant:

Mittlere Atomwärme $c_t^{t'}$ = 0,0516 zwischen 21 und 85° abs., *Dewar*
= 0,228 „ 85 „ 195 °abs., „
= 0,9528 „ 195 „ 291 ° abs., „

Die Atomwärme des Diamanten liegt zwischen 0° und 21° abs., ist jedenfalls so außerordentlich klein, daß wir sie vernachlässigen können. Wir berechnen daher die mittlere Atomwärme zwischen 0° und 291° abs. in folgender Weise:

$$\begin{aligned} 64 \cdot 0{,}0516 &= 3{,}024 \\ 110 \cdot 0{,}2280 &= 25{,}0800 \\ 96 \cdot 0{,}9528 &= 91{,}4688 \\ \hline 291 \cdot x &= 119{,}8512 \end{aligned}$$

daher

$$C_0^{291} = \frac{119{,}8512}{291} = 0{,}4119\,.$$

Weiter folgt aus der Gleichung

$$3R \cdot e^{-\frac{\beta\nu}{T}} = 5{,}946 \cdot e^{-\frac{\beta\nu}{T}} = 0{,}4119\,.$$

$$e^{-\frac{\beta\nu}{T}} = 0{,}06927$$

$$-\frac{\beta\nu}{T} = \ln \cdot 0{,}06927$$

$$= 2{,}3059 \lg \cdot 0{,}06927$$

$$= -2{,}6737$$

und daher

$$\beta\nu = 2{,}6737\ T$$
$$= 291 \cdot 2{,}6737$$
$$= 778\,,$$

was mit dem früher gegebenen Werte (790) sehr gut übereinstimmt.

Graphit.

$C_0^T = 0$ zwischen 0 und —230° C (= 43° abs) (*Nernst*)
$= 0{,}90$ zwischen —186 und —79° C (*Behn*)
$= 1{,}69$ zwischen —70 und + 18° C (= 291° abs.) (*Nernst*).

Somit Wärmeinhalt zwischen —186 und +18° C

$$107 \cdot 0{,}90 = 96{,}3$$
$$97 \cdot 1{,}69 = 163{,}93$$
$$\text{Summe} = 260{,}23\,.$$

Die mittlere Atomwärme des Graphits zwischen 0° und 273 + 18 = 291° abs. ist daher (wenn wir jene unter —186° C = 67° abs. nach *Nernst* = 0 setzen)

$$C_{0.}^{291} = \frac{260{,}23}{291} = 0{,}894\,.$$

Dieser Wert liegt zwischen

$$C_0^T = 0{,}8704 \quad \text{bei} \quad \frac{T}{\beta\nu} = 0{,}52$$

und

$$= 0{,}9026 \quad \text{bei} \quad \frac{T}{\beta\nu} = 0{,}53$$

der oben gegebenen Tabelle A, und wir erhalten durch Interpolation

$$(0{,}894 - 0{,}8704) : (0{,}9026 - 0{,}8704) = x : 0{,}01\,x$$

$$x = 0{,}0073\,,$$

so daß wir schließlich für unsere mittlere Atomwärme finden:

$$\frac{T}{\beta\nu} = 0{,}5273$$

und

$$T = 291°\,,$$

woraus sich ergibt

$$\beta\nu = 291 \cdot 0{,}573 = 153\,.$$

Noch bessere Resultate erhalten wir, wenn wir unsere Berechnung der $\beta\nu$-Werte nicht auf die mittleren, sondern auf die wahren Atomwärmen basieren, wie sie in den Tabellen C und D zusammengestellt sind. Wir finden so beispielsweise folgende Werte:

Diamant

T	$(C_v)_T$ beobachtet	$\beta\nu$ gefunden
88	0,006	800
92	0,009	814
205	0,62	776
209	0,65	788
220	0,74	800
222	0,78	766
232	0,87	790
243	0,97	786
262	1,16	789
268	1,37	761
306	1,59	803
331	1,82	797
358	2,07	795
413	2,53	795
1169	5,19	725

Mittelwert = 785 (früher 790, bzw. 778)

Blei

T	$(C_v)_T$ beobachtet	$\beta\nu$ gefunden
23,0	2,95	38,8
28,3	3,63	38,3
36,8	4,35	37,2
38,6	4,43	37,6
85,6	5,61	32,0
90,2	5,62	34,3
200,0	5,90	28,0
273,0	5,92	29,9
290,0	5,92	31,9
332,0	5,93	31,5
409,0	5,94	30,7

Mittelwert = 35,5 (früher 39,4)

Kupfer

T	$(C_v)_T$ beobachtet	$\beta\nu$ gefunden
23,5	0,15	130
27,7	0,31	130
33,4	0,59	129
87,0	3,35	129
88,0	3,37	129
137,0	4,60	123
234,0	5,42	117
290,0	5,60	113
323,0	5,66	114
450,0	5,81	108

Mittelwert = 122,2 (früher 120)

Die Werte von C_v sind nur in wenig Fällen bekannt, während die tatsächlich gemessenen C_p auch für die Praxis allein von Wichtigkeit sind.

Um letztere zu finden, können wir die thermodynamisch begründete Gleichung

$$C_p - C_v = \frac{q a^2 V \cdot T}{K}$$

benutzen, in welcher C_p und C_v die entsprechenden Atomwärmen (bei Verbindungen sind die Mittelwerte einzusetzen), a den linearen Ausdehnungskoeffizienten, V das Atomvolum und K die Kompressibilität bedeuten. Aus derselben ergibt sich

$$C_p = C_v \left(1 + \frac{q \cdot a^2 V \cdot T}{K \cdot C_v}\right),$$

ein Ausdruck, in welchem $\frac{q a^2 V \cdot T}{K C_v}$ einen sehr kleinen Wert besitzt, wie aus der folgenden, auf Grund einer von *Nernst* gegebenen Zusammenstellung entworfenen Tabelle hervorgeht:

Substanz	Atom Volum V	$3 \cdot a \cdot 10^6$	$K \cdot 10^{12}$	$\frac{C_p}{C_v}$	$C_p - C_v$
Al	10,0	72	1,48	1,042	0,042 C_v
Cu . . .	7,1	48	0,785	1,025	0,025 C_v
Ag . . .	10,3	55	0,775	1,047	0,047 C_v
Pb . . .	18,3	82	2,40	1,055	0,055 C_v
Pt. . . .	9,1	27	0,40	1,019	0,019 C_v
NaCl . .	13,5	121	4,28	1,051	0,051 C_v
KCl . . .	18,9	114	7,6	1,038	0,038 C_v

Obwohl die hier angeführten Stoffe sehr verschiedene Ausdehnungskoeffizienten, Atomvolumen und Kompressibilitäten besitzen, schwanken die Unterschiede zwischen beiden Atomwärmen nur um etwa 2 bis 5 Proz. von jenen bei konstantem Volum.

Eine andere empirische Gleichung für die Beziehungen zwischen beiden Atomwärmen, die sehr annähernde Resultate gibt[1]), lautet:

$$C_p = C_v + C_p^2 \cdot T \cdot A,$$

worin für A folgende Werte in Betracht kommen:

Al	$A = 2{,}2$
Cu	$= 1{,}3$
Ag	$= 2{,}5$
Pb	$= 3{,}0$
Pt	$= 1{,}0$
NaCl	$= 2{,}7$
KCl	$= 2{,}0$

Bei den niedrigen Werten von $C_p - C_v$ kann man für die Praxis genügende Werte von C_p erhalten, wenn man mit Hilfe der obigen vier Tabellen für die wahren Atomwärmen $\beta\nu$ aus den beobachteten Werten für konstanten Druck ableitet und auf Grund dieser Werte die mittleren Atomwärmen bei konstantem Druck aus den Tabellen für jene bei konstantem Volum abliest.

[1]) *E. Grüneisen*, Ann. d. Phys. (4) **26**, 211 (1908).

Man erhält so beispielsweise für

Diamant

T	C_p beobachtet	$\beta\nu$
88	0,03 (*Nernst*)	652
92	0,03 „	681
205	0,62 „	782
209	0,66 „	795
220	0,72 „	817
222	0,76 (*Weber*)	798
232	0,86 (*Koref*)	784
243	0,95 (*Dewar*)	802
262	1,14 (*Weber*)	796
284	1,35 „	800
306	1,58 „	793
331	1,84 „	797
358	2,12 „	775
413	2,66 „	763
1169	5,45 „	562
	Mittelwert =	760

Chlorkalcium

T	C_p beobachtet	$\beta\nu$
22,8	0,58 (*Nernst*)	89
26,9	0,76 „	96
30,1	0,98 „	98
33,7	1,25 „	98
39,0	1,83 „	94
48,3	2,85 „	85
52,8	2,89 „	94
57,6	3,06 „	94
63,2	3,36 „	93
70,0	3,79 „	89
76,6	4,11 „	86
86,0	4,36 „	87
137,0	5,25 (*Koref*)	81
225,0	5,89 „	30 (?)
331,0	6,16 (*Magnus*)	?
416,0	6,36 „	?
550,0	6,59 „	?
	Mittelwert =	91

Chlorkalium

T	C_p beobachtet	$\beta\nu$
25,0	0,29 (*Nernst*)	112
25,5	0,31 „	121
28,0	0,40 „	122
67,5	3,06 „	111
69,0	3,13 „	110
81,4	3,54 „	113
83,4	3,75 „	108
138,0	4,87 (*Koref*)	106
235,0	5,76 „	66 (?)
	Mittelwert =	113

Aus vorstehenden Zahlen ergibt sich übrigens, daß zur Berechnung der Atomwärmen bei konstantem Druck nur jene Werte von $\beta\nu$ benutzt werden können, die Atomwärmen unter 5,5 entsprechen, weil ja der Unterschied $C_p - C_v$ bei höheren Temperaturen zu rasch wächst, so daß man in obiger Weise zu niedrige $\beta\nu$-Werte erhielte.

Buchenholzkohle (nach *Kunz*).

$T°$ abs.	$(C_p)_T$	$\beta\nu$	
708	2,916	1208	Mittel 1227
1205	4,296	1247	
1570	4,572	1053	

Man kann aber auch dort, wo mittlere Atomwärmen bekannt sind, die sich auf ein kleines Temperaturintervall beziehen, das Temperaturmittel in Rechnung setzen. So gibt *Humpidge* die mittlere Atomwärme des Beryllium zwischen 328 und 330° abs. (Mittelwert = 330,5°) mit 4,05 an, woraus man $\beta\nu = 311$ findet. Auf diese Weise wurden folgende Werte ermittelt:

Stoff	Temperatur-intervall °C	Mittlere Temperatur $T°$ abs.	Atomwärme	$\beta\nu$	Beobachter
Beryllium	55 bis 57	311	4,05	311	*Humpidge*
Gallium	12 „ 23	290	5,52	127	*Berthelot*
Fe_3O_4	18 „ 45	305	5,148	195	*Kopp*
Fe_2O_3	19 „ 44	305	5,008	216	„
Al_2O_3, Korund	9 „ 98	327	3,952	391	*Régnault*
Al_2O_3, Saphir	8 „ 97	326	4,347	326	„
Cr_2O_3	21 „ 52	310	5,31	174	*Kopp*
Cu_2O	19 „ 51	308	4,884	237	„
CuO	19 „ 51	308	5,094	205	„
MnO	13 „ 98	384	5,495	175	*Régnault*
MnO_2	17 „ 48	335	5,74	98	*Kopp*
SiO_2, Quarz	13 „ 99	329	5,74	97	„
SiO_2, Opal	21 „ 52	310	5,55	132	„
SiO_2, Hyalith	19 „ 47	310	5,265	180	„
ZnO	17 „ 98	331	5,626	124	*Régnault*
SnO, Zinnstein	17 „ 47	304	4,472	257	*Kopp*
$MgAl_2O_4$, Spinell	15 „ 47	304	3,98	359	„
$CuSiO_3$, Wollastonit	19 „ 51	308	3,38	453	„
FeS_2	18 „ 47	305	5,420	153	„
$CaCO_3$, Kalkspat	16 „ 48	305	3,626	414	„
$CaCO_3$, Aragonit	16 „ 45	304	3,573	418	„
$FeCO_3$	9 „ 98	326	4,449	316	*Régnault*
K_2CO_3	17 „ 47	305	4,638	269	*Kopp*
Na_2CO_3	18 „ 48	306	3,444	440	„

Weniger gute Übereinstimmungen erreicht man durch Anwendung des *Kopp*schen Gesetzes, nach welchem die Molarwärmen einer Verbindung in festem Zustande gleich der Summe der Atomwärmen seiner Bestandteile sind, was daher rührt, daß ein und dasselbe Atom in Verbindung mit verschiedenen anderen nicht die gleichen Eigenschwingungen besitzt. So fand *Rubens* und *Hollnagel*[1]) die Wellenlängen der Atomschwingungen in KCl und NaCl wie folgt:

Salz	Wellenlängen der Atomschwingungen von			
	Cl μ	K μ	Na μ	x im Mittel
KCl	62,0	70,3	—	66,15
NaCl	53,6	—	46,9	50,25

Amorphe feste Körper sieht man heute für unterkühlte Flüssigkeiten an, so daß bei denselben neben den Atomschwingungen noch translatorische Molekularbewegungen sowie Molekularrotationen ins Spiel kommen, wodurch ihre Molarwärmen größer ausfallen müssen als bei festen Körpern. So fand man für die Molarwärme des Quarzglases bei verschiedenen Temperaturen folgende Werte:

T° abs.	Molarwärme (beob.)	Beobachter
26,25	0,64	*Nernst*
29,4	0,64	„
35,2	0,84	„
42,6	1,33	„
84,0	3,14	„
138	5,32	*Koref*
233	8,88	„
331	11,31	*Magnus*
416	12,80	„
556	14,39	„

Wenn man hieraus, mit Benutzung der für die wahre Atomwärme fester Körper gültigen Tabellen C und D, die (dem festen Aggregatzustande entsprechenden) $\beta\nu$-Werte berechnet, so zeigt sich, daß dieselben mit der Temperatur ständig wachsen, was auf die immer mehr in den Vordergrund tretenden translatorischen und rotatorischen Molekularbewegungen zurückzuführen ist.

T° abs.	$\beta\nu$ (für feste Körper berechnet)
26,25	134
29,4	150
35,2	169
42,6	181
84,0	267
138	337
233	393
331	424
416	447
556	450

Die Betrachtungen, auf welchen die Anwendung der Quantentheorie auf die spezifischen Wärmen fester Körper beruht, hat *Niels Bjerrum*[2]) auch auf

[1]) Verh. d. d. phys. Ges. **12**, 83 (1910).
[2]) Z. f. Elektrochemie **17**, 732 (1911).

die Molarwärmen von Gasen ausgedehnt. Wie schon früher erwähnt, haben wir es bei einatomigen Gasen nur mit der Energie der geradlinigen Molekularbewegung zu tun, die drei Freiheitsgrade besitzt. Da auf jeden derselben der Betrag $\frac{R\,T}{2}$ entfällt, macht dies im ganzen $\frac{3}{2}\,R\,T$.

Bei mehratomigen Gasen tritt hierzu noch die Rotationsenergie der Moleküle und die Schwingungsenergie der Atome. Erstere hat (da man sie auf drei aufeinander senkrecht stehende Achsen beziehen kann) gleichfalls drei Freiheitsgrade, jeder mit dem Betrage $\frac{R\,T}{2}$. Nun kann aber ein zweiatomiges Molekül um zwei aufeinander sowohl, als auf der Verbindungslinie der beiden Atome senkrecht stehenden Achsen rotieren, besitzt also zwei Freiheitsgrade, während ein drei- oder mehratomiges Molekül um drei aufeinander senkrecht stehende Achsen rotieren kann, also drei Freiheitsgrade besitzt. Wir haben somit für die Rotationsenergie:

Zahl der Atome im Molekül	Rotationsenergie
1	0
2	$R\,T$
3 und mehr	$\frac{3}{2}\,R\,T$

Die Schwingungsenergie der Atome fällt bei einatomigen Gasen mit der Energie der translatorischen Molekularbewegung zusammen. Bei zweiatomigen Molekülen können die Atome nur gegeneinander, in der Richtung ihrer Verbindungslinie schwingen, so daß nur ein Freiheitsgrad im Betrage von $\frac{R\,T}{2}$ an kinetischer Energie auf sie entfällt. Dazu kommt aber noch die Änderung der potentiellen Energie, die gleichfalls einen Freiheitsgrad im gleichen Betrage besitzt, so daß sich die gesamte Schwingungsenergie verdoppelt.

In einem dreiatomigen Molekül können je zwei Atome gegeneinander schwingen, so daß drei Schwingungen mit je drei Freiheitsgraden für die kinetische und die potentielle Energie auftreten können, die zusammen das Sechsfache des auf einen Freiheitsgrad entfallenden Betrages ausmachen usw.

Nun sind aber die Schwingungsenergien bei schwingenden Bewegungen, wie wir bei den Atomschwingungen in festen Körpern gesehen haben, kleiner als bei einer geradlinig fortschreitenden Bewegung[1]). Bezeichnen wir diesen auf die Schwingungsenergie entfallenden Bruchteil mit φ, so haben wir für jeden Freiheitsgrad der (kinetischen und potentiellen) Schwingungen $R\,T\,\varphi$, wobei für φ einer der früher angeführten Ausdrücke von *Einstein*, *Nernst* und *Lindemann* oder von *Jüptner* einzusetzen sind. Die Werte von φ werden nun, je nach der Natur der beiden gegeneinander schwingenden Atome, verschieden sein, so daß wir sie mit φ_1, φ_2, φ_3, . . . bezeichnen können.

---

[1]) Dies gilt eigentlich auch für rotierende Bewegungen, die ja auch als Schwingungen aufgefaßt werden können, worauf in den folgenden Betrachtungen nicht Rücksicht genommen ist.

Man erhält so für alle diese Energieanteile folgende Werte:

Zahl der Atome im Molekül n	Translatorische Energie	Rotations-energie	Schwingungsenergie
1	$\frac{3}{2} R T$	0	0
2	$\frac{3}{2} R T$	$R T$	$R T \varphi$
3	$\frac{3}{2} R T$	$\frac{3}{2} R T$	$R T (\varphi_1 + \varphi_2 + \varphi_3)$
4 und mehr	$\frac{3}{2} R T$	$\frac{3}{2} R T$	$R T \Sigma (3n - 6) \varphi$.

Die Summe dieser drei Energiearten ergibt den Gesamtenergieinhalt; dividiert man denselben durch T, so erhält man die mittlere spezifische Wärme (Molarwärme) zwischen 0° und T° abs.

Hiernach stellt *Niels Bjerrum* folgende Gleichungen für die mittlere Molarwärme der Gase bei konstantem Volum auf; wobei die hinter φ stehenden Zahlen die Wellenlänge λ in μ darstellen[1]).

Einatomige Gase

$$(C_0^T)_v = \tfrac{3}{2} R$$

Wasserstoff

$$(C_0^T)_v = R\,(2{,}5 + \varphi\,[2{,}0])\,,$$

Stickstoff, Sauerstoff, Kohlenoxyd

$$(C_0^T)_v = R\,[2{,}5 + \varphi\,(2{,}4)]\,,$$

Kohlensäure und schweflige Säure

$$(C_0^T)_v = R\,[3 + 2\varphi\,(5{,}0) + \varphi\,(8{,}1)]\,,$$

Wasserdampf

$$(C_0^T)_v = R\left[3 + 2\varphi\,(1{,}3) + \varphi\,(3{,}6) + \left(\frac{T}{3100}\right)^4\right].$$

Inwieweit die so berechneten Werte mit den beobachteten übereinstimmen, zeigen die folgenden, nach den Formeln von *Nernst* und *Lindemann* (N. u. L.), sowie von *Jüptner* (J) berechneten, Zahlen.

Wasserstoff

T	C_{291}^T (beob.)	C_{291}^T (N. u. L.)	Δ	C_{291}^T (J.)	Δ
1734	5,23	5,39	—0,16	5,394	—0,164
2083	5,44	5,51	—0,07	5,501	—0,061
2431	5,68	5,62	+0,06	5,537	+0,143
2647	5,76	5,69	+0,07	5,691	+0,069

Stickstoff

T	C_{273}^T (beob.)	C_{273}^T (N. u. L.)	Δ	C_{273}^T (J.)	Δ
473	4,73	4,97	—0,24	4,695	+0,035
903	4,91	5,12	—0,21	5,009	—0,099
1274	5,25	5,32	—0,07	5,2113	+0,037
1620	5,31	5,69	—0,38	5,343	—0,033

[1]) Ist c die Fortpflanzungsgeschwindigkeit des Lichtes, so ist die Schwingungszahl der Atome $\nu = \frac{c}{\lambda}$ und $\varphi = e^{-\frac{\beta\nu}{T}}$.

T	C_{291}^{T} (beob.)	C_{291}^{T} (N. u. L.)	Δ	C_{291}^{T} (J.)	Δ
1792	5,43	5,55	—0,12	5,422	+0,008
2057	5,58	5,65	—0,07	5,461	+0,119
2225	5,79	5,71	+0,08	5,572	+0,218
2446	5,87	5,78	+0,09	5,640	+0,230
2640	5,93	5,84	+0,09	5,704	+0,226

III. Wärmelehre (Fortsetzung).

Thermodynamische Grundsätze, Unzerstörbarkeit der Energie, Verwandelbarkeit der Energie, *Nernst*sches Wärmetheorem.

Die Thermodynamik beschäftigt sich mit den Gesetzen, nach welchen verschiedene Energien ineinander umgewandelt werden können, und ist ganz besonders für die Wärmelehre von großer Bedeutung. Sie hat drei wichtige Gesetze aufgestellt, die man als Hauptsätze der mechanischen Wärmetheorie bezeichnet.

1. Hauptsatz: Unzerstörbarkeit der Energie.

Der Arzt *Julius Robert Mayer* war (1842) der erste, welcher dieses Gesetz der Erhaltung der Energie klar aussprach, *Hermann v. Helmholtz* hat es dann (1847) in Erkenntnis seiner enormen Bedeutung konsequent auf die verschiedensten Erscheinungen angewendet[1]), während *Joule* (1850) durch seine grundlegenden Versuche die quantitative Bestätigung des Gesetzes erbracht hat. Der Satz läßt sich in folgender Weise klarlegen. Wenn an irgendeinem Systeme Veränderungen in der Weise vorgenommen werden, daß es schließlich wieder in seinen Anfangszustand übergeführt wird (man nennt einen solchen Vorgang einen Kreisprozeß), und es wird hierbei durch die von außen zugeführte Wärmemenge W eine gewisse äußere Arbeit A geleistet, so ist letztere der aufgenommenen Wärmemenge proportional, so daß wir schreiben können:

$$A = J \cdot W. \tag{1}$$

Der in dieser Gleichung auftretende Proportionalitätsfaktor J ist eine Konstante, die als mechanisches Wärmeäquivalent bezeichnet wird, um auszudrücken, daß Wärme und Arbeit (aber auch überhaupt alle Energieformen) einander in bestimmten Verhältnissen vertreten können.

Bei jeder Änderung im Zustande eines Systems können nur folgende Energieänderungen eintreten: 1. Das System nimmt eine gewisse Menge Wärme (oder andere Energie) auf oder gibt sie ab; 2. das System verrichtet eine gewisse äußere Arbeit, oder solche wird ihm zugeführt, und 3. der Gesamtenergiegehalt des Systems erleidet eine Veränderung. Bezeichnet man die Energie-

---

[1]) „Über die Erhaltung der Kraft“, 1847.

zunahme desselben mit U, die aufgewendete äußere Arbeit mit A, die zugeführte Wärme aber mit Q, so ist

$$U = A + Q^{1)} \tag{2}$$

Wenn unser System nach irgendwelchen Änderungen wieder in den Anfangszustand zurückkehrt, so muß nach Gleichung (1) $U = 0$ werden. Somit wird U von allen den Variablen abhängen, welche eine Zustandsänderung bedingen, so daß wir beispielsweise, wenn es sich nur um eine Arbeitsleistung gegen einen äußeren Druck handelt, in welchem Falle der Zustand des Systems durch die Temperatur T und das Volum v bestimmt ist, schreiben können:

$$d U = \left(\frac{\partial U}{\partial v}\right)_v d v + \left(\frac{\partial U}{\partial T}\right)_T d T . \tag{3}$$

Setzen wir diese unendlich kleine Zunahme der inneren Energie in Gleichung (1) ein, so erhalten wir:

$$d U = d Q + d W ,$$

bzw.

$$d Q = \left(\frac{\partial U}{\partial v}\right)_v d v + \left(\frac{\partial U}{\partial T}\right)_T \partial T - d W . \tag{4}$$

Wenn man einem System Wärme zuführt, so vergrößert es (in den meisten Fällen) sein Volum v, wobei der auf demselben lastende Druck p überwunden werden muß. Die hierbei vom System zu leistende Arbeit ist bei unendlich kleiner Wärmezufuhr ($d\,W$)

$$d W = - p \cdot d v ,$$

und wir erhalten durch Einsetzen in (3):

$$d Q = p \cdot d v + \left(\frac{\partial U}{\partial v}\right)_v d v + \left(\frac{\partial U}{\partial T}\right)_T d T = \left(\frac{\partial U}{\partial T}\right) d T + \left[p + \left(\frac{\partial U}{\partial v}\right)_T\right] d v . \tag{5}$$

Wenn wir nun einen Kreisprozeß durchführen, indem wir dem Systeme Wärme zuführen, es aber auch Arbeit leisten lassen, so daß es sich schließlich im nämlichen Zustande befindet, wie zu Beginn des Versuches, so muß seine innere Energie unverändert geblieben sein und daher $d U = 0$ werden. Setzen wir dies in Gleichung (5) ein, so erhalten wir

$$d Q = p \cdot d v ,$$

d. h. die gesamte, dem System zugeführte Wärme ist vollständig in Arbeit umgewandelt worden. Mit anderen Worten, **Wärme kann nur dann vollständig in Arbeit (oder eine andere Energieform) umgewandelt werden, wenn der Vorgang umkehrbar (reversibel) durchgeführt wird.**

Wenn wir bei konstantem Volum arbeiten, so wird $d v = 0$ und wir erhalten aus Gleichung (5)

$$d Q = \left(\frac{\partial U}{\partial T}\right)_v \cdot d T ,$$

[1]) Verwandeln sich die hier erwähnten Energieaufnahmen in Energieabnahmen, so ändern sich natürlich die betreffenden Vorzeichen.

d. h. die Wärmezufuhr wird in diesem Falle ausschließlich zur Vergrößerung der inneren Energie verwendet. Dies führt zur spezifischen Wärme bei konstantem Volum:

$$c_v = \frac{dQ}{dT} = \left(\frac{\partial U}{\partial T}\right)_v . \tag{6}$$

Erfolgt die Wärmezufuhr bei konstantem Druck, so wird $dp = 0$, und wir erhalten, weil $p = f\,(v, T)$ ist,

$$dp = 0 = \left(\frac{\partial p}{\partial v}\right)_T \cdot dv + \left(\frac{\partial p}{\partial T}\right)_v \cdot dT ,$$

schließlich für die Volumsänderung

$$dv = -\frac{\left(\frac{\partial p}{\partial T}\right)_v}{\left(\frac{\partial p}{\partial v}\right)_T} \cdot dT .$$

Durch Einsetzen in die allgemeine Gleichung (5) erhält man weiter

$$dQ = \left(\frac{\partial U}{\partial T}\right)_v \cdot dT - \left[\left(\frac{\partial U}{\partial v}\right)_T + p\right] \frac{\left(\frac{\partial p}{\partial T}\right)_v}{\left(\frac{\partial p}{\partial v}\right)_T}$$

und

$$c_p = \frac{dQ}{dT} = \left(\frac{\partial U}{\partial T}\right)_v - \left[\left(\frac{\partial U}{\partial v}\right)_T + p\right] \frac{\left(\frac{\partial p}{\partial T}\right)_v}{\left(\frac{\partial p}{\partial v}\right)_T} .$$

Da nun nach (6) $c_v = \left(\frac{\partial U}{\partial T}\right)_v$ ist, finden wir noch weiter

$$c_p = c_v - \left[\left(\frac{\partial U}{\partial v}\right)_T + p\right] \frac{\left(\frac{\partial p}{\partial T}\right)_v}{\left(\frac{\partial p}{\partial v}\right)_T} , \tag{7}$$

$$c_p - c_v = -\left[\left(\frac{\partial U}{\partial v}\right)_T + p\right] \frac{\left(\frac{\partial p}{\partial T}\right)_v}{\left(\frac{\partial p}{\partial v}\right)_T} \tag{8}$$

und

$$-\left(\frac{\partial U}{\partial v}\right)_T = (c_p - c_v) \frac{\left(\frac{\partial p}{\partial v}\right)_T}{\left(\frac{\partial p}{\partial T}\right)_v} + p . \tag{8a}$$

Somit hängt die Änderung der inneren Energie eines Systems bei konstanter Temperatur vom Druck, den beiden spezifischen Wärmen sowie vom Spannungs- und Elastizitätskoeffizienten ab.

Führt man in letzter Gleichung noch statt des Quotienten aus dem Elastizitäts- und Spannungskoeffizienten, den Ausdehnungskoeffizienten ein, so erhält man:

$$\left(\frac{\partial U}{\partial v}\right)_T = (c_p - c_v)\frac{1}{\left(\frac{\partial v}{\partial T}\right)_p} - p \tag{8b}$$

bzw.

$$(c_p - c_v) = \left[p + \left(\frac{\partial U}{\partial v}\right)_T\right] \cdot \left(\frac{\partial v}{\partial T}\right)_p .$$

Hätten wir p und v statt v und T als unabhängige Variable betrachtet, so kommen wir in analoger Weise zu dem Ausdruck:

$$(c_p - c_v) \cdot \frac{\partial^2 T}{\partial p \cdot \partial v} + \frac{\partial c_p}{\partial p} \cdot \left(\frac{\partial T}{\partial v}\right)_p - \frac{\partial c_v}{\partial v} \cdot \left(\frac{\partial T}{\partial p}\right)_v = 1 . \tag{8c}$$

2. Hauptsatz: Verwandelbarkeit der Energie.

Während der erste Hauptsatz die Äquivalenz der verschiedenen Energieformen zum Ausdruck bringt, zeigt uns der zweite Hauptsatz, daß sich im allgemeinen die Umwandlung einer Energieform in eine andere nicht vollständig durchführen läßt. So läßt sich zwar äußere Arbeit sowie die kinetische Energie bewegter Massen vollständig ineinander oder in Wärme umwandeln, während die Umwandlung von Wärme in Arbeit nur bedingt vollständig möglich ist.

Dieser Erfahrungssatz läßt sich[1]) auf folgende allgemeine Grundsätze zurückführen:

1. Jeder Vorgang, d. i. jede Veränderung eines Systems, bei welchem dasselbe von einem Anfangs- in einen davon verschiedenen Endzustand übergeht, und der ohne Zufuhr fremder Energie (also von selbst) verläuft, kann bei richtiger Ausnutzung ein endliches Quantum von äußerer Arbeit leisten. Dort, wo fremde Energie von außen zugeführt wird (wie z. B. elektrische Energie bei einem Elektromotor), kann hingegen natürlich andauernd äußere Arbeit geleistet werden.

2. Ein Vorgang liefert dann ein Maximum von äußerer Arbeit, wenn er reversibel durchgeführt wird. —

Wärme geht von selbst von einem wärmeren auf einen kälteren Körper über, wobei also nach dem ersten Hauptsatze äußere Arbeit gewonnen werden kann, während man umgekehrt Wärme nur durch Aufwand von Arbeit, also durch Zufuhr von Energie, von niederen auf höhere Temperaturen bringen kann, was *Clausius*[2]) als eigenen Satz aufgestellt hat.

3. Die bei einem umkehrbaren isothermen Kreisprozeß in Summe geleistete äußere Arbeit ist gleich Null.

---

[1]) *W. Nernst,* Theoretische Chemie.

[2]) Mechanische Wärmetheorie, Braunschweig 1876.

4. Wird die Wärmemenge Q von einem Körper, dessen Temperatur $T + dT$ ist, auf einen zweiten Körper von der Temperatur T übertragen, so kann hierbei die äußere Arbeit

$$dA = Q\frac{dT}{T} \tag{9}$$

geleistet werden, wenn diese Arbeit auf reversiblem Wege gewonnen wird.

Schreibt man die Gleichung in der Form

$$\frac{dA}{dT} = \frac{Q}{T}, \tag{9a}$$

so könnte man leicht zu dem Glauben kommen, dA sei die Arbeit, welche einer Temperaturerhöhung um dT entspricht; das wäre jedoch unrichtig, denn dA stellt jene Arbeit dar, welche mehr geleistet wird, wenn der nämliche Vorgang, der sich bei der Temperatur T in einem Sinne vollzieht, bei der Temperatur $T + dT$ wieder im entgegengesetzten Sinne verläuft (Kreisprozeß), $\frac{dA}{dT}$ ist also der Temperaturkoeffizient der Arbeitsfähigkeit des betrachteten Vorganges.

Um Arbeit aus Wärme zu gewinnen, muß eine Temperaturänderung eintreten, d. h. zwischen dem wärmezuführenden und dem wärmeaufnehmenden Körpersystem muß eine Temperaturdifferenz bestehen. Man kann diesen Vorgang mit der Arbeit vergleichen, die ein fallendes Gewicht leistet. Lassen wir das Gewicht P von der Höhe h_1 (in welcher Lage es die potentielle Energie Ph_1 besitzt) auf die Höhe h_2 herabfallen, so besitzt es nun nur mehr die potentielle Energie Ph_2, weil der Unterschied $P(h_1 - h_2)$ in Arbeit verwandelt worden ist. Ist $h_1 - h_2$ unendlich klein, so können wir für die geleistete Arbeit schreiben

$$dA = P\,dh, \tag{10}$$

eine Gleichung, die formell mit Gleichung (9) ganz übereinstimmt, wenn wir sie in die Form

$$\frac{dA}{dh} = P \tag{10a}$$

bringen. Entsprechend dieser Analogie bezeichnet man $\frac{Q}{T}$ auch als Wärmegewicht, während man den Temperaturunterschied $T_1 - T_2$ in Analogie mit dem Höhenunterschied $h_1 - h_2$ als Temperaturgefälle bezeichnet.

Fassen wir die beiden eben besprochenen Hauptsätze zusammen, so haben wir

I. Hauptsatz: $U = A - Q$,

II. Hauptsatz: $dA = Q \cdot \frac{dT}{T}$,

woraus sich ergibt

$$dA = (A - U)\frac{dT}{T} \tag{11}$$

bzw.

$$A - U = T\frac{dA}{dT}. \tag{11a}$$

In dieser Gleichung ist A die maximale Arbeit, die ein isotherm verlaufender Vorgang bei T zu leisten vermag, U ist die bei diesem Vorgang eintretende Abnahme der Gesamtenergie und $A - U = Q$ jene Wärmemenge, welche während des Vorganges der Umgebung entzogen wird, eine Wärmemenge, welche man als latente Wärme des Vorganges bezeichnen kann.

Für die Größe A, welche jenen Teil der mit einem Vorgange verbundenen Energieänderung darstellt, der in äußere Arbeit, lebendige Kraft, Wärme usw. umgewandelt, also frei verwendet werden kann, schlägt *Helmholtz*[1]) den Namen „Änderung der freien Energie", für die Größe $A-U$, d. i. den Unterschied zwischen den Änderungen der freien und der Gesamtenergie, aber „Änderung der gebundenen Energie" vor. *R. Clausius*[2]) endlich setzt für jeden Körper in jedem Zustand eine gewisse Größe S, die er Entropie nennt, voraus, die für das physikalische und chemische Verhalten desselben charakteristisch ist. Die absolute Größe der Entropie sowohl wie der Energie eines Körpers ist uns unbekannt, doch können wir die Änderungen ermitteln, welche beide erleiden, wenn der Körper aus einem Zustand A in einen zweiten B übergeht. Somit ist die Entropie der negative Temperaturkoeffizient der freien Energie

$$dS = -\frac{dA}{dT} = \frac{U-A}{T} = -\frac{Q}{T}.$$

Wird die Zustandsänderung unseres Systems in der Weise durchgeführt, daß die Entropie konstant bleibt (isentropische Zustandsänderung), so wird $d\,S = 0$ und $Q = 0$, was bei allen adiabatischen Zustandsänderungen vorkommt, weshalb man sie auch als isentropische bezeichnet.

Vollzieht sich der Vorgang bei konstanter Temperatur, so haben wir für den Übergang von Zustand 1 in jenen 2

$$S_2 - S_1 = \int_1^2 \frac{Q}{T}$$

oder, weil T konstant ist,

$$T\,(S_2 - S_1) = \int_1^2 Q\,,$$

d. h. die bei einem isothermen Vorgang zugeführte Wärme ist gleich dem Produkte aus der absoluten Temperatur und der hierbei eintretenden Entropieänderung. So finden wir dieselbe beim Schmelzen von 1 Mol (18 g) Eis zu

$$S_2 - S_1 = \frac{18 \cdot 80}{273} = 5{,}27\ \text{cal}\,,$$

d. i. gleich dem Produkte aus dem Molekulargewicht (18) und der latenten Schmelzwärme (80 cal), geteilt durch die Schmelztemperatur (0° C = 273° abs.).

---

[1]) Sitzungsber. d. Berliner Akademie, 2. Febr. 1882, Ges. Abh. II, S. 958.

[2]) Die mechanische Wärmetheorie, Braunschweig 1876.

Bei einem reversiblen Kreisprozeß sind Wärmeaufnahme und Wärmeabgabe einander gleich, somit wird

$$d\,S = 0\,,$$

d. h. die Entropie des Systems bleibt unverändert.

Bei einem nicht umkehrbaren Kreisprozesse hingegen tritt eine Entropieänderung auf, denn wenn beispielsweise die Wärmemenge Q ohne Arbeitsleistung — also irreversibel — von einem Körper mit der Temperatur T_1 auf einen anderen mit der Temperatur T_2 übergeht, so muß natürlich $T_1 > T_2$ sein, weshalb

$$-\frac{Q}{T_1} < \frac{Q}{T_2}$$

oder

$$-\,d\,S_1 < d\,S_2$$

werden wird. Da also unter diesen Umständen die Verringerung der Entropie des ersten Körpers kleiner sein muß als die Entropievermehrung des zweiten, wird sich bei nicht umkehrbaren Vorgängen die Entropie vermehren müssen.

Verläuft eine Zustandsänderung so, daß der Energieinhalt des Systems ungeändert bleibt, so sind zwei Fälle möglich:

1. Es bleibt auch die Entropie konstant, und dann verläuft der Prozeß umkehrbar,

2. wenn der Prozeß aber nicht umkehrbar ist, dann tritt eine Vermehrung der Entropie ein.

Demzufolge werden alle ohne äußeren Arbeitsaufwand, also von selbst verlaufenden Vorgänge eine Vermehrung der Entropie hervorrufen oder höchstens (wenn der Vorgang reversibel erfolgt) konstant bleiben. Wegen dieser wichtigen Folgerung aus dem zweiten Hauptsatze der Thermodynamik hat man denselben auch als den Satz von der Vermehrung der Entropie bezeichnet.

Die Ursache dieser Entropievermehrung liegt nun darin, daß bei nicht umkehrbaren Prozessen ein Teil der freien Energie in Wärme umgewandelt wird, die in nicht umkehrbarer Weise an die Umgebung abgegeben wird. Bei dieser stetigen Vermehrung der Entropie, welche einer Verringerung der freien, also in Arbeit umwandelbaren Energie entspricht, muß die Temperatur immer mehr sinken und die Welt schließlich dem Wärmetode verfallen.

Diese Schlußfolgerung hat schon manchem zu denken gegeben, so hat sich der Verfasser als Student die Frage vorgelegt: Wenn die Welt, wenn auch in noch so langer Zeit, dem Wärmetode verfällt, ist diese Zeit — und wenn sie auch viele Milliarden Jahre dauern sollte — gegenüber der Ewigkeit doch verschwindend, und wozu ist dann die Welt überhaupt entstanden? Was ist dann, wenn dieses Ende der Welt eingetreten ist? — Denn die Zeit sowie auch den Raum können wir uns nicht begrenzt vorstellen, weil wir uns ebensowenig denken können, was vor dem Anfang oder nach dem Ende der Welt, oder was außerhalb des begrenzt gedachten Weltraums existieren kann. Ebenso erging es *Nernst*, als er als Student in Graz 1886 die Antrittsrede Prof. *Boltzmanns* in der Wiener Akademie der Wissenschaften über den zweiten Wärmesatz[1]) in die Hand bekam, in welcher dieser u. a. bemerkte, daß alle Versuche, das Universum vor dem Wärmetode zu erretten, erfolglos bleiben. *Nernst* sagt darüber[2]):

„Diese Stelle, die ich als Student las, machte den größten Eindruck auf mich, und stets blieb seitdem mein Blick darauf gerichtet, ob nicht irgendwo ein Ausweg sich zeigte. Denn ein Zweifel daran, daß obige Konsequenz des zweiten Wärmesatzes von höchster Unwahrscheinlichkeit ist, kann wohl kaum ernstlich gehegt werden; vielmehr wird jede naturwissenschaftliche Theorie des Kosmos davon ausgehen müssen, daß ganz im Gegenteil zu der erwähnten Konsequenz der Thermodynamik das Weltall sich in einem stationären Zustande befindet, daß also im Mittel ebensoviel Sterne im Kosmos durch Erlöschen ausscheiden, wie neue erglühen"[3]).

Zweifellos erfolgt die Zerstörung der Arbeitsfähigkeit der in der Welt vorhandenen Energie fast ausschließlich durch Strahlung, bei welcher die Energie hoch erhitzter Stoffe in das Äthermeer wandert, und *Nernst* greift daher zur Deckung dieses Verlustes an Arbeitsfähigkeit, wie ihn der zweite Wärmesatz für irreversible Prozesse voraussetzt, zum Energieinhalt des Lichtäthers bzw. auf die großen Energiemengen, welche beim Zerfall der radioaktiven Elemente frei werden[4]), eine Hypothese, die er in seinem sehr lesenswerten „Weltgebäude im Lichte der neueren Forschung" noch weiter ausführt und dahin erweitert, daß er das Vorhandensein eines dem radioaktiven Zerfall entgegengesetzten Vorganges annimmt, so daß sich zwar die Atome sämtlicher Elemente des Universums im Laufe der Zeit in eine Ursubstanz (wahrscheinlich den Lichtäther) auflösen, daß aber in diesem „ähnlich wie in einem Gas, im Sinne der kinetischen Theorie, alle möglichen Konstellationen, selbst solche unwahrscheinlichster Art, vorkommen können, und daß auf diesem Wege von Zeit zu Zeit ein Atom irgendeines Elementes (am wahrscheinlichsten sogar eines hochatomigen) sich zurückbildet."

3. Thermodynamischer Hauptsatz (*Nernst*sches Wärmetheorem).

Die Gleichung (9)

$$dA = \frac{Q}{T} \cdot dT = \frac{A - U}{T} \cdot dT$$

können wir auch schreiben:

$$\frac{dA}{dT} - \frac{A}{T} = -\frac{U}{T}$$

und erhalten so in mathematischer Hinsicht eine lineare unhomogene Differentialgleichung erster Ordnung, die, wenn U eine stetige Funktion von T ist, bei ihrer Integration

$$A = -T \int \frac{Q}{T^2} \cdot dT + C \cdot T$$

---

[1]) Populäre Schriften, S. 25, Leipzig 1905 bei Ambr. Barth.

[2]) Das Weltgebäude im Lichte der neueren Forschung, Berlin 1921.

[3]) Prof. *Arrhenius*, „Werden der Welten".

[4]) Verh. d. Ges. deutsch. Naturforscher u. Ärzte 1912, I.

gibt, in welcher C eine unbekannte Konstante darstellt. Um diese Konstante zu ermitteln, hat *Nernst*[1]) die Hypothese aufgestellt, daß die Temperaturkoeffizienten $\frac{dA}{dT}$ und $\frac{dU}{dT}$ beim absoluten Nullpunkte einander gleich und zwar $= 0$ werden:

$$\lim_{T=0}\frac{dA}{dT} = \lim_{T=0}\frac{dU}{dT} = 0\,. \tag{12}$$

Außerdem muß aber auch nach Gleichung (11a) für $T = 0$, weil in diesem Falle $\frac{dA}{dT}$ aber auch $T = 0$ werden, $A = U$ sein. Hierbei können aber die Werte $A_{T=0}$ und $U_{T=0}$ von Null verschieden sein, und zwar werden sie für alle freiwillig verlaufenden Vorgänge, bei denen also Wärme frei wird, >0 sein müssen. Endlich ergibt sich aus Gleichung (12) auch noch, daß sich die A- und U-Kurven beim absoluten Nullpunkt tangieren, dort also parallel zur Temperaturachse verlaufen müssen (Fig. 3).

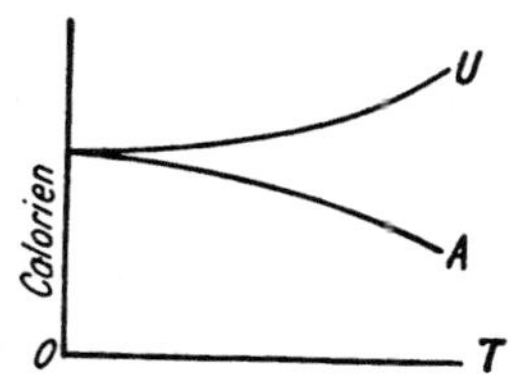

Fig. 3. A- und U-Kurven nach *Nernst*.

Endlich werden die Molarwärmen aller festen und flüssigen Stoffe beim absoluten Nullpunkte gleich der Summe ihrer Atomwärme sein und somit das *Kopp*sche Gesetz strenge Geltung haben.

Da man nun die Vorgänge im gasförmigen Zustande auf jene im festen Zustande (also auch beim absoluten Nullpunkte) zurückführen kann, wenn man die jeweiligen Dampfspannungen in Betracht zieht, können wir tatsächlich die Integrationskonstante für Gase aus jener der festen Stoffe ableiten und daher für jede beliebige Atomkombination aus jener der einzelnen Elemente additiv berechnen.

IV. Wärmeübertragung.

Allgemeines, Wärmeübertragung durch Leitung und Strahlung, innere und äußere Wärmeleitung, Wärmestrahlung.

Wärme kann nur von einem wärmeren auf einen kälteren Körper übertragen werden, oder genauer gesagt, zwei gleich warme Körper übertragen gegenseitig aufeinander gleich viel Wärme, es besteht bei ihnen also ein Gleichgewicht zwischen Wärmeabgabe und Wärmeaufnahme.

Hierbei unterscheidet man zwei verschiedene Arten von Wärmeübertragung:

1. Wenn sich die beiden wärmeabgebenden und -aufnehmenden Körper unmittelbar berühren, tritt Wärmeleitung ein, während,

2. wenn sie sich nicht unmittelbar berühren, und die Wärmeübertragung nicht auf dem langsamen Wege der Wärmeleitung durch das zwischen beiden

[1]) Göttinger Nachrichten 1906, Heft 1, S. 1 bis 40; Berl. Ber. 1906, S. 933 bis 940.

befindliche Medium, sondern rasch und meist ohne beträchtliche Erwärmung desselben durch die wellenförmigen Schwingungen des Äthers erfolgen; man spricht dann von Wärmestrahlung.

a) Wärmeleitung.

Bei der Wärmeleitung erfolgt die Wärmeübertragung durch den Aneinanderprall der sich bewegenden bzw. schwingenden Moleküle (oder Atome) in der Weise, daß die kinetische Energie der heißeren Moleküle beim Zusammenstoß mit kälteren auf diese übertragen wird.

Erfolgt die Wärmeübertragung durch Leitung innerhalb desselben Körpers (z. B. wenn wir eine Metallstange an einem Ende in einem Feuer erwärmen), so spricht man von innerer Wärmeleitung, während man den Wärmeübergang von einem auf einen anderen unmittelbar daranstoßenden Körper als äußere Wärmeleitung bezeichnet.

α) Innere Wärmeleitung.

Die Gesetze der inneren Wärmeleitung sind natürlich die einfachsten, weil wir hier nur mit gleichartigen Molekülen zu tun haben, die, je nach der Temperatur, verschiedene Geschwindigkeit besitzen, so daß es sich nur um einen Geschwindigkeitsaustausch handelt.

Jedenfalls wird die durch innere Wärmeleitung übertragene Wärmemenge von der Natur der Leiter abhängig sein, ferner aber sowohl der Zeit als dem Querschnitt der Leiter sowie dem Temperaturunterschied zwischen zwei um die Streckeneinheit voneinander entfernten Leiterquerschnitten proportional sein.

Um für die Leitfähigkeit der verschiedenen Materialien einen Maßstab zu finden, wollen wir aus denselben hergestellte Stäbe von gleichem Querschnitt und gleicher Länge an einem Ende derart erwärmen, daß sie dort gleiche Temperatur besitzen, während ihr anderes Ende ebenfalls auf konstanter Temperatur erhalten wird, so daß zwischen beiden Enden ein bestimmter Temperaturunterschied (Temperaturgefälle) erhalten bleibt. Messen wir nun die Wärmemenge, welche bei diesen Stäben in der Zeiteinheit durch den Querschnitt geht, so erhalten wir, da ja Länge und Querschnitt dieser Stäbe gleich sind, Vergleichszahlen für die Leitfähigkeit derselben, die man als innere Wärmeleitungskoeffizienten bezeichnet.

Für den gleichen Stoff wird daher die Größe des Wärmeleitungskoeffizienten von den Einheiten abhängen, welche man für Zeit, Querschnitt und ihre Entfernung voneinander wählt, während man den Temperaturunterschied (Temperaturgefälle) gleich 1° C wählt.

In der Praxis benutzt man folgende beide Arten von Wärmeleitungskoeffizienten:

a) Den Wärmeleitungskoeffizienten k, d. i. jene, in Grammcalorien ausgedrückte Wärmemenge, welche durch einen Würfel des betreffenden Körpers von 1 cm Seitenlänge in einer Sekunde hindurchgeht, wenn zwei gegenüberstehende Flächen desselben einen Temperaturunterschied von 1° C besitzen, die übrigen Würfelflächen aber so isoliert sind, daß sie keinen Wärmedurchgang gestatten.

b) Der Wärmeleitungskoeffizient K hingegen gibt die Wärmemenge, welche durch jeden Quadratmillimeter einer ebenen Platte von 1 mm Dicke in 1 Sekunde hindurchgeht, wenn die beiden Seiten der Platte einen Temperaturunterschied von 1 ° C besitzen. Die Wärmemenge wird in K Milligramm Wasser (d. i. also in 0,001 Grammcalorien) ausgedrückt, so daß $K = 100\,k$ ist.

Wärmeleitungskoeffizient K.

Substanz	Temperatur °C	K	Beobachter
Aluminium	0	34,35	Lorenz
„	100	36,19	„
Antimon	0	4,42	„
„	100	3,96	„
Blei	7	7,19	H. F. Weber
„	15	7,93	Kirchhoff und Hansen
„	0	8,36	Lorenz
„	100	7,34	„
Eisen	0	19,88	Ångström
„	100	14,17	„
„	—	16,38	Neumann
„	0	16,65	Lorenz
„	100	16,27	„
Schmiedeeisen	0	20,70	Forbes
„	50	17,72	„
„	100	15,67	„
„	150	14,47	„
„	200	13,57	„
„	275	12,40	„
„	39	14,85	H. F. Weber
Puddelstahl	15	14,18	Kirchhoff und Hansen
Bessemerstahl	15	9,64	„
Puddelstahl	15	13,75	„
Kupfer, eisenhaltig	0	98,23	Ångström
„ „	100	83,31	„
„ „	—	110,80	Neumann
„ , käuflich	0	81,90	H. F. Weber
„ , phosphorhaltig	15	41,52	Kirchhoff und Hansen
„ „	0	71,98	Lorenz
„ „	100	72,26	„
Quecksilber	50	1,77	Ångström
„	0	1,479	H. F. Weber
„	50	1,893	„
Silber	0	109,60	„
Wismut	7	1,08	„
„	0	1,77	Lorenz
„	100	1,64	„
Quarzsand, feiner	—	0,0131	Forbes
Kork, Längenrichtung	—	0,0717	„

Wärmeleitungskoeffizient K (Fortsetzung).

Substanz	Temperatur °C	K	Beobachter
Kiefernholz, Längenrichtung .	—	0,030	Forbes
„ im Radius . . .	—	0,0088	„
Sägespäne von Kiefernholz, komprimiert	—	0,0123	„
Paraffin	—	0,0141	„
Vulkanisierter Kautschuk . .	—	0,0089	„
Hartgummi	—	0,0260	Stefan
Horn	—	0,00870	Forbes
Bienenwachs	—	0,00870	„
Filz	—	0,00870	„
Baumwolle, zerteilt	—	0,00433	„
„ gepreßt	—	0,00335	„
Wasser.	408	0,1555	Lundquist
„	10 bis 18	0,154	Winkelmann
„	0	0,1203	H. F. Weber
„	23,7	0,1428	„
Atmosphärische Luft	—	0,00558	Stefan
„ „	0	0,00492	Kunert und Warburg
„ „	0	0,00513	Winkelmann
„ „	100	0,00653	„
„ „	0	0,004838	Grätz
„ „	100	0,005734	„
Wasserstoff.	7 bis 8	0,03324	Winkelmann
„	0	0,03190	Grätz
„	100	0,03693	„
Sauerstoff	7 bis 8	0,00563	Winkelmann
Stickstoff	7 bis 8	0,00524	„
Stickoxydul	0	0,00350	„
„	100	0,00506	„
Stickoxyd	7 bis 8	0,00460	„
Kohlenoxyd	0	0,00499	„
„	7 bis 8	0,00510	„
Kohlensäure	0	0,00305	„
„	100	0,00466	„
Ammoniak	0	0,00458	„
„	100	0,00709	„
Methan, CH_4	7 bis 8	0,00647	„
Äthylen, C_2H_4	0	0,00395	„
„	100	0,00636	„

Aus diesen Daten lassen sich die Wärmemengen W, welche durch einen gegebenen Querschnitt q in der Zeit z hindurchgehen, berechnen mittels der Gleichung

$$W = K \cdot z \frac{t_2 - t_1}{d} q,$$

worin der fragliche Querschnitt $= q$ qcm,
der Abstand der Endflächen (Dicke der Platten) $= d m$,

die Temperatur an beiden Seiten $= t_1$ und t_2,
die Zeitdauer $= z$ Sekunden,
und der Wärmeleitungskoeffizient $= k$ ist.

Man erhält so für den Wärmedurchgang in Cal pro 1 qm Querschnitt und Stunde und 1 m Plattendicke folgende Werte:

Aluminium	12,4 bis 13	Kupfer	330
Baumwolle	0,012 „ 0,016	Kupfer, phosphorhaltig	260
Blei	26 „ 30	Luft	0,0175 bis 0,0205
Kunststeinmauerwerk	1,3 „ 2,1	Marmor	0,43 „ 0,65
Zement	0,059	Messing	72 „ 108
Eisen	40 bis 70	Olivenöl	0,142
Eis	0,8 „ 2,0	Pappe	0,16
Filz	0,031	Quarzsand	0,047
Glas	0,47 bis 0,65	Quecksilber	4,5 bis 7,2
Isolierstoff	0,05 „ 0,15	Steinkohle	0,11
Kautschuk	0,17	Stuck	0,47
Kiefernholz, längs d. Faser	0,108	Ziegel, Ton	0,70
Kiefernholz, quer z. Faser	0,032	Wasser	0,44 bis 0,56
Kork	0,26	Zink	105
Kreide	0,80	Zinn	54

Für feuerfeste Steine gibt *F. H. Schulz*[1]) folgende Zusammenstellung der Wärmeleitungszahlen K in Cal/m, St., ° C, die jedoch noch immer erhebliche Unterschiede zeigen (s. Seite 54).

Das innere Wärmeleitungsvermögen ist von der Temperatur abhängig, und zwar verringert es sich bei festen Körpern gewöhnlich mit der Temperatur, während es sich bei flüssigen und gasförmigen vergrößert.

Dieses Verhalten der festen Körper dürfte mit der Vergrößerung der Atomdistanzen bei steigender Temperatur zusammenhängen. So finden wir auch bei Krystallen (z. B. bei Bergkrystall) in jener Richtung, in welcher der thermische Ausdehnungskoeffizient größer ist, die kleinere Wärmeleitfähigkeit:

	Parallel zur Hauptachse	Senkrecht zur Hauptachse
Linearer Ausdehnungskoeffizient bei 40° C	$7{,}81 \cdot 10^{-6}$	$14{,}19 \cdot 10^{-6}$
Wärmeleitfähigkeit in $\frac{\text{Cal}}{\text{Gr. Grad Sek.}}$ bei 30° C	0,0267 0,0299 0,0294	0,0158 0,01565
Mittel	0,028667	0,015725

Verhältnis des Ausdehnungskoeffizienten $\frac{14{,}19 \cdot 10^{-6}}{7{,}81 \cdot 10^{-6}} = 1{,}816$

Verhältnis der Leitfähigkeiten ..... $\frac{0{,}028667}{0{,}015725} = 1{,}835$

Bei Flüssigkeiten und Gasen hingegen nimmt mit steigender Temperatur die Beweglichkeit der Moleküle und damit die Zahl der Zusammenstöße zu,

[1]) Stahl u. Eisen 1925, Nr. 42, S. 1739.

Wärmeleitfähigkeit von feuerfesten Steinen.

Beobachter	Art der untersuchten Steine	Chemische Zusammensetzung		Wärmeleitungszahl		
		SiO_2 Proz.	Al_2O_3 Proz.	200° C	600° C	1000° C
van Rinsum	Silica	96	2	0,48	0,81	1,13
	„ (amorph. Quarzit)	—	—	0,51	0,88	1,24
	„	95	1	0,68	0,94	1,20
	Dinas	63	33	0,76	1,02	1,27
	„	66	31	0,72	0,85	0,98
	Schamotte	—	—	0,52	0,68	0,83
	„	—	—	0,49	0,64	0,80
Goerens	Halbschamotte . . .	73	23	0,81	0,95	—
	Schamotte	68	28	0,79	0,99	—
	Schieferton	54	40	0,85	1,07	1,18
	Lia	53	45	0,72	0,77	0,82
	Silica	96	2	1,03	1,19	—
Heyn	Schamotte BC . . .	57	40	0,52	0,79	0,94
	„ 4	63	30	0,41	0,59	0,77
	„ B	71	24	0,32	0,45	0,47
	„ C	74	25	0,76	0,97	0,97
	Dinas	97	2	0,49	0,61	0,65
Dougall Hodsmann	Silica	95	2	—	1,08	1,26 (790°)
und Cobb . . .	Schamotte	96	31	—	0,59	—
Versuchsanstalt der	Silica Ia	95	1,3	0,33	0,41	—
Dortmunder Union	„ (nach 15 tägigem Glühen bei 1500°) .	95	1,3	0,70	0,80	—

während gleichzeitig auch die spezifische Wärme (Molarwärme) meist größer ist als bei festen Körpern.

Für einige Stoffe sind für die Abhängigkeit ihres Leitvermögens von der Temperatur folgende Gleichungen aufgestellt worden:

Eisen $K_t = 20{,}7 \quad (1 - 0{,}00144\, t)$
Luft $= 0{,}0048 \; (1 + 0{,}0023\, t)$
Wasserstoff $= 0{,}0319 \; (1 + 0{,}0023\, t)$.

Von dem **Wärmeleitungsvermögen** unterscheidet sich das **Temperaturleitvermögen**, auch **thermometrisches Leitvermögen** (l) genannt; es hängt von seiner spezifischen Masse s (Masse der Volumseinheit) und seiner spezifischen Wärme ab und ist

$$l = \frac{k}{s \cdot c}.$$

Da bei Gasen die spezifische Masse sehr klein ist, besitzen sie ein großes Temperaturleitungsvermögen, weshalb bei ihnen sehr rasch Temperaturausgleich stattfindet, wozu auch die große Geschwindigkeit ihrer Molekularbewegung und die freie Weglänge derselben beitragen. Folgende Beispiele geben hierüber eine Vorstellung:

	k	l
Kupfer	0,7	0,77
Eisen	0,16	0,18
Luft	0,000056	0,26
Wasserstoff	0,0004	1,8

β) Äußere Wärmeleitung.

Die äußere Wärmeleitung, auch Oberflächenleitung genannt, hängt ebenso wie die innere Wärmeleitung von der Zeit, der Größe der Fläche, an welcher die Wärmeübertragung stattfindet, der Temperaturdifferenz zwischen dem Wärme abgebenden und sie aufnehmenden Körper und von ihrer Natur ab. Ihre Größe ist durch die Gleichung

$$W = \lambda \cdot z\,(t_2 - t_1)\,q \text{ cal}$$

gegeben, in welcher λ den Übertragungskoeffizienten (der bisher noch wenig bekannt ist), z die Zeit in Stunden und q die Größe der Übertragungsfläche in qm bedeutet.

Dort, wo es sich um den Wärmeübergang zwischen Flüssigkeiten oder Gasen und festen Körpern handelt, hängt der Wert von λ außer von der Natur der ersteren, auch von ihrem Bewegungszustande ab, wie folgende Zahlen zeigen, die sich auf Flüssigkeiten oder Gase gegen metallischen Flächen beziehen:

Flüssigkeiten oder Gase gegen metallische Flächen	λ im Mittel	Bemerkungen
Siedende Flüssigkeiten	∞ 10 000	Gute Zirkulation der Flüssigkeit erhöht, mangelhafte erniedrigt den Wert von λ.
sich kondensierender Wasserdampf	∞ 8 000	Luftfreiheit und rasche Entfernung des kondensierten Wassers befördern den Wärmedurchgäng.
nicht siedende Flüssigkeiten		Der Wert von λ wird jedoch durch die Form der Wandfläche, welche das Auftreten von Strömungen in der Flüssigkeit begünstigt oder beeinträchtigt, stark beeinflußt.
1. im Ruhezustand	∞ 500	
2. wenn die Flüssigkeit sich längs der Wand mit v m/Sek. Geschwindigkeit fortbewegt	$300 + 1800\sqrt{v}$	
3. wenn die Flüssigkeit durch eine Röhre oder eine andere Mischvorrichtung bewegt wird	2000 bis 4000	Je nach der Wirksamkeit des Rührers.
für Gase (Luft) und überhitzte Dämpfe		
1. im Ruhezustand	∞ 4	Der Wert kann jedoch, ebenso wie bei Flüssigkeiten, je nach der Gestalt der Wände, Innenströmungen usw. zwischen 2 und 8 schwanken.
2. für strömende Gase	$= 2 + 10\sqrt{v}$	

b) Wärmestrahlung.

Alle Körper strahlen Wärme aus, und diese Strahlen sind, wie auch die Lichtstrahlen und andere Strahlungen, Ätherwellen, deren Energie nach dem *Plank*schen Strahlungsgesetze

$$\varepsilon = h \cdot \nu = \frac{h}{\tau}$$

ist, ein Ausdruck, in welchem $h = 0{,}000\,000\,000\,000\,000\,000\,000\,000\,00655$ eine Weltkonstante, ν die Schwingungszahl und τ die Schwingungsdauer darstellen. Die Strahlungsenergie wächst daher mit der Schwingungszahl. Überdies werden die Wellenlängen der ausgesendeten Strahlen um so kleiner, je höher die Temperatur steigt. Lichtstrahlen treten erst bei Temperaturen in der Nähe von 500° C auf, und zwar rote, mit steigender Temperatur mischen sich immer kurzwelligere Strahlen zu, wodurch sich ihre Farbe ändert. So entstehen die sog. Glühfarben, d. h. die Farben, in denen wir glühende Körper erstrahlen sehen. Die Temperaturen, welche diesen verschiedenen Glühfarben entsprechen, sind (nach Messungen von *Howe* sowie von *Maunsel White* und *F. W. Taylor*, mittels des Pyrometers von *Henry Le Chatelier*) sowie nach den ursprünglichen Temperaturschätzungen von *Pouillet* in folgender Tabelle zusammengestellt.

Pouillet		*Howe*		*M. White* und *F. W. Taylor*	
Glühfarbe	° C	Glühfarbe	° C	Glühfarbe	° C
—	—	Erstes sichtbares Rot im Dunkeln	470	—	—
Beginnendes Glühen	525	Erstes sichtbares Rot bei Tageslicht	475	—	—
Dunkle Rotglut	700	Dunkelrot	550 bis 625	Dunkelrot oder blutrot	566
Beginnendes Kirschrot	800			Dunkles Kirschrot	635
Kirschrot	900	Voll Kirschrot	700	Kirschrot, völlige Rotglut	746
Hell Kirschrot	1000	Helle Rotglut	850	Hell Kirschrot, hellrot	843
Dunkle Gelbglut	1100	—	—	Orange	899
Helle Gelbglut	1200	Volle Gelbglut	950 bis 1000	Hellorange	941
—	—	—	—	Gelb	996
—	—	Hellgelb	1050	Hellgelb	1074
Weißglut	1300	Weißglut	1150	Weißglut	1205
Helle Weißglut	1400	—	—	—	—
lendende Weißglut	1500 bis 1600	—	—	—	—

Für absolut schwarze Körper (d. h. solche, welche alle auf sie fallenden Strahlen absorbieren) gilt das *Stefan-Boltzmann*sche Gesetz[1]):

$$W = \frac{k_2 \cdot q \cdot Z}{10000} [T_1^4 - T_2^4],$$

in welcher W die durch Strahlung pro 1 qm Strahlungsfläche übertragene Wärme, k_2 den Strahlungskoeffizienten, der von der Natur der wärmeabgebenden Fläche abhängt, und q die Strahlungsfläche in qm und Z die Zeit in Stunden, T_1 und T_2 aber die absolute Temperatur des strahlenden und des bestrahlten Körpers darstellen. Bringt man diese Gleichung in die Form

$$W = \frac{k_2 \cdot q \cdot Z}{10000} T_1^4 - \frac{k_2 \cdot q \cdot Z}{10000} \cdot T_2^4 = W_1 - W_2,$$

so sagt sie deutlich, daß die durch Strahlung übertragene Wärme den Unterschied zwischen jenen Wärmemengen darstellt, welche die beiden Körper gegeneinander ausstrahlen. Für absolut schwarze Körper ist also unter sonst gleichen Umständen die Wärmestrahlung proportional dem Unterschied der vierten Potenzen der absoluten Temperaturen.

Dieses Gesetz läßt sich übrigens (wie *Boltzmann* gezeigt hat) in folgender Weise einfach ableiten. Ist — wie schon früher — U die Abnahme eines Systems an Gesamtenergie, die dabei geleistete äußere Arbeit A, und die gleichzeitig aufgenommene Wärme Q, so haben wir nach den Lehren der Thermodynamik

$$Q = A - U$$

und

$$d A = \frac{Q \cdot d T}{T}$$

also

$$U = A - \frac{T \cdot d A}{d T}.$$

Die fortschreitende Wellenbewegung muß nun auf den von den Strahlen getroffenen Körper einen Druck ausüben, den man als Strahlungsdruck bezeichnet, und man kann sich — ähnlich wie bei der Ableitung der kinetischen Gastheorie — denken, daß dieser Strahlungsdruck nur durch ein Drittel aller auftreffenden Strahlen hervorgerufen wird, und das gleiche gilt auch von den durch den zweiten Körper aufgenommenen Strahlen.

Soll nun bei maximaler Arbeitsleistung allseitige Bestrahlung und bei konstanter Temperatur Gleichgewicht eintreten, so muß, wenn unser schwarzer Körper die Strahlungsenergie E aufnimmt, die Arbeit $\frac{E}{3}$ geleistet, d. h. ab-

---

[1]) *Rosetti* hat für die Wärmestrahlung die Gleichung

$$W = C \cdot q \cdot Z \left[\left(\frac{T}{100}\right)^2 - 1{,}9\right] (T - T_1)$$

aufgestellt, in welcher für verrostete Metallflächen, Mauerwerk, Holz, Papier, Wollstoff, Ölanstrich und glühende oder flammende Brennstoffe $C = 0{,}5$ zu setzen ist.

gegeben werden. Ist die abgegebene Gesamtenergie also

$$U = -E\,,$$

so ist die geleistete Arbeit

$$A = \frac{E}{3}$$

und daher

$$-E = \frac{E}{3} - \frac{T}{3}\frac{dE}{dT}$$

oder

$$4E = T \cdot \frac{dE}{dT}$$

bzw.

$$4\frac{dT}{T} = \frac{dE}{E}$$

oder integriert

$$4 \ln T = \ln E + \text{const.}$$

Das *Stefan-Boltzmann*sche Gesetz gilt aber nur für absolut schwarze Körper, während bei blankem Platin, wie *Lummer* und *Pringsheim* gezeigt haben, die Strahlung dem Unterschiede der 5. Potenzen der Temperatur proportional sind.

Die Werte des Strahlungskoeffizienten k_2 für einige in der Feuerungstechnik in Frage kommende Stoffe sind folgende:

Poliertes Silber	$k_2 = 0{,}13$
Versilbertes Papier	$= 0{,}42$
Poliertes Messing	$= 0{,}258$
Vergoldetes Papier	$= 0{,}23$
Kupfer	$= 0{,}16$
Zink	$= 0{,}24$
Zinn	$= 0{,}215$
Poliertes Schwarzblech	$= 0{,}45$
Verbleites Blech	$= 0{,}65$
Gewöhnliches Blech	$= 2{,}77$
Verrostetes Blech	$= 3{,}36$
Neues Roheisen	$= 3{,}17$
Verrostetes Roheisen	$= 3{,}36$
Glas	$= 2{,}91$
Gepulverte Kreide	$= 3{,}32$
Sägespähne	$= 3{,}53$
Kohlenpulver	$= 3{,}42$
Feiner Sand	$= 3{,}62$
Ölanstrich	$= 3{,}71$
Papier	$= 3{,}77$
Kienruß	$= 4{,}01$
Bausteine	$= 3{,}60$
Gips	$= 3{,}60$
Holz	$= 3{,}60$
Wasser	$= 5{,}31$
Öl	$= 7{,}24$
Wollstoffe	$= 3{,}68$
Kattun	$= 3{,}65$
Seidenstoffe	$= 3{,}71$

Bei Berechnung der Wärmestrahlung kann die Luftwärme vernachlässigt werden, weil ihre Wärmeabsorption außerordentlich klein ist.

Die folgende Tabelle gibt die Wärmeabgabe durch Leitung und Strahlung für verschiedene Temperaturen, wobei für Mauerwerk $k_1 = 2$ (Wärmekoeffizient) $k_2 = 4$ gesetzt ist.

$t - t_1$	Wärmeabgabe durch			
	Leitung		Strahlung	
	allgemein	Mauerwerk	allgemein	Mauerwerk
		Cal pro 1 qm und St.		Cal. pro 1 qm und St.
10	9,4 k_1	18,8	11,2 k_2	44,8
50	68,6 k_1	137,2	65,3 k_2	261,2
100	161,5 k_1	323,0	161,3 k_2	645,2
150	266,1 k_1	532,2	302,2 k_2	1208,8
200	379,4 k_1	758,8	511,2 k_2	2044,8
250	498,6 k_1	997,2	848,7 k_2	3394,8

Die Wärmestrahlung nimmt also mit wachsendem Temperaturgefälle rascher zu als die Wärmeleitung und ist überhaupt recht bedeutend.

Ganz anders als bei festen Körpern sind die Strahlungsverhältnisse von Gasen. Die Gesamtstrahlung brennender Gase bei ähnlich geformten Flammen wurde 1889 von *R. v. Helmholtz*[1]) untersucht, wobei er folgende, auf gleiche Volumen (also auf gleiche Molenzahl) der Brenngase bezogene Sätze aufstellte:

1. Das Strahlungsvermögen der nicht leuchtenden Flamme ist bei Wasserstoff am kleinsten und wächst der Reihe nach bei Kohlenoxyd, Leuchtgas, Methan und Äthan.

2. Das Strahlungsvermögen von Gasen, die mit leuchtender Flamme verbrennen, ist — weil hier die Strahlung des glühenden Kohlenstoffes hinzutritt — größer als jene der nicht leuchtenden Flammen; doch ist der Unterschied zwischen beiden kleiner, als man gewöhnlich annimmt. Bei einer Flammendicke von 6 mm ist das Verhältnis beider Strahlungen etwa wie folgt:

Bei	Methan, CH_4	wie	5 : 4
„	Leuchtgas	„	3 : 2
„	Äthylen	„	2 : 1

3. Auf gleiche Volumen der Verbrennungsprodukte bezogen fand *Helmholtz* für alle untersuchten Gase das gleiche Strahlungsvermögen. Das gibt für

$H_2 + \frac{1}{2} O_2 = \frac{1}{2} H_2O$	$\frac{1}{2}$ Mole	Strahlungsvermögen	1
$CO + \frac{1}{2} O_2 = \frac{1}{2} CO_2$	$\frac{1}{2}$ „	„	1
$CH_4 + \frac{3}{2} O_2 = CO_2 + 2 H_2O$	3 „	„	6
$C_2H_4 + \frac{7}{2} O_2 = 2 CO_2 + 3 H_2O$	5 „	„	10

[1]) „Die Licht- und Wärmestrahlung verbrannter Gase". Verh. d. Ver. z. Bef. des Gewerbebfl. Berlin 1889.

was allerdings bei Wasserstoff und Kohlenoxyd gleiches Strahlungsvermögen gäbe, also nicht in die unter 1. gegebene Reihenfolge paßt.

Das Verhältnis der absoluten Ausstrahlung zur Verbrennungswärme (von *Helmholtz* relatives Strahlungsvermögen genannt) ist

Bei Kohlenoxyd am größten	= 8,7 Proz	(Verbrennungswärme = 68,3 cal)
Bei Wasserstoff am kleinsten	= 3,6 „	(Verbrennungswärme = 58,100 cal)
Gleich groß bei Leuchtgas, Methan u. Äthylen	= 5,1 „	(CH_4 Verbrennungswärme = 192,1 cal)
		C_2H_4 Verbrennungswärme = 319,6 „

Das gibt für CO	68,3 · 8,7 =	594,21	Was allerdings mit der unter 1. gegebenen Reihenfolge übereinstimmt
H_2	58,1 · 3,6 =	199,16	
CH_4	192,1 · 5,1 =	979,71	
C_2H_4	319,6 · 5,1 =	1629,96	

Bei Leuchtflammen steigt das relative Strahlungsvermögen mit dem Kohlenstoffgehalte des Brenngases und erreicht beim Petroleum den Wert von 19 Proz.

Alle vorstehenden Angaben beziehen sich auf 6 mm Flammendicken.

Daß glühende Gase kein kontinuierliches Spektrum, sondern einzelne helle Linien oder Bänder mit bestimmten Wellenlängen geben, ist bekannt. *W. H. Julius*[1]) zeigte nun, daß auch in den Wärmespektren brennender Gase scharf markierte Maxima auftreten, deren jedes einem bestimmten Verbrennungsprodukte entspricht, während die Natur des brennenden Gases hierauf ohne Einfluß ist. Im Spektrum der Bunsenflamme fand er zwei solche „Wärmefarben“, deren eine dem Wasserdampfe, die andere aber der Kohlensäure entspricht, wozu in leuchtenden Flammen noch eine dem ausgeschiedenen Kohlenstoff entsprechende tritt.

Tr. Rosetti[2]) studierte den Einfluß der Flammendicke auf das Strahlungsvermögen, wobei sich ergab, daß diese von zwei hintereinander stehenden Flammen stets kleiner ist als die Summe der beiden Wärmestrahlungen der einzelnen Flammen, weil die von der einen Flamme ausgesandten Strahlen beim Passieren der zweiten Flamme teilweise absorbiert werden (*Kirchhoff*sches Gesetz). In dieser Weise absorbiert eine nicht leuchtende Bunsenflamme von 1 cm Dicke 13 Proz. der Wärmestrahlen einer zweiten, ebensolchen Flamme und läßt nur 87 Proz. passieren, während das Durchlaßvermögen einer weißen, helleuchtenden Gasflamme von 4 mm Dicke gegen eine zweite, gleiche Flamme 84,3 Proz. beträgt. *Rosetti* nimmt nun auf Grund der Versuche von *Allard* an, daß die optische sowohl als die thermische Durchlässigkeit für Flammen gleicher Art die gleiche sei (0,86), und stützt sich auf das *Kirchhoff*sche Gesetz, nach welchem für jede Flammengattung das Verhältnis zwischen Emissions- und Absorptionsvermögen dasselbe ist. Absorbiert also ein Körper irgendeine Strahlengattung (z. B. jene der Natriumlinie) zehnmal

---

[1]) „Die Licht- und Wärmestrahlung verbrannter Gase“, Ver. z. Bef. d. Gewerbefl. 1890.

[2]) Ann. Chim. et Phys. 1879, S. 457.

so stark, wie ein anderer Körper, so sendet er unter gleichen Verhältnissen auch zehnmal so viel von dieser Strahlengattung aus wie der zweite Körper. Um nun die Abhängigkeit von der Flammendicke zu ermitteln, hat *Rosetti* seine Untersuchungen auf Flammen von gleicher Art beschränkt, die ja auch gleiche Strahlung besitzen[1]). *Rosetti* findet so für die Strahlungsintensität einer Flamme von der Dicke x (wenn J_0 jene wäre, welche dieselbe Flamme bei der Dicke dx besäße)

$$J = -0{,}865 \int_1^x \frac{dx}{x^2} \int_1^x dx = 0{,}865\,(\ln x^{-x})\,.$$

Hieraus folgt weiter, wenn wir die Gesamtstrahlung dieser Flamme $J_0 = x$ setzen:

$$\frac{J}{J_0} = \frac{J}{x} = 0{,}865\left(\frac{\ln x}{x} - 1\right)$$

und

$$\frac{dJ}{dx} = 0{,}865\,\frac{1 - x}{x}\,.$$

Hiernach haben Flammen von etwa 1 m Dicke das Maximum ihrer Ausstrahlung erreicht, und eine weitere Steigerung der Flammendicke bewirkt keine Steigerung der Strahlungsintensität. Flammen von größerer Dicke als 1 m sind daher für solche gleicher Art wärmeundurchlässig (atherman). Hierauf beruht das *Siemens*sche Prinzip der freien Flammenführung bei Flammenofenfeuerungen in erster Linie.

Rosetti nimmt nun noch weiter an, daß die Wärmestrahlung einer weißen, hell leuchtenden Gasflamme von unendlicher Dicke die gleiche Intensität besitze, wie die Strahlungsoberfläche von größtem Emissionsvermögen (also eines absolut schwarzen Körpers), die an der Stelle der vorderen Flammenseite liegt und gleiche Dimensionen wie diese besitzt; er bezeichnet das Verhältnis der Strahlungsintensität einer Flamme von unendlicher Dicke zu jener eines schwarzen festen Körpers von gleicher Strahlungsfläche und Entfernung bei gleicher Temperatur als „absolutes Wärmeemissionsvermögen". Letzteres ist

Für eine helle, weiße Flamme	$= 1$
„ blaue, nicht leuchtende Flammen	$= 0{,}3219$.

Endlich nennt er das Strahlungsverhältnis einer Flamme von beschränkter Dicke zu jenem einer Rußfläche unter sonst gleichen Bedingungen „relatives Wärmeemissionsvermögen" und findet hierfür bei einer Flammendicke von 4 mm

Für blaue, nicht leuchtende Flammen	0,01744
„ weiße, hell leuchtende Flammen	0,057 .

[1]) Das Absorptionsvermögen einer nicht leuchtenden Bunsenflamme gegen eine hell leuchtende Gasflamme wird natürlich kleiner sein als jenes gegen eine zweite Bunsenflamme, weil erstere Strahlen von allen Wellenlängen aussendet, während letztere nur Strahlen gewisser Wellenlängen absorbiert.

Aus diesen Betrachtungen ergibt sich die Berechtigung des *Siemens*schen Prinzips der freien Flammenentfaltung.

Von besonderer Wichtigkeit sind die Studien *A. Schacks* in Düsseldorf[1]) über die Gasstrahlung. Wenn auf ein Gas Energiestrahlen auftreffen, so wird ein Teil dieser Strahlen absorbiert, und zwar besteht zwischen der absorbierten (E) und der auftreffenden Energiestrahlung (E_0) die Beziehung

$$E = E_0 (1 - e^{-k \cdot s}) \text{ Cal/qm, St.},$$

und dieser Betrag sollte nach dem *Kirchhoff*schen Gesetze auch die Strahlung des betreffenden Gaskörpers darstellen. In Wirklichkeit ist aber diese Strahlung auch von Form und Größe des ausstrahlenden Gaskörpers abhängig. *Schack* geht von der Annahme aus, daß ein (leerer) Hohlraum mit schwarzen Wänden und gleicher Temperatur vorliege. Das kleine Flächenstück dF der Innenfläche dieses Raumes wird dann nach dem *Stefan-Boltzmann*schen Gesetze gegen die übrigen Wandflächen die Energiemenge $d\,Q = d\,F \cdot C \left(\frac{T}{100}\right)^4$ Cal/St. ausstrahlen, worin $C = 4{,}9$ Cal/qm, St. Grad[2]) die Strahlungszahl des schwarzen Körpers ist. Da Wärmegleichgewicht herrscht, muß offenbar dieselbe Wärmemenge dQ unserer Fläche dF von den übrigen Wänden wieder zurückstrahlen.

Ist nun unser Hohlraum von einem Gas erfüllt, so wird dieses einen Bruchteil a der Strahlung absorbieren, so daß die Fläche dF von den Wänden $d\,F \cdot a$/Cal/St. weniger zugestrahlt erhält, als sie selbst ausstrahlt. Soll trotzdem das Wärmegleichgewicht erhalten bleiben, so muß offenbar aus dem Gas dem Flächenelemente ebensoviel Energie zustrahlen, wie von ihm absorbiert wird.

Während nun ein absolut schwarzer Körper Strahlen aller Wellenlängen absorbiert, ist dies bei Gasen nicht der Fall, bei welchen nur gewisse Wellenlängen absorbiert (aber auch emittiert) werden. Bei vielen Gasen, wie Wasserstoff, Sauerstoff, Stickstoff, sind dies nur wenige ganz schmale Streifen des Spektrums (scharfe „Linien“), während bei anderen, namentlich bei Kohlensäure, Wasserdampf, Kohlenoxyd und Kohlenwasserstoffen, breite Streifen des Spektrums („Banden“) zur Absorption gelangen. Letztere Gase werden daher auch weit mehr der sie passierenden Strahlung zurückhalten, als erstere[3]).

Bekanntlich geben absolut schwarze Körper bei jeder Temperatur Strahlen von allen Wellenlängen aus, und für die Intensität der einzelnen Strahlen gilt die *Planck*sche Gleichung für die Energieverteilung[4])

$$\mu_\nu \cdot d\nu = \frac{8\pi h}{c^3} \cdot \frac{\nu^3 \cdot d\nu}{e^{\frac{h\nu}{RT}} - 1},$$

---

[1]) Dissertation, dann Mittlg. der Wärmestelle in Düsseldorf 1923, Nr. 55.

[2]) *Hoffmann*, Z. f. Phys. **14** (1923) 301/5.

[3]) Immerhin können CO und die Kohlenwasserstoffe für praktische Zwecke unberücksichtigt bleiben, weil die verbrennenden Kohlenwasserstoffe fast nur die CO_2- und H_2O-Strahlung zeigen.

[4]) Theorie der Wärmestrahlung, Leipzig 1906, 157.

in welcher μ die Dichte der Hohlraumstrahlung (schwarze Strahlung) beim thermodynamischen Gleichgewicht, ν die Schwingungszahl, $h = 6{,}548 \cdot 10^{-27}$ die *Planck*sche Konstante, c die Lichtgeschwindigkeit und $k = \frac{R}{6{,}175 \cdot 10^{-23}}$ eine Weltkonstante bedeuten.

Die Strahlungsintensität des schwarzen Körpers wächst anfangs rasch mit der Wellenlänge bis zu einem Maximalwerte, um weiterhin wieder, anfangs rascher, später immer langsamer, zu fallen; außerdem verschiebt sich das Maximum der Strahlung mit steigender Temperatur immer mehr gegen die kürzeren Wellenlängen hin und die Gesamtstrahlung derselben wächst.

Das in unserem schwarzen Hohlraum eingeschlossene Gas absorbiert nur gewisse Strahlen von der Gesamtstrahlung der schwarzen Wände, und zwar proportional der Intensität dieser Strahlen, während es nach dem *Kirchhoff*schen Gesetz und dem früher Gesagten die absorbierte Strahlengattung in gleicher Intensität wieder aussendet. Hieraus folgt, daß die Strahlung einer beliebigen Gasmenge mit der Temperatur ebenso zunehmen muß, wie die Strahlung des absolut schwarzen Körpers in jenem Spektralbereiche, in welchem das Gas absorbierend wirkt. Dieses Gesetz gilt für beliebig dicke Gasschichten und wurde für die Dicke ∞ schon von *Paschen*[1]) nachgewiesen.

Am einfachsten läßt sich die Strahlung für eine gewisse Gastemperatur für kugelförmige Gasmassen berechnen, weil hier die Wärmeausstrahlung nach allen Richtungen hin gleich ist, wobei man auch eine ziemlich handliche Formel erhält[2]). Hingegen erhält man für andere Formen der strahlenden Gasmasse (namentlich für das praktisch wichtige Parallelepipedon) für die Brechung sehr unbequeme, lange und unübersichtliche Gleichungen, weshalb *Schack*[3]) Näherungsformeln aufgestellt hat, wobei er die eigentlich für die Gase nicht zulässige Gleichung für die Absorption

$$E = E_0 (1 - e^{-k \cdot s}) \text{ Cal/qm, St.}$$

benutzt, aber das erste Glied mit einem Korrektionsfaktor φ versieht, dessen Größe für die wichtigsten praktischen Fälle berechnet wurde; er schwankt zwischen 0,7 und 1,1.

Da die Zunahme der Gasstrahlung nicht nur von der Temperatur, sondern auch von der Schichtdicke und der Zusammensetzung des Gases abhängt, läßt es sich also auch nicht durch das *Stefan-Boltzmann*sche Gesetz ausdrücken.

Schack hat für die Gesamtstrahlung von CO_2 folgende Näherungsgleichung aufgestellt:

$$Q = \frac{C}{4{,}9}\Big[\varphi_1 (K_1 - K_1')\left(1 - \frac{1 - e^{-16c}}{16c}\right) + K_2 - K_2'$$
$$+ \varphi_3 (K_3 - K_3')\left(1 - \frac{1 - e^{-80c}}{80c}\right)\Big] \text{ Cal/qm, St.,}$$

worin $C = \frac{p}{100 s}$, p den Partialdruck der CO_2 in Prozenten des Gesamtdruckes

[1]) „Über die Emission der Gase", Ann. d. Phys. 1894, **51**, 1.

[2]) *W. Nusselt*, „Der Wärmeübergang in den Gasmaschinen", Z. d. V. d. I. 1923, **1**, 692.

[3]) l. c.

der Gase, s die Dicke der strahlenden Schicht in m und K_1, K_2, K_3 die Strahlungen der einzelnen Absorptionsstreifen einer unendlich dicken CO_2-Schicht in Cal/qm, St. darstellen; hierbei bezieht sich K auf die Temperatur des Gases, K' aber auf jene der bestrahlten Fläche. C ist die Strahlungszahl der bestrahlten Fläche (für festes Eisen oder Mauerwerk = 4 bis 4,5). Folgende Tabelle kann zu Strahlungsberechnungen von CO_2 benutzt werden.

Strahlung einer Kohlensäureschicht von der Dicke ∞.

Temperatur °C	Strahlung des Absorptionsstreifens I	II	III	Gesamtstrahlung des schwarzen Körpers Cal./qm, St.
	Cal/qm, Std.			
200	$0{,}004 \cdot 10^3$	$0{,}07 \cdot 10^3$	$0{,}23 \cdot 10^3$	$2{,}4 \cdot 10^3$
300	$0{,}045 \cdot 10^3$	$0{,}24 \cdot 10^3$	$0{,}36 \cdot 10^3$	$5{,}2 \cdot 10^3$
400	$0{,}15 \cdot 10^3$	$0{,}52 \cdot 10^3$	$0{,}50 \cdot 10^3$	$10{,}0 \cdot 10^3$
500	$0{,}42 \cdot 10^3$	$0{,}95 \cdot 10^3$	$0{,}65 \cdot 10^3$	$17{,}6 \cdot 10^3$
600	$0{,}96 \cdot 10^3$	$1{,}6 \cdot 10^3$	$0{,}79 \cdot 10^3$	$28{,}4 \cdot 10^3$
700	$1{,}9 \cdot 10^3$	$2{,}4 \cdot 10^3$	$0{,}90 \cdot 10^3$	$42 \cdot 10^3$
800	$3{,}2 \cdot 10^3$	$3{,}4 \cdot 10^3$	$1{,}1 \cdot 10^3$	$64 \cdot 10^3$
900	$4{,}8 \cdot 10^3$	$4{,}3 \cdot 10^3$	$1{,}3 \cdot 10^3$	$90 \cdot 10^3$
1000	$6{,}8 \cdot 10^3$	$5{,}4 \cdot 10^3$	$1{,}4 \cdot 10^3$	$125 \cdot 10^3$
1100	$9{,}3 \cdot 10^3$	$6{,}7 \cdot 10^3$	$1{,}6 \cdot 10^3$	$152 \cdot 10^3$
1200	$12{,}3 \cdot 10^3$	$8{,}3 \cdot 10^3$	$1{,}9 \cdot 10^3$	$230 \cdot 10^3$
1300	$15{,}6 \cdot 10^3$	$9{,}7 \cdot 10^3$	$2{,}2 \cdot 10^3$	$300 \cdot 10^3$
1400	$19{,}2 \cdot 10^3$	$11{,}2 \cdot 10^3$	$2{,}4 \cdot 10^3$	$385 \cdot 10^3$
1500	$23{,}4 \cdot 10^3$	$12{,}9 \cdot 10^3$	$2{,}7 \cdot 10^3$	$490 \cdot 10^3$
1600	$27{,}9 \cdot 10^3$	$14{,}6 \cdot 10^3$	$3{,}0 \cdot 10^3$	$600 \cdot 10^3$
1700	$33 \cdot 10^3$	$16{,}6 \cdot 10^3$	$3{,}4 \cdot 10^3$	$730 \cdot 10^3$
1800	$38 \cdot 10^3$	$18{,}7 \cdot 10^3$	$3{,}8 \cdot 10^3$	$880 \cdot 10^3$
1900	$44 \cdot 10^3$	$21{,}1 \cdot 10^3$	$4{,}1 \cdot 10^3$	$1050 \cdot 10^3$
2000	$51 \cdot 10^3$	$23{,}6 \cdot 10^3$	$4{,}5 \cdot 10^3$	$1290 \cdot 10^3$

Die Werte von φ[1]) hängen sowohl von c als von der Form des strahlenden Gaskörpers ab; der Wert von c schwankt zwischen 0 und 0,3 (Siemens-Martin-Ofen). Je nach der Größe von c kann man für praktische Zwecke setzen:

Bei kurzen, gedrungenen Formen (Würfel, Kugel) . . . . $\varphi = 0{,}7 - 0{,}8$[2])
Bei flachen, gestreckten Formen (Kanäle, Parallelepipeda) . . . . . $\varphi = 1{,}1 - 1{,}0$[2])
Für $c \geqq 0{,}5$ . . . . $\varphi = 1$.

Obige Näherungsgleichung gilt nur für gewöhnliche CO_2-haltige Verbrennungsgase mit nicht zu kleinem Volum ($c > 0{,}01$); bei einem CO_2-Gehalt von < 2 Proz. oder von sehr kleinem Volum ($c < 0{,}01$) muß hingegen die folgende Gleichung benutzt werden:

[1]) φ_3 muß stets näher an 1 liegen als φ_1, doch ist der Unterschied zwischen φ_1 und φ_2 nicht nennenswert.

[2]) Die ersten Zahlen gehören zu den kleineren, die zweiten zu den größeren Werten von c.

$$Q = \frac{C}{4,9}\left[\varphi_1 (K_1 - K_1')\left(1 - \frac{1 - e^{-16c}}{16c}\right) + \varphi_2 \cdot 0,64 (K_2 - K_2')\left(1 - \frac{1 - e^{-1800c}}{1800c}\right)\right.$$
$$\left. + 0,45\, \varphi_3 (K_3 - K_3')\left(1 - \frac{1 - e^{-80c}}{80c}\right)\right] \text{Cal/qm, St.}$$

Auch der Wasserdampf besitzt drei Absorptionsbanden wie die Kohlensäure. Stellt W und W' die Strahlungen der einzelnen Absorptionsgebiete von Wasserdampf von unendlicher Dicke dar, so gilt die Näherungsgleichung

$$Q = \frac{C}{4,9}\left[\varphi_1 (W_1 - W_1')\left(1 - \frac{1 - e^{-20c}}{20c}\right) + \varphi_2 (W_2 - W_2')\left(1 - \frac{1 - e^{-45c}}{45c}\right)\right.$$
$$\left. + \varphi_3 (W_3 - W_3')(1 - e^{-c})\right] \text{Cal/qm, St.}$$

Strahlung einer unendlich starken Wasserdampfschicht.

Temperatur °C	Strahlung des Absorptionsstreifens I (in Cal/qm, St.)	II	III	Gesamt-Strahlung des schwarzen Körpers
200	0,006 · 10³	0,38 · 10³	0,63 · 10³	2,4 · 10³
300	0,075 · 10³	0,88 · 10³	0,81 · 10³	5,2 · 10³
400	0,25 · 10³	1,6 · 10³	1,1 · 10³	10,0 · 10³
500	0,75 · 10³	2,4 · 10³	1,4 · 10³	17,6 · 10³
600	1,5 · 10³	3,6 · 10³	1,6 · 10³	28,4 · 10³
700	2,8 · 10³	4,9 · 10³	1,9 · 10³	42 · 10³
800	4,7 · 10³	6,3 · 10³	2,2 · 10³	64 · 10³
900	5,8 · 10³	7,9 · 10³	2,4 · 10³	90 · 10³
1000	10 · 10³	9,3 · 10³	2,7 · 10³	125 · 10³
1100	14 · 10³	11 · 10³	3,1 · 10³	152 · 10³
1200	18 · 10³	13 · 10³	3,4 · 10³	230 · 10³
1300	23 · 10³	14 · 10³	3,7 · 10³	300 · 10³
1400	29 · 10³	16 · 10³	4,1 · 10³	385 · 10³
1500	35 · 10³	18 · 10³	4,5 · 10³	490 · 10³
1600	41 · 10³	20 · 10³	4,9 · 10³	600 · 10³
1700	48 · 10³	22 · 10³	5,2 · 10³	730 · 10³
1800	56 · 10³	24 · 10³	5,6 · 10³	880 · 10³
1900	63 · 10³	26 · 10³	6,0 · 10³	1050 · 10³
2000	72 · 10³	28 · 10³	6,4 · 10³	1290 · 10³

φ_1 und φ_2 können im allgemeinen gleich gesetzt werden; ihre Werte schwanken je nach der Gestalt der strahlenden Flammenkörper zwischen 0,7 und 1,1.

Alle vorstehenden Gleichungen und Angaben *Schacks* beziehen sich auf nichtleuchtende Flammen; bei leuchtenden Flammen kommt die Strahlung der glühenden Kohlenteilchen hinzu, welche — als feste Körper — Strahlen aller Wellenlängen aussenden, wodurch sich die Strahlung nicht unbeträchtlich vergrößert.

V. Wärmeübertragung (Fortsetzung).

Wärmeübertragung durch Leitung, Strahlung und Konvektion, Ein-, Parallel- und Gegenstrom.

Für die Wärmeübertragung innerhalb fester Körper gilt die schon früher (S. 52) angeführte Gleichung:

$$W = K \cdot z \cdot \frac{t_2 - t_1}{d} \cdot q,$$

in welcher K den Wärmeleitungskoeffizienten, z die Zeit, q den Querschnitt des Leiters und d den Weg, auf welchem die Wärme fortschreitet (bei plattenförmigen Körpern die Dicke), t_1 und t_2 endlich die Temperaturen auf beiden Seiten des festen Leiters bedeuten. Hieraus ergibt sich, daß, wenn K eine konstante Größe darstellt, die Wärmestromkurve (d. i. die Temperaturkurve innerhalb des Leiters) eine Gerade sein müßte. Fig. 4 zeigt dies für die Wärmeübertragung innerhalb einer Kesselwand bzw. einer anliegenden Kesselsteinschicht. Die Temperatur der Kesselwand sei außen t_1, innen t_2. An der Berührungsfläche zwischen Kesselblech und Kesselsteinbelag sinkt sie wegen des später zu besprechenden Wärmeüberganges durch äußere Leitung auf t_3 und wird an der Berührungsfläche mit dem Speisewasser auf t_4 sinken. Die Linien t_1 t_2 und t_3 t_4 sind Gerade.

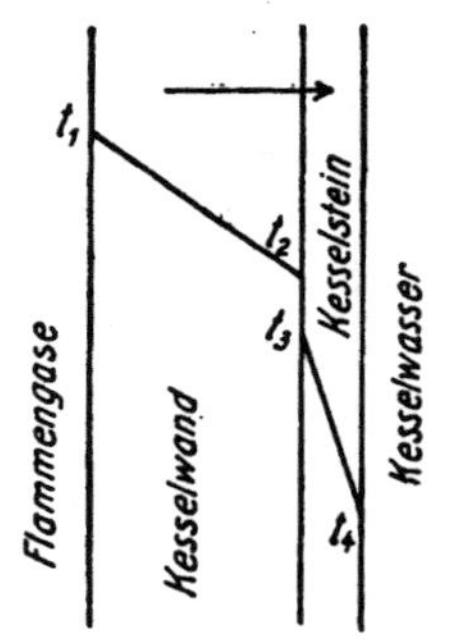

Fig. 4. Wärmedurchgang durch eine Kesselwand mit Kesselsteinbelag.

Dort, wo sich K mit der Temperatur ändert (wie bei feuerfesten Steinen), werden die Wärmestromkurven gekrümmt sein, wie Fig. 5 zeigt, welche die Verhältnisse in dem Gitterstein eines Regenerators darstellt, der an beiden Seiten durch die Heizgase Wärme zugeführt erhält, bzw. in der zweiten Phase an die vorzuwärmenden Gase abgibt. Die obere Linie t_1 t_2 t_1 gibt die Temperaturkurve beim Anheizen [nach *H. Gugler*[1]) eine Parabel], während die untere Kurve t_3 t_2 t_3 den Temperaturverlauf in dem Falle anzeigt, wenn der Gitterstein seine Wärme an den Gebläsewind abgibt.

An der Berührungsstelle zweier fester Körper (Fig. 4) findet, wie *Hollborn* und *Dittenberger*[2]), sowie auch andere, nachgewiesen haben, ein Temperatursprung statt, weil hier die äußere Wärmeleitung in die Erscheinung tritt, für welche die Gleichung

$$W = \lambda \cdot z \cdot (t_2 - t_1)\, q$$

(siehe S. 55) gilt, in welcher λ den nur für den Wärmeübergang zwischen zwei festen Körpern genau bekannten Übertragungskoeffizienten bedeutet.

---

[1]) Stahl und Eisen 1911, S. 62.

[2]) Z. V. d. I. 1900, 1724.

Beim Wärmeübergang von einem festen auf einen angrenzenden flüssigen oder gasförmigen Körper sind die Verhältnisse viel verwickelter. Hier haben wir es nämlich mit zwei verschiedenen Erscheinungen zu tun:

1. Mit dem unmittelbaren Wärmeübergang an der Berührungsfläche, der denselben Gesetzen folgt wie bei festen Körpern, und

2. mit der sog. „Konvektion“, d. h. dem Wärmeaustausch am Wege der Durcheinandermischung der Massenteilchen von Flüssigkeiten und Gasen, wie sie durch die bei der Wärmeaufnahme von Gasen und Flüssigkeiten eintretenden Dichtenänderungen bedingt werden.

Dort, wo zwischen zwei festen Wänden eine sehr dünne Luftschicht liegt, die infolge der Adsorptionserscheinungen als ruhend betrachtet werden kann, tritt ersterer Fall ein, während sich sonst immer noch die Konvektionswirkung bemerklich macht.

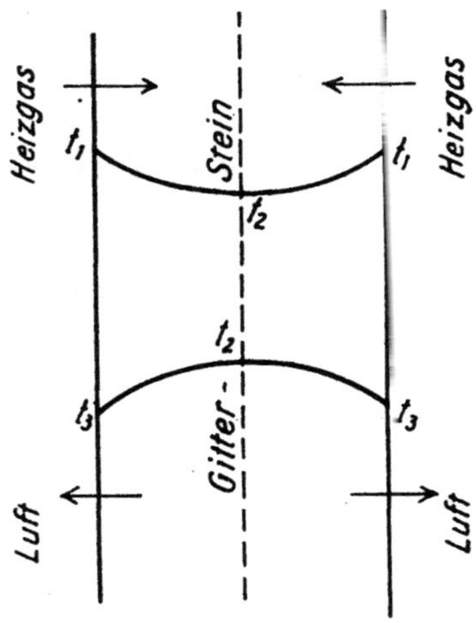

Fig. 5. Wärmedurchgang durch einen Gitterstein.

Das eben Gesagte gilt (wenn wir von der Strahlung absehen) auch für den umgekehrten Vorgang des Wärmeüberganges von einem heißen Gase auf einen festen Körper.

Somit treten bei dem in Fig. 4 dargestellten Falle folgende Faktoren in die Erscheinung:

1. Die Wärmemenge, welche von den Heizgasen usw. durch Strahlung und Konvektion pro 1 cbm und 1 St. an die Grenzfläche des festen Körpers herangebracht wird.

2. Jene Wärmemenge, die in 1 St. durch 1 qm der Grenzfläche für 1° Temperaturunterschied an die äußere Kesselwandfläche übergeht.

3. Die Wärmemenge, welche pro Flächen- und Zeiteinheit durch die Kesselwand an ihre Innenfläche geführt wird (abhängig vom Wärmeleitungskoeffizienten und der Dicke).

4. Die Wärmemenge, welche in gleicher Weise wie bei 2. auf die Außenfläche der Kesselsteinschicht übergeht.

5. Ebenso die Wärmemenge, welche wie bei 3. durch die Kesselsteinschicht an deren Innenfläche geleitet wird.

6. Die Wärmemenge, welche unter gleichen Bedingungen für 1° Temperaturunterschied an das zu wärmende Medium abgegeben wird.

7. Die von dem zu erwärmenden Medium durch Konvektion und Strahlung für 1° Temperaturunterschied pro Flächen- und Zeiteinheit abgeführte Wärme.

Bedeutend verwickelter werden die Verhältnisse, wenn wir auch die Wärmestrahlung in Betracht ziehen, da nach *Schack*[1]) der Anteil der durch

[1]) l. c.

Strahlung erfolgenden Wärmeübertragung bei CO_2 und Wasserdampf ein sehr bedeutender ist[1]) (siehe oben S. 63).

Betrachten wir nun den Vorgang der Wärmeübertragung in einer Feuerung, welche von Heizgas, Heizflüssigkeit oder Dampf durchströmt wird, wobei wir einfachheitshalber von der Existenz von Zwischenwänden, wie Kessel-, Muffel- oder Retortenwänden, absehen und annehmen wollen, daß jeder senkrecht zur Bewegungsrichtung des wärmeabgebenden Mediums gelegte Querschnitt gleichmäßige Temperatur habe. Letzteres trachtet man in der Praxis dadurch zu erreichen, daß man bei Dampfkesselfeuerungen in den langen und weiten Feuerzügen Verengerungen anbringt, wodurch eine gleichmäßige Vermischung von Heizgasen (auch mit der Verbrennungsluft) und damit ein Temperaturausgleich und vollständige Verbrennung, aber auch die innigere Berührung der heißen Gase mit den Kesselwänden erzielt wird.

Um eine möglichst gute Wärmeausnutzung zu erreichen, wird man eine rasche Wärmeübertragung anstreben. Nun hängt die Geschwindigkeit, mit welcher diese erfolgt, ab:

1. Von der Natur der wärmeabgebenden und -aufnehmenden Körper. Dieselbe wächst mit der spezifischen Wärme derselben und erfolgt auch sonst unter im übrigen gleichen Umständen am schnellsten, wenn feuchte Dämpfe ihre Wärme abgeben und sich dabei manchmal auch kondensieren. Sie vereinen die große Beweglichkeit der Gase mit großer spezifischer Wärme (welche auch CO_2 und Wasserdampf zukommt) mit der Möglichkeit, ihre latente Verdampfungswärme auszunutzen.

2. Anderseits wächst die Schnelligkeit der Wärmeübertragung auch mit dem Temperaturunterschiede der beiden Medien (bei Leitung mit $T_2 - T_1$, bei Strahlung mit $T_2^4 - T_1^4$). Aus diesem Grunde wird man trachten, im ganzen Heizraume ein möglichst großes Temperaturgefälle zu erreichen, was am besten gelingt, wenn sich die wärmeabgebenden und wärmeaufnehmenden Medien in entgegengesetzter Richtung aneinander vorbeibewegen, so daß die schon am meisten abgekühlten Feuergase mit den noch kalten, die neu eintretenden heißen Flammengase aber mit den schon stark erwärmten Partien des zu erhitzenden Materiales in Berührung kommen. Derartig gebaute Feuerungsanlagen nennt man Gegenstromapparate, solche, bei denen sich beide Medien in der gleichen Richtung bewegen, heißen Parallelstromapparate, während man jene, bei denen sich (wie bei Dampfkesseln) nur das Heizgas bewegt, die Temperatur des Kesselspeisewassers aber als konstant angenommen werden kann, Apparate mit einfachem Strom genannt hat.

Die Unterschiede zwischen diesen verschiedenen Heizungssystemen lassen sich am besten graphisch darstellen, wobei wir, um die gleichzeitige Wärmeübertragung durch Leitung und Strahlung zu berücksichtigen, die — oft bei Dampfkesseln benutzte — Gleichung

$$dQ = k\,(T - t)^2\, d \cdot H$$

---

[1]) Er fand diesen Anteil bis zu 80, ja 90 Proz. der ganzen übertragenen Wärme.

benutzen wollen, in welcher Q die übertragene Wärmemenge, H die Heizfläche, d. i. die Trennungsfläche zwischen den wärmeaustauschenden Medien, k den Wärmeübertragungskoeffizienten ($\cong 0{,}06$) sowie T und t die Temperaturen der beiden Medien darstellt. Setzen wir mit Hofrat *C. Kobes*[1]) $T - t = x$ so wird

$$y = k\,(T - t)^2 = k \cdot x^2$$

und

$$y = kx^2$$

bzw.

$$x^2 = \frac{1}{k}\,y$$

eine Gleichung, welche eine Parabel von Parameter $\frac{1}{k}$ darstellt, und deren Achse mit der y-Achse zusammenfällt, während ihr Scheitel im Anfangspunkt des Koordinatensystems liegt.

Fig. 6 gibt das Temperatur-Heizflächendiagramm des Gegenstromapparates: die Pfeile deuten die Bewegungsrichtung der beiden Medien an, T sind die Temperaturen des wärmeabgebenden, t jene des wärmeaufnehmenden Mediums, H stellt die Heizfläche dar.

Um die obige Parabel zu zeichnen, entnehmen wir dem Diagramm Fig. 6 den Wert von $T_1 - T_2$, er sei beispielsweise

$$x_1 = T_1 - t_2 = 20^\circ;$$

ist ferner

$$k = 0{,}06\,,$$

so erhalten wir

$$y_1 = k \cdot x_1^2 = k\,(T - t_2)^2 = 24.$$

Trägt man (Fig. 7) x_1 und $y_1 = k\,(T_1 - t_2)^2$ in ein Koordinatensystem ein, so erhält man den Punkt A und man kann die Parabel zeichnen. Um nun für einen beliebigen Punkt der Heizfläche (Fig. 6), an welchem die Temperaturen T und t herrschen, den Wert von $k\,(T - t)^2$ zu finden, so wird $T - t$ auf der Abszissenachse aufgetragen und eine Senkrechte bis zum Schnitt mit der Parabel gezogen, um diese Größe zu finden. Zeichnet man sich diese Parabel in das Temperatur-Heizflächendiagramm ein und projiziert den nach obigem erhaltenen Schnittpunkt y auf die Vertikale Tt, so ist diese Größe in das Heizflächendiagramm eingezeichnet. Wiederholt man dieses Verfahren für mehrere Stellen der Heizfläche, so erhält man die Kurve $t_1\,t\,t_2$ mit der koordinierten Heizfläche und $k\,(T - t)^2$ (siehe die Fig. 8, 9 und 10). Der in den Figuren horizontal schraffierte Flächenstreifen (Fig. 8) gibt

$$dQ = k\,(T - t)^2 \cdot dH\,,$$

und die schraffierte Fläche zwischen den Kurven $t_1\,t\,t_2$ und der Abszissenachse

$$Q = \int_0^H k\,(T - t)^2 \cdot dH\,.$$

---

[1]) *H. v. Jüptner*, Chemische Technologie der Energien I/2 S. 43; Beiträge zur Feuerungstechnik II, 247.

Man sieht aus den Figuren, daß die durch gleiche Teile der Heizfläche übertragenen Wärmemengen gegen das Ende der Heizfläche hin abnehmen.

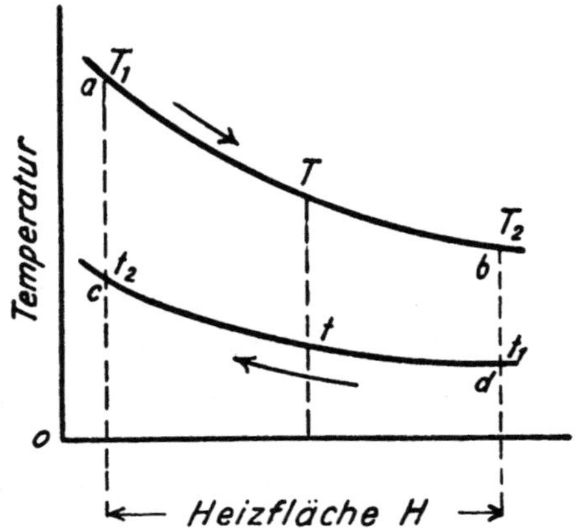

Fig. 6. Temperaturgefälle beim Gegenstromapparat.

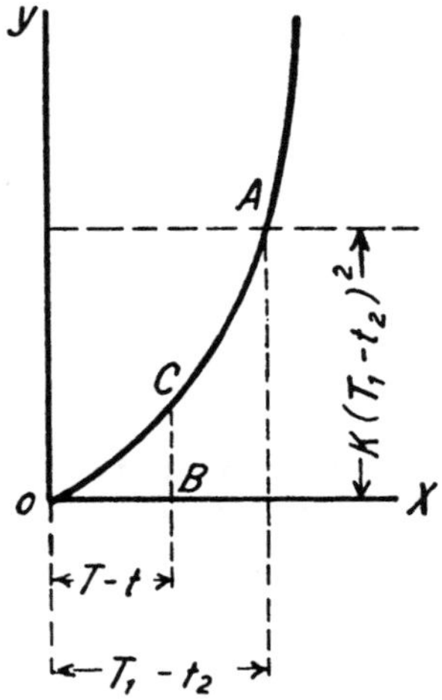

Fig. 7. Beziehungen zwischen $T—t$ und $(T—t)^2$.

Legt man der Wärmeübertragung eine andere Gleichung zugrunde, so erhält man auch andere Kurven; immerhin wird der besprochene einfache Fall zum Verständnis der obwaltenden Verhältnisse genügen.

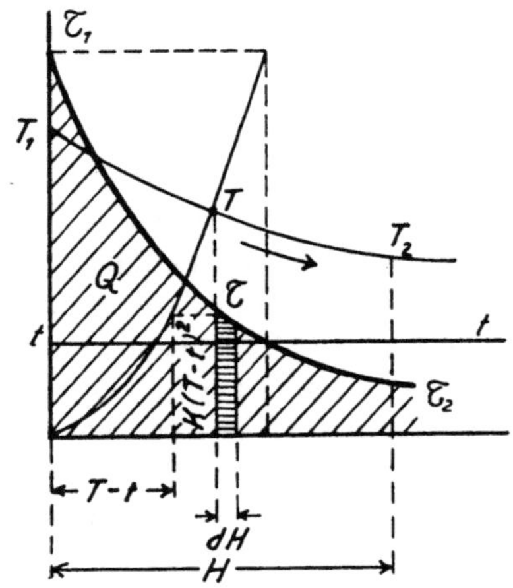

Fig. 8. Einstromapparat.

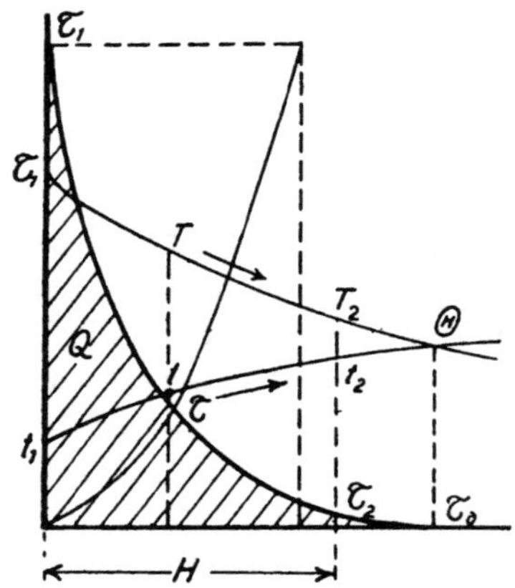

Fig. 9. Parallelstromapparat.

Der einfachste Fall ist der Heizapparat mit einfachem Strom, bei dem die Temperatur des zu erhitzenden Körpers t konstant bleibt (z. B. Kesselspeisewasser in einem Dampfkessel) (Fig. 8).

Beim Parallelstromapparat (Fig. 9) schneiden sich die Temperaturkurven T_1 T_2 und t_1 t_2 im Punkte Θ; d. h. mit derartigen Apparaten kann man den zu erwärmenden Körper nur höchstens bis zur Maximaltemperatur Θ erwärmen, für welche gilt:

$$\Theta = \frac{M\,C\,T_1 + m\,c\,t_1}{M\,C + m\,c},$$

in welcher Gleichung M und m die pro Stunde in Aktion tretende Masse beider Medien, C und c aber ihre spezifischen Wärmen bedeuten. Für verdampfende Flüssigkeiten wird die Sache etwas komplizierter, weil da auch die latente Verdampfungswärme und die Dampfentnahme in Rechnung zu ziehen ist.

Der Gegenstromapparat endlich (Fig. 10) bietet den Vorteil, das zu erwärmende Medium auf eine höhere Temperatur zu erhitzen, also eine bessere Wärmeausnutzung als bei den beiden früheren Apparaten erzielen zu können.

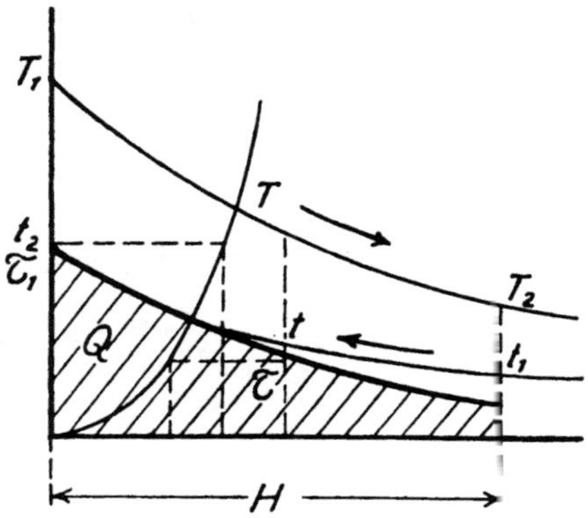

Fig. 10. Gegenstromapparat.

Bedeutet M die Masse der Heizgase pro Stunde, C ihre spezifische Wärme, T und t wie oben, die Temperaturen, m die Masse und c die spezifische Wärme des wärmeaufnehmenden Körpers und H die Heizfläche, so haben wir

a) beim Parallelstrom:

Pro Stunde abgegebene Wärmemenge

α) Abgegebene Wärme:

$$Q = M \cdot C \cdot (T_1 - T_2),$$
$$dQ = -M \cdot C \cdot dT = k\,(T - t)^2 \cdot dH.$$

β) Heizfläche:

$$dH = -\frac{Q}{k\,(T_1 - T_2)} \cdot \frac{dT}{(T - t)^2}$$

$$H = \frac{Q}{k\,(T_1 - T_2)} \int_{T_1}^{T_2} \frac{dT}{\left[T\left(1 + \frac{M\,C}{m\,c}\right) - \left(\frac{M\,C}{m \cdot c}\,T_2 + t_2\right)^2\right]}$$

$$= \frac{Q}{k\,(T_1 - t_1)\,(T_2 - t_2)} = \frac{M \cdot C\,(T_1 - T_2)}{k\,(T_1 - t_1) \cdot (T_2 - t_2)} \text{ Quadratmeter}$$

$$Q = \frac{k \cdot H\,(T_2 - t_2)^2}{1 - k \cdot K\,(T_2 - t_2)\left(\frac{1}{M\,C} \cdot \frac{1}{m \cdot c}\right)} \text{ Cal.}$$

γ) Endtemperatur der Heizgase:

$$T_2 = \frac{M \cdot C \cdot T_1 + k\,H \cdot t_2\,(T_1 - t_1)}{M \cdot C + k\,H \cdot (T_1 - t_1)}.$$

b) beim einfachen Strom:

α) Heizfläche:

$$H = \frac{M \cdot C\,(T_1 - T_2)}{k\,(T_1 - t)\,(T_2 - t)} \text{ Quadratmeter}.$$

β) Abgegebene Wärme:

$$Q = \frac{k \cdot H\,(T_2 - t)^2}{1 - \dfrac{k\,H}{M \cdot C}(T_2 - t)}\,Cal.$$

γ) Endtemperatur der Heizgase:

$$T_2 = T_1 - \frac{(T_1 - t)^2}{\dfrac{M \cdot C}{k \cdot H} + (T_1 - t)}.$$

c) beim Gegenstrom:

α) Heizfläche:

$$H = \frac{M \cdot C\,(T_1 - T_2)}{k\,(T_1 - t_2) \cdot (T_2 - t_1)} \text{ Quadratmeter}.$$

β) Abgegebene Wärme:

$$Q = k \cdot H\,(T_1 - t_2)\,(T_2 - t_1) = \frac{k \cdot H\,(T_2 - t_1)^2}{1 - k\,H\,(T_2 - t_1) \cdot \left(\dfrac{1}{M \cdot C} - \dfrac{1}{m\,c}\right)}\,\text{Cal}.$$

γ) Endtemperatur der Heizgase:

$$T_2 = \frac{M \cdot C \cdot T_1 + k \cdot H \cdot t_1\,(T_1 - t_2)}{M \cdot C + k \cdot H\,(T_1 - t_2)}.$$

Alles bisher Gesagte gilt natürlich nur für den Fall, daß die Heizgase nicht auch nach außen Wärme abgeben, was ja in Wirklichkeit stets der Fall ist. Der Vorgang ist hierbei folgender:

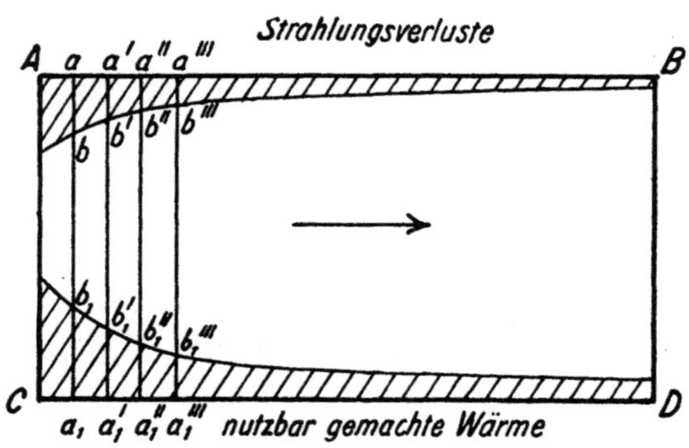

Fig. 11. Wärmeabgabe einer Feuerung nach außen und innen in jedem Querschnitt.

In jenem Teil des Heizapparates, in welchem der Brennstoff verbrennt — wir wollen ihn kurz **Feuerung** nennen —, entstehen heiße Verbrennungsgase, welche in den zweiten Teil derselben, den **Heizraum**, eintreten und schließlich durch die Esse abgeführt werden. Auf diesem Wege geben die Heizgase einen Teil ihrer Wärme durch Leitung und Strahlung nach außen ab, während ein anderer Teil gleichzeitig von den zu bearbeitenden Materialien aufgenommen, also nutzbar gemacht wird und der Wärmeüberschuß durch die Esse entweicht.

Man kann sich das graphisch in folgender Weise darstellen (Fig. 11). $AB = CD$ stellt die Länge des Heizapparates dar. Die Wärmeabgabe durch Strahlung, sowie die nutzbar gemachte Wärme sind für jeden Ofenquerschnitt pro Flächen- und Zeiteinheit längs der Vertikallinie, und zwar erstere von AB nach abwärts, letztere von CD nach aufwärts eingezeichnet, so daß ab, $a'b'$, $a''b''$ ... und a_1b_1, $a_1'b_1'$, $a_2'b_2'$ ... die Größe dieser Wärmemenge in jedem Querschnitt darstellt. Die Summen dieser Strahlungsverluste, bzw. der nutzbar gemachten Wärmemengen für den ganzen Apparat geben die schraffierten Flächen. Die Fig. 11 zeigt deutlich, wie beide Arten der Wärmeabgabe

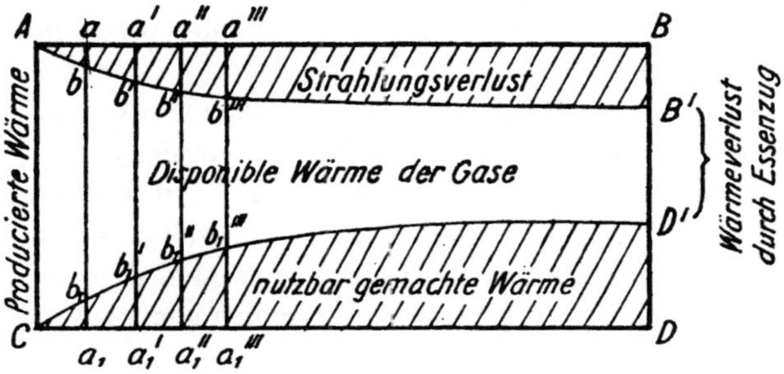

Fig. 12. Wärmeabgabe einer Feuerung nach außen und innen.

beim Fortschreiten der Flammengase, also mit deren Abkühlung, immer kleiner werden.

Praktisch wichtiger ist es, zu wissen, wieviel der ursprünglich der Anlage zugeführten Wärme in jedem Ofenquerschnitte schon nach beiden Richtungen (nach außen als Strahlungsverlust, nach innen als nutzbar gemachte Wärme) abgegeben, bzw. in den Flammengasen noch disponibel ist. Dies ist aus Fig. 12 ersichtlich, in welcher $AB = CD$ wieder die Länge des Apparates und AC die Gesamtmenge der dem Ofen zugeführten Wärme darstellt. Wir haben da

Ofenlänge	Strahlungsverlust	nutzbar gemacht	disponible Wärme der Gase
0	0	0	AC
Aa	ab	a_1b_1	bb_1
Aa'	$a'b'$	$a_1'b_1'$	$b'b_1'$
Aa''	$a''b''$	$a_1''b_1''$	$b''b_1''$
AB	BB'	DD'	$B'D'$

BB' ist somit der Gesamtstrahlungsverlust, DD' die totale nutzbar gemachte Wärme und $B'D'$ der Wärmeinhalt der entweichenden Gase, den man gewöhnlich als Wärmeverlust durch Essenzug bezeichnet.

Hier muß noch auf die Beziehungen hingewiesen werden, welche zwischen der Geschwindigkeit, mit welcher die Heizgase den Ofen passieren, und der Wärmeübertragung bestehen. Schon *Joule* hat Versuche gemacht, dieselben aufzuklären, und *Josse* und *Nusselt*[1]) haben sie wieder aufgegriffen. Es zeigte sich, daß der Wärmeaustausch zwischen Flüssigkeiten oder Gasen und einer Wand um so stärker ist, je lebhafter, „turbulenter", erstere sich bewegen und „je mehr von ihren Molekülen heftig die Wand berühren"[2]). Ebenso zeigt die Erfahrung, daß ein Gasstrom, der senkrecht auf die Heizfläche auftrifft (Kreuzstrom), unter sonst gleichen Umständen eine bessere Wärmeübertragung gibt, als ein parallel zu ihr vorbeistreichender.

Die Ursache dieser Erscheinung ist ja leicht einzusehen: turbulente Bewegung fördert die Durchmischung und den Temperaturausgleich der Gase, wodurch (wie schon erwähnt) die Wärmeübertragung befördert wird, während bei senkrecht auftreffendem Gasstrom die Zahl der anprallenden Moleküle vergrößert und damit auch die unmittelbare Wärmeübertragung durch Stoßwirkung vergrößert wird.

Aber die Versuche, für diese Beziehungen allgemein gültige Ausdrücke zu finden, haben bisher nur wenig günstige Erfolge gezeitigt.

Bezeichnen wir die „Wärmeübergangszahl", d. i. jene Wärmemenge, welche pro Stunde durch die Flächeneinheit zwischen beiden Medien hindurchgeht, wenn die Temperaturdifferenz zwischen denselben 1° beträgt und auf beiden Seiten unbegrenzte Wärmemengen zu- bzw. abgeführt werden, so ist[3])

$$W = a \cdot z\,(t_2 - t)\,q \text{ Cal}.$$

Ferner wollen wir mit k die „Wärmedurchgangszahl" bezeichnen, d. i. jene Wärmemenge, welche unter denselben Umständen wie früher von einem gasförmigen oder flüssigen Medium durch eine feste Zwischenschicht auf einen zweiten flüssigen oder gasförmigen Körper übergeht, wobei also zwei „Wärmeübergänge" und die Wärmeleitung der festen Schicht in Betracht kommen.

Für diese beiden Größen und ihre Beziehungen zur Geschwindigkeit (v) wurden u. a. folgende Gleichungen aufgestellt.

a) Für Luft, Gase und überhitzten Dampf, die durch schmiedeeiserne Rohre getrennt sind,

$$k = 2 + 10\sqrt{v},$$

b) für stark mit Flugstaub bedeckte Flächen

$$k = 2 + 5\sqrt{v} \quad (\textit{Hausbrand}),$$

während andere weit höhere Werte fanden.

---

[1]) Mitteilungen über Forschungsarbeiten auf dem Gebiete des Ingenieurwesens. Z. V. d. I. 1910, Heft 89.

[2]) Vgl. auch *Hausbrand*, „Verdampfen, Kondensieren und Kühlen".

[3]) Siehe S. 66 unter „Äußere Wärmeleitung".

c) Für ein mit Dampf geheiztes Messingrohr, durch welches Luft mit verschiedenen Geschwindigkeiten und Drucken strömte, fand *Nusselt*[1])

$$a = c\left(\frac{v_1}{v_2}\right)^{0,786},$$

worin c eine Konstante bedeutet.

Alle diese Versuche haben zu wenig befriedigenden Ergebnissen geführt, weil hierbei auch die Größe der Heizfläche, die in der Zeiteinheit vorbeiströmende Gasmenge und damit auch die von derselben mitgebrachte Wärmemenge eine Änderung erleiden.

Denken wir uns, es sei a_0 die Wärmedurchgangszahl, wenn die Heizflächeneinheit mit einem bestimmten Volum V_0 ($= H_1 \cdot$ Feuerzugsbreite) der Heizgase, die sich in Ruhe befinden (also Strömungsgeschwindigkeit $v = o$), in Kontakt steht, und betrachten wir nun den Fall, daß sich ein Gasstrom von gleichem Querschnitt und gleicher Temperatur an der Heizfläche mit der Geschwindigkeit v vorbeibewegt, so geht an der Heizfläche in der Zeiteinheit das Gasvolum $V = V_0 \cdot v$ vorbei, so daß $a = a_0 \cdot v$ werden könnte. Dies würde jedoch nur dann gelten, wenn jeder Querschnitt des Gasstromes während einer Zeiteinheit mit der Heizfläche in Kontakt bliebe, was ja in Wirklichkeit nicht der Fall ist.

Fig. 13.

Stellt Fig. 13 einen Feuerzug von der Länge l, der Breite ab und dem Volum V_2 dar, und ist v die Strömungsgeschwindigkeit der Flammengase, so wird ein Gasquerschnitt in der Zeiteinheit die Strecke v zurücklegen, und das Volum V der Heizgase, welches in der Zeiteinheit die Heizfläche passiert, wird sich aus

$$V : V_0 = l : v$$

ergeben, mit

$$V = V_0 \frac{l}{v},$$

und wir erhalten

$$a = a_0 \frac{l}{v}$$

und

$$\frac{a}{a_0} = \frac{l}{v}.$$

Die Wärmedurchgangszahl wird somit ein Maximum erreichen, d. h. ebenso groß sein, wie bei ruhendem Gas, wenn $v = l$ wird, wenn aber $v > l$ ist, wird der Wärmedurchgang immer mehr verringert. Die günstige Wirkung ist somit auf eine Art Vergrößerung bzw. Verkleinerung der Heizfläche und des Flammenzugs im Verhältnis $\frac{l}{v}$ zurückzuführen.

[1]) l. c.

Man hat hiervon bei den steinernen Winderhitzern mit Vorteil Gebrauch gemacht, indem man nach dem *Pfoser-Strack-Stumm*-Verfahren (abgekürzt P.S.S.-Verfahren) beim Aufheizen derselben mit größerer Geschwindigkeit der Verbrennungsgase arbeitet, d. h. die Verbrennungsluft nicht wie früher durch Essenzug ansaugt, sondern mittels eines Ventilators unter einem Drucke von etwa 350 mm Wassersäule einbläst[1]). Versuche bei der Firma *Gebrüder Stumm* in Saar[2]) haben das Auftreten eines Geschwindigkeitsoptimums ergeben, und *C. Schwarz*[3]) hat dieses mit 0,3 m in der Sekunde angegeben. Nach obigem hängt es allerdings sowohl vom Werte von a_0, als von dem Querschnitt der Flammen- (bzw. Wind-) wege ab.

Ein weiterer Vorteil liegt aber hierbei auch noch darin, daß die Winderhitzer in ihrer ganzen Länge gleichmäßiger und auch am Austrittsende der Verbrennungsgase wärmer werden als nach dem alten Verfahren.

VI. Verbrennung.

Theoretische Luftmenge; vollständige und unvollständige Verbrennung, Gleichgewicht, Reaktionsgeschwindigkeit, Dissoziation, Oberflächenverbrennung, Kohlenstaubfeuerungen.

Um die chemische Energie unserer Brennmaterialien in fühlbare Wärme umzuwandeln, müssen wir sie verbrennen, wozu wir Sauerstoff benötigen, und zwar entweder jenen der gewöhnlichen atmosphärischen Luft (21 Volumproz. oder 23 Gewichtsproz. Sauerstoff und 79 Volumproz. oder 77 Gewichtsproz. Stickstoff) oder an Sauerstoff angereicherte Luft (Lindeluft).

Da unsere technisch verwendeten Brennmaterialien stets Kohlenstoff und Wasserstoff enthalten (Schwefel kommt meist in so geringen Mengen vor, daß er vernachlässigt werden kann), läßt sich die zur Verbrennung nötige Sauerstoff- oder Luftmenge leicht aus der Elementarzusammensetzung berechnen, z. B.:

Zusammensetzung einer Kohle		benötigt zur Bildung von CO_2 und H_2O an Sauerstoff	
Kohlenstoff	60 Proz.	$\frac{60}{12}\cdot 32 = 160$ Proz.	
Wasserstoff	4 „	$\frac{4}{2}\cdot 16 = 32$ „	192 Proz.
Sauerstoff	8 „	davon ab Sauerstoffgehalt der Kohle	8 „
Asche, Wasser usw.	28 „		
		Theoretischer Sauerstoffbedarf	184 „
dazu Stickstoffgehalt der Luft		$\frac{77}{23}\cdot 184 =$	616 „
Theoretische Luftmenge für 100 kg obiger Kohle			800 kg.

[1]) Stahl und Eisen 1914, 305, 1829.

[2]) Stahl und Eisen 1917, 25, 52; siehe auch *Nusselt*, Mitteilungen über Forschungsarbeiten Nr. 89, und *G. Neumann*, Stahl und Eisen 1913, 1929.

[3]) Stahl und Eisen 1922, 1385; 1924, 1456, 1519.

Erfolgt die Verbrennung in der Weise, daß hierbei nur Kohlensäure und Wasserdampf entstehen, so nennt man sie eine *vollständige*, während die Verbrennungsprodukte bei der *unvollständigen* Verbrennung noch unverbrannte Gase (Kohlenoxyd, Wasserstoff, Kohlenwasserstoffe), teerartige Produkte und Kohle (Flugruß und unverbrannte Kohle im Rückstand) enthalten. Tatsächlich benötigt man zur Erzielung einer vollständigen Verbrennung eines *Luftüberschusses*.

Die Ursache dieser Erscheinung liegt teils in der oft unvollständigen Vermischung der zu verbrennenden Gase (Flammengase), teils im Auftreten unvollständiger Reaktionen. Bei einer derartigen unvollständigen Verbrennung können beispielsweise auftreten:

$C + O$	kann geben	CO oder
		$\frac{1}{2} CO_2 + \frac{1}{2} C$
$C_2H_4 + O_4$	„ „	$2\,CO_2 + 2\,H_2$ oder
		$2\,CO + 2\,H_2O$
$C_2H_4 + O$	„ „	$CO + CH_4$ oder
		$CO + C + 2\,H_2$ oder
		$C_2H_2 + H_2O$

usw.

Bei den sog. unvollständigen Reaktionen haben wir es mit chemischen Prozessen zu tun, die nicht vollständig verlaufen, sondern zu einem *Gleichgewichtszustand* führen, der von den vorhandenen Gleichgewichtsbedingungen (Temperatur, Druck, elektrischer Zustand und gegenseitiges Verhältnis, in welchem die verschiedenen, an der Reaktion beteiligten Elemente vorhanden sind) — man nennt sie *Gleichgewichtsfaktoren* — abhängt. Ändern sich die Gleichgewichtsbedingungen, so ändert sich auch das Gleichgewicht, und der bekannte französische Chemiker *Henry Le Chatelier* hat für die hier waltenden Beziehungen folgendes allgemein gültige Gesetz aufgestellt:

Jede Änderung eines Gleichgewichtsfaktors bewirkt eine Umwandlung des Systems nach jener Richtung hin, durch welches der betreffende Faktor eine Änderung im entgegengesetzten Sinne erfährt.

Eine *Temperaturerhöhung* beispielsweise verschiebt das Gleichgewicht eines Systems in der Weise, daß Wärme gebunden wird, also seine Temperatur sich zu verringern trachtet, und umgekehrt. Bei den Reaktionen

$$CO_2 \rightarrow CO + O - 68{,}2 \text{ Cal}$$

$$H_2O \rightarrow H_2 + O - 58{,}2 \text{ „}$$

wird Wärme gebunden, eine *Temperaturerhöhung* wird sie daher begünstigen. Hingegen wird die Reaktion

$$2\,CO \rightarrow C + CO_2 + 42{,}0 \text{ Cal},$$

bei welcher Wärme frei wird, durch eine *Temperaturerniedrigung* begünstigt. Kohlenoxyd wird daher bei hohen Temperaturen stabiler sein, als bei niedrigeren.

Ebenso werden die Reaktionen

$$CO_2 + H_2 \rightarrow CO + H_2O - 10\ \text{Cal}$$
$$CH_4 + CO \rightarrow C_2H_2 + H_2O - 39\ \text{Cal}\,,$$

weil bei ihnen Wärme gebunden wird, durch Temperaturerhöhung begünstigt; es wird daher bei hohen Temperaturen mehr $CO + H_2O$ bzw. $C_2H_2 + H_2O$, bei niedrigeren aber mehr $CO_2 + H_2$ oder $CH_4 + CO$ vorhanden sein, während die Reaktion

$$CO + H_2O \rightarrow CO_2 + H_2 + 10\ \text{Cal}$$

durch tiefere Temperaturen begünstigt werden wird.

In ähnlicher Weise bewirkt jede Erhöhung des äußeren Druckes eine Verschiebung des Gleichgewichtes, durch welche eine Druckverminderung hervorgerufen wird, und umgekehrt. Bei den Dissoziationen

$$2\,CO_2 \rightarrow 2\,CO + O_2$$

und

$$2\,H_2O \rightarrow 2\,H_2 + O_2$$

entstehen bei konstantem Druck aus je zwei Volumen drei, und bei konstantem Volum erhöht sich der Druck um die Hälfte. Diese Reaktionen werden somit mit sinkendem Drucke zu-, mit wachsendem aber abnehmen.

Bei den Reaktionen

$$C_2H_2 + H_2 \rightarrow CH_4 + C$$

oder

$$2\,CO \rightarrow C + CO_2$$

ist das Volum des ausgeschiedenen festen Kohlenstoffes so klein, daß es außer Betracht bleiben kann; das Volum verkleinert sich daher bei konstantem Druck von zwei auf ein Volum, und ebenso der Druck bei konstant gehaltenem Volum. Der Verlauf der Reaktion wird daher durch Drucksteigerung begünstigt.

Bei der Reaktion

$$CO + H_2O \rightleftarrows CO_2 + H_2$$

bleibt bei konstantem Druck das Volum, bei gleichbleibendem Volum aber der Druck ungeändert, weshalb der Verlauf dieser Reaktion vom Druck unabhängig ist.

Vermehrt man endlich die Menge eines der an der Reaktion beteiligten Stoffes, so wird sich das Gleichgewicht nach jener Seite der Reaktionsgleichung verschieben, auf welcher dieser Stoff verschwindet, und umgekehrt. Wenn also beispielsweise bei der Reaktion

$$2\,CO + O_2 = 2\,CO_2$$

die beteiligten Stoffe im stöchiometrischen Verhältnisse vorhanden sind, so wird sich eine von Druck und Temperatur abhängige Menge von CO und O_2 in CO_2 umsetzen. Vergrößern wir nun beispielsweise die Menge des vorhandenen Sauerstoffes, so wird dieser zu verschwinden suchen, d. h. es wird neuerdings CO_2 gebildet werden, vergrößern wir hingegen nach Eintritt des Gleichgewichtes die CO_2-Menge, so wird ein Teil desselben in CO und O_2 zerfallen müssen, um wieder den Gleichgewichtszustand zu erreichen (Massenwirkung).

Das eben besprochene *Le Chatelier*sche Gesetz können wir somit auch in die Worte zusammenfassen: Jede Änderung eines Gleichgewichtsfaktors bewirkt eine Umwandlung des Systems in der Weise, daß letzteres dem auf ihn ausgeübten Zwange folgt[1].

Der quantitative Ausdruck für die Beziehungen zwischen chemischem Gleichgewicht und den Gleichgewichtsbedingungen (Gleichgewichtsfaktoren) ist ein verschiedener, je nachdem es sich um das Gleichgewicht bei einer bestimmten Temperatur (isothermes Gleichgewicht) oder allgemein bei beliebiger Temperatur handelt.

In ersterem Falle gilt das sog. Massengesetz, das wir kurz aus den Reaktionsgeschwindigkeiten ableiten wollen, weil diese für die technische Beurteilung chemischer Vorgänge von besonderer Wichtigkeit sind.

Man versteht unter Reaktionsgeschwindigkeit v die Änderung, welche die Konzentration C eines an der Reaktion beteiligten Stoffes in der Zeiteinheit (als welche man 1 Minute gewählt hat) erleidet, wobei wir die Zahl der in der Volumseinheit vorhandenen Mole desselben als (räumliche) Konzentration bezeichnen[2])

$$v = -\frac{dC}{dT}\,{}^{3)} .$$

Diese Reaktionsgeschwindigkeit wird nun nicht nur von der Natur der reagierenden Stoffe abhängen, sondern auch um so größer sein müssen, je öfter die reagierenden Moleküle in der Zeiteinheit zusammentreffen; sie wird also der Zahl dieser Zusammenstöße proportional sein und daher um so größer sein müssen:

1. je mehr Moleküle in der Volumseinheit vorhanden sind, d. h. je größer die Konzentrationen sind, und
2. je schneller sich die Moleküle bewegen, d. h. bei je höherer Temperatur die Reaktion verläuft.

Betrachten wir Reaktionen, die bei konstanter Temperatur verlaufen, so sind beispielsweise bei der Reaktion

$$J_2 + H_2 \rightarrow 2\,HJ$$

die Anfangskonzentrationen C_{J_2} und C_{H_2}, und die Reaktionsgeschwindigkeit v wird offenbar dem Produkte dieser Konzentrationen proportional sein:

$$v = k \cdot C_{J_2} \cdot C_{H_2} ,$$

wobei k den Geschwindigkeitskoeffizienten darstellt.

---

[1]) *H. v. Jüptner*, „Physikalische Chemie", II. Teil, 1. Hälfte, S. 19.

[2]) Numerische Konzentration hingegen ($\overline{C}$) bezieht sich auf ein von Druck und Temperatur unabhängiges Volum, d. i. auf jedes (Gas-) Volum, welches gerade 1 Mol aller vorhandenen Körper zusammen enthält.

[3]) Das negative Vorzeichen zeigt an, daß die Konzentration des betreffenden Körpers, der ja dem Anfangszustande angehören muß, im Verlaufe der Zeit kleiner wird.

Ebenso finden wir für die Reaktion

$$H_2O + NO_2 + NO + O_2 = 2\,HNO_3$$
$$v = k \cdot C_{H_2O} \cdot C_{NO_2} \cdot C_{NO} \cdot C_{O_2}\,,$$

oder allgemein: die Reaktionsgeschwindigkeit ist in diesen Fällen gleich den Produkten der Konzentrationen mit dem Gleichgewichtskoeffizienten.

Beteiligen sich jedoch an einer Reaktion mehr als 1 Molekül der reagierenden Körper, wie z. B. bei der Reaktion

$$2\,H_2 + O_2 = 2\,H_2O\,,$$

so muß zur Durchführung der Reaktion 1 Molekül Sauerstoff mit 2 Molekülen Wasserstoff zusammentreffen, und wir haben daher

$$v = k \cdot C_{H_2} \cdot C_{H_2} \cdot C_{O_2} = k \cdot (C_{H_2})^2 \cdot C_{O_2}\,.$$

Hieraus ergibt sich allgemein für eine Reaktion

$$n_1 A + n_1' A' + n_1'' A'' + \ldots = n_2 B + n_2' B' + n_2'' B'' + \ldots$$
$$v = k_1 (C_A)^{n_1} \cdot (C_{A'})^{n_1'} \cdot (C_{A''})^{n_1''} \ldots$$

und

$$\ln v = \ln k_1 + n_1 \sum \ln \cdot C_1\,.$$

Nennen wir $(C)^n$ die **aktive Masse** des betreffenden Stoffes, so wird k dann gleich v, wenn in obiger Gleichung alle aktiven Massen, also auch alle Konzentrationen, $= 1$ werden.

k ist daher die Reaktionsgeschwindigkeit für den Fall, daß die Produkte der aktiven Massen oder auch jede einzelne Konzentration $= 1$ werden.

Diesen Satz können wir nun auf chemische Gleichgewichte anwenden, die offenbar dann zustande kommen, wenn die Reaktionsgeschwindigkeiten der im Sinne von links nach rechts, wie der im entgegengesetzten Sinne gelesenen Reaktionsgleichungen gleich groß werden, d. h. wenn ebenso viele Moleküle in der Zeiteinheit im einen wie im entgegengesetzten Sinn reagieren.

Wir haben daher im Falle der oben angeführten allgemeinen Reaktionsgleichung:

$$v_1 = v_2$$

oder

$$k_1 (C_A)^{n_1} \cdot (C_{A'})^{n_1'} \cdot (C_{A''})^{n_1''} \ldots = k_2 (C_B)^{n_2} \cdot (C_{B'})^{n_2'} \cdot (C_{B''})^{n_2''} \ldots,$$

woraus folgt:

$$\frac{k_1}{k_2} = \frac{(C_B)^{n_2} \cdot (C_{B'})^{n_2'} \cdot (C_{B''})^{n_2''} \ldots}{(C_A)^{n_1} \cdot (C_{A'})^{n_1'} \cdot (C_{A''})^{n_1''} \ldots} = K$$

bzw.

$$\Sigma n_2 \ln C_2 - \Sigma n_1 \ln C_1 = \ln k_1 - \ln k_2 = \Sigma \mathrm{n} \ln C = \ln K\,,$$

und das ist das **Gesetz für das isotherme Gleichgewicht**, das auch als **Massengesetz** bekannt ist.

Um die Abhängigkeit der Gleichgewichtskonstanten K von der Temperatur zu finden, müssen wir im Auge behalten, daß $RT \cdot \ln K$ nichts anderes ist als die Expansions- oder Kompressionsarbeit, welche bei dem betreffenden Vorgange geleistet wird, und daß diese nach dem zweiten Hauptsatze von dem Wärmebetrag q_v[1]) des betreffenden Vorganges bestritten werden muß. Wir erhalten somit

$$R\,T \cdot \ln K = \frac{q \cdot d\,T}{T}$$

oder

$$d \ln K = \frac{q\,t \cdot d\,T}{R\,T^2} \quad (\textit{van 't Hoff}\text{sche Gleichung}),$$

wobei zu bedenken ist, daß $q = f(T)$ nach dem *Kirchhoff*schen Gesetze von T abhängt.

Wenn man es mit Gasreaktionen zu tun hat, ist es bequemer, statt der räumlichen die numerischen Konzentrationen $\overline{C}$ zu benutzen[2]). Man kommt dann zu der *Le Chatelier*schen Gleichung

$$\frac{1}{R}\int \frac{q_t \cdot d\,T}{T^2} + (\Sigma n_2 - \Sigma n_1) \ln P + \Sigma n_2 \ln \overline{C}_2 - \Sigma n_1 \ln \overline{C}_1 = \text{Const}$$

oder

$$\frac{1}{R}\int \frac{q_t \cdot d\,T}{T^2} + (\Sigma n_2 - \Sigma n_1) \ln P + \ln \overline{K} = \text{const}',$$

in welcher q_t die Wärmetönung der Reaktion bei der Temperatur t und P den Gesamtdruck des Systems darstellt. Wählt man statt der natürlichen Logarithmen gemeine und setzt mit *Le Chatelier* $\frac{1}{R} \simeq 500$, so hat man

$$500 \int \frac{q_t \cdot d\,t}{T^2} + 2{,}3026\,(\Sigma n_2 - \Sigma n_1) \log P + 2{,}3026 \log \overline{K} = \text{Const}'.$$

Wie schon oben erwähnt, ist die Änderung der Wärmetönung mit der Temperatur in Rechnung zu setzen, für welche das *Kirchhoff*sche Gesetz gilt, nach welchem

$$q_{t_1} = q_t + (C_{\mathrm{I}} - C_{\mathrm{II}})\,(t_1 - t)$$

ist. In dieser Gleichung sind q_t und $q_{t'}$ die Wärmetönungen bei den Temperaturen t und t', während C_{I} und C_{II} die Wärmekapazitäten des Systems im Anfangs- und im Endzustande darstellen.

Da es sich für die Feuerungstechnik in erster Linie darum handelt, eine möglichst vollständige Verbrennung zu erzielen, und diese durch den Zerfall von CO_2 und H_2O bei höheren Temperaturen begrenzt wird, wollen wir auf diese beiden Vorgänge

$$2\,CO_2 = 2\,CO + O_2$$

und

$$2\,H_2O = 2\,H_2 + O_2$$

etwas näher eingehen.

---

[1]) Wenn sich K auf räumliche Koordinaten bezieht, ist die Wärmetönung bei konstantem Volum einzusetzen.

[2]) In diesem Falle ist die Wärmetönung bei konstantem Druck q_p einzusetzen.

Nennen wir das Verhältnis x zwischen der dissoziierten CO_2- (also dem gebildeten CO) und jener CO_2-Menge, welche vorhanden wäre, wenn keine Dissoziation einträte (also für die Summe $CO_2 + CO$), den Dissoziationskoeffizienten, so gibt die *Le Chatelier*sche Gleichung auf Grund der Angaben von *Henry Sainte-Claire-Deville*[1]) und unter Annahme eines konstanten $q = 68{,}2$ Cal[2]) für die Dissoziation der Kohlensäure folgende Werte von x:

Temperatur °C	Druck in Atmosphären					
	0,001	0,01	0,1	1	10	100
1000	0,007	0,003	0,0013	0,0006	0,0003	0,00015
1500	0,07	0,035	0,017	0,008	0,004	0,002
2000	0,40	0,125	0,08	0,04	0,03	0,025
2500	0,81	0,60	0,40	0,19	0,09	0,04
3000	0,94	0,80	0,60	0,40	0,21	0,10
3500	0,96	0,85	0,70	0,53	0,32	0,15
4000	0,97	0,90	0,86	0,63	0,45	0,25

Le Chatelier zieht hieraus folgende für die Feuerungstechnik wichtigen Schlüsse:

1. Schmelzöfen: In Schmelzöfen erreicht die Temperatur höchstens 2000° C und der Partialdruck der Kohlensäure im Maximum etwa 0,2 Atm. Letztere ist somit nur zu etwa 5 Proz. dissoziiert, wodurch die Leistungsfähigkeit der Öfen zwar nicht unmerklich, aber doch nur ziemlich unbedeutend (höchstens um $^1/_{20}$) verringert wird. Diese Verringerung wird aber in Wirklichkeit noch kleiner, weil man es in der feuerungstechnischen Praxis stets mit einem Luft- (also auch Sauerstoff-) Überschuß zu tun hat, welcher die Dissoziation der Kohlensäure noch weiter zurückdrängt.

2. Leuchtflammen. Die helleuchtende Flammenzone, in welcher die Verbrennung des ausgeschiedenen Kohlenstoffes erfolgt, scheint bei gewöhnlichen Flammen eine Temperatur von etwa 2000° C, bei Regenerativbrennern aber eine noch höhere zu besitzen. Der Kohlensäure-Partialdruck sinkt aber zufolge des hohen Wasserstoffgehaltes der Beleuchtungsstoffe unter 0,1 Atm. Der Dissoziationsgrad kann somit 10 Proz. übersteigen, und die Flammentemperatur sinkt entsprechend. Die Leuchtkraft aber, die viel schneller als die Temperatur wächst, wird noch weit stärker herabgedrückt. Bei Leuchtflammen spielt somit die Dissoziation eine beachtenswerte Rolle.

3. Explosivstoffe. Ihre Verbrennungstemperatur übersteigt selten 2500° C und erreicht nie 3000°. Da aber der Druck der Kohlensäure hier nach Tausenden von Atmosphären zählt, ist hier die Dissoziation ohne jeden Einfluß.

---

[1]) $P = 1$ Atm
$T = 3000 + 273 = 3273$
$x = 0{,}40$.

[2]) Was allerdings nur in erster Annäherung zulässig ist; man kommt so zu der Gleichung

$$\log K = \frac{1480\,q}{T} - 5{,}0895 - 0{,}5 \log P\,.$$

Auf Grund der Studien von *Nernst* und seinen Schülern *v. Wartenberg*, *Bjerrum* und *Siegel*[1]) hat *Heinrich Menzel*[2]) die Dissoziationsgrade von Kohlensäure und Wasser für verschiedene Temperaturen und Drucke berechnet, wie sie in den folgenden Tabellen zusammengestellt sind, und Fig. 14 und 15 gibt diese Werte in graphischer Darstellung.

Dissoziationsgrade von Kohlensäure in Proz.

Temperatur		Druck in Atmosphären					
t° C	T° abs.	0,1	0,2	0,3	0,4	0,7	1,0
1500	1773	1,00	0,81	0,72	0,65	0,55	0,49
1600	1873	2,07	1,62	1,42	1,30	1,07	0,96
1700	1973	3,75	2,98	2,60	2,37	1,97	1,75
1800	2073	6,40	5,10	4,40	4,00	3,40	3,00
1900	2173	10,2	8,20	7,20	6,60	5,50	4,90
2000	2273	15,6	12,7	11,1	10,2	8,50	7,60
2100	2373	22,2	18,4	16,3	14,9	12,5	11,2
2200	2473	30,7	25,5	22,7	21,0	17,8	16,0
2300	2573	40,3	33,8	30,5	28,3	24,2	21,8
2400	2673	50,0	43,0	39,1	36,4	31,6	28,7
2500	2773	59,5	52,2	48,2	45,1	39,7	36,4
2600	2873	68,2	61,4	57,1	54,0	48,1	44,5
2700	2973	75,5	69,1	65,1	62,3	56,4	52,7
2800	3073	81,5	75,9	72,4	69,7	64,3	60,5

Dissoziationsgrad von Wasser in Proz.

Temperatur		Druck in Atmosphären					
t° C	°T abs.	0,1	0,2	0,3	0,4	0,7	1,0
1500	1773	0,34	0,27	0,24	0,21	0,18	0,16
1600	1873	0,62	0,49	0,43	0,39	0,35	0,29
1700	1973	0,99	0,78	0,69	0,62	0,52	0,46
1800	2073	1,75	1,38	1,21	1,10	0,91	0,81
1900	2173	2,70	2,15	1,90	1,70	1,40	1,26
2000	2273	4,03	3,25	2,80	2,55	2,10	1,90
2100	2373	5,75	4,60	4,05	3,67	3,05	2,70
2200	2473	8,05	6,42	5,60	5,07	4,25	3,80
2300	2573	10,65	8,60	7,55	6,90	5,75	5,18
2400	2673	13,9	11,2	9,90	9,00	7,68	6,85
2500	2773	18,0	14,3	12,7	11,35	9,70	8,70
2600	2873	21,7	17,85	15,9	14,6	12,2	10,90
2700	2973	26,8	21,8	19,5	18,1	15,1	13,5
2800	3073	32,0	26,3	23,2	21,3	18,25	16,4

Bei den meisten Arten unserer Gasfeuerungen tritt Heizgas und Luft in gesonderten Strömen ein und muß sich, um vollständige Verbrennung zu er-

[1]) Z. f. phys. Chemie 56, 79, 87.

[2]) Die Theorie der Verbrennung, Dresden 1924, S. 47 und 48.

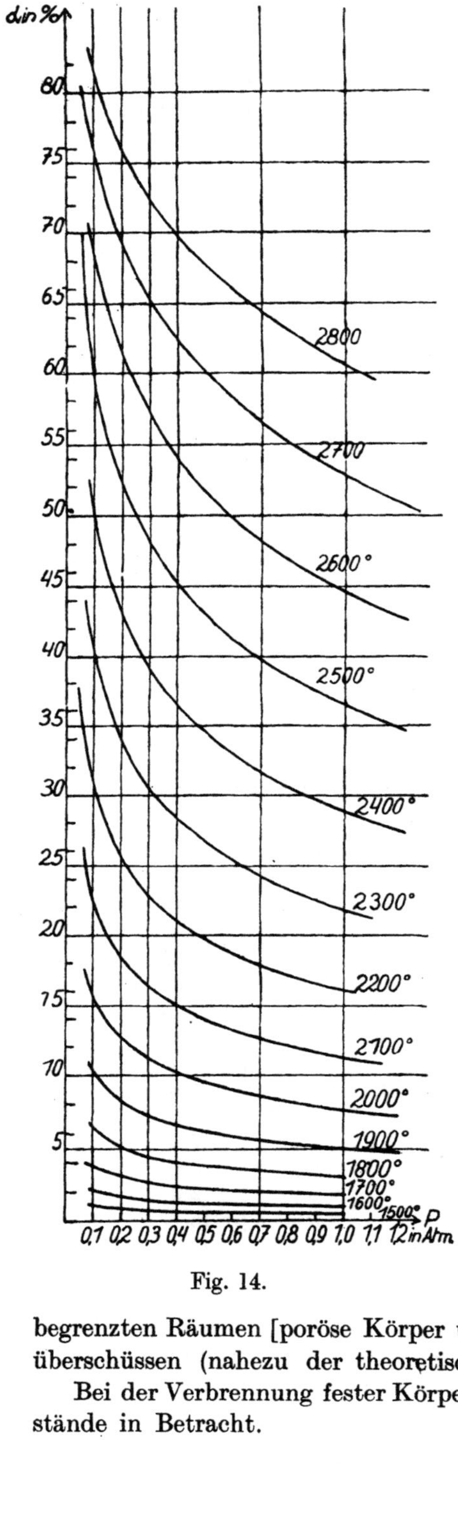

Fig. 14.

zielen, erst in der Feuerung mischen. Dies erfordert aber, ebenso wie die Erreichung des Gleichgewichtes, Zeit, und um die Verbrennungswärme möglichst gut ausnutzen zu können, muß Geschwindigkeit des Gasstroms und Länge der Feuerzüge so gewählt werden, daß vollständige Verbrennung noch innerhalb des zu heizenden Raumes erreicht wird, so daß nicht noch in den Rauchkanälen oder Essen eine Nachverbrennung stattfindet. Hierauf beruht ein weiterer Vorteil des *Siemens*schen Prinzips der freien Flammenentfaltung, indem die gewölbte Decke von Flammenöfen, die nach diesem Prinzip gebaut sind, eine Erweiterung des Heizraumes (Herdraumes) bedingt, welche die Geschwindigkeit der Flammengase verringert und ihnen so mehr Zeit zur vollständigen Verbrennung bietet.

Je inniger Gase und Verbrennungsluft gemischt werden, d. h. in je dünneren Strömen sie in den Feuerraum einströmen, desto rascher wird die vollständige Verbrennung stattfinden, worauf man bei Regenerativöfen durch zweckmäßige Gestalt und Anordnung der Luft- und Gasschlitze Bedacht zu nehmen hat.

Werden Gas und Luft schon vor der Entzündung gemischt, wie dies bei der sog. Oberflächenverbrennung oder den flammenlosen Feuerungen von *Schnabel* und *Bone* der Fall ist, desto rascher und in um so kleineren Räumen verläuft die Verbrennung, was auch noch weiter den Vorteil bietet, daß eine solche Verbrennung (wohl auch, weil hier die Verbrennung in sehr engbegrenzten Räumen [poröse Körper usw.] erfolgt), mit äußerst geringen Luftüberschüssen (nahezu der theoretischen Luftmenge) eine vollständige wird.

Bei der Verbrennung fester Körper (wie Kohle) kommen noch andere Umstände in Betracht.

Manche Brennstoffe backen am Roste zusammen, so daß die Luft nicht ins Innere derselben gelangen kann, also unverbrannte Teile zurückbleiben, und überdies kann hierdurch auch die Luftzufuhr durch den Rost gehemmt oder doch gestört werden. Andere Kohlen haben wieder die Eigenschaft, im Feuer zu zerfallen und so noch unverbrannt in den Aschenfall zu gelangen.

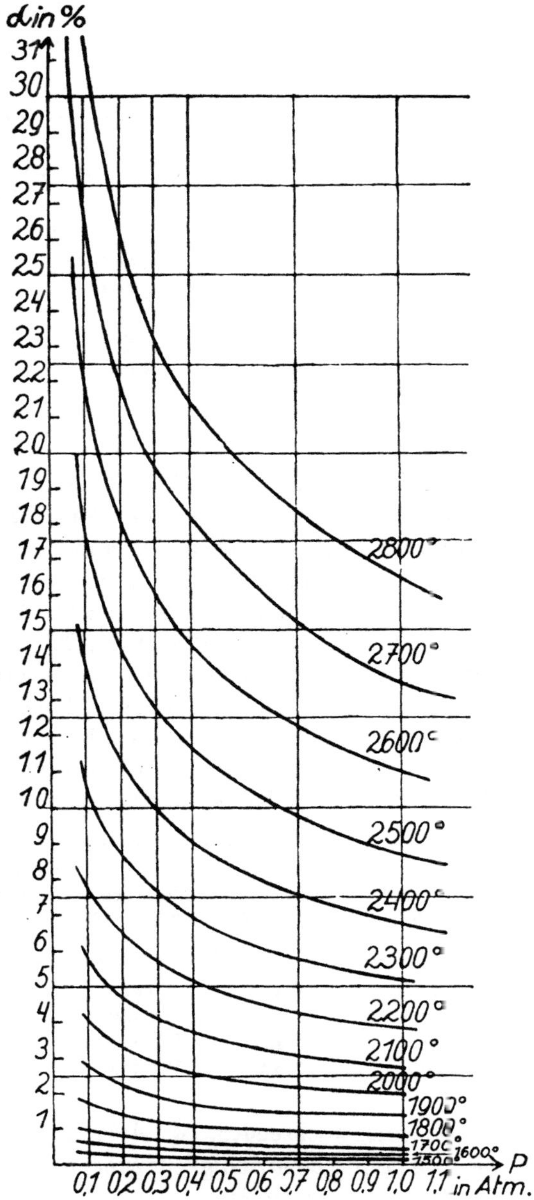

Fig. 15.

Anderseits aber ist auch die Reaktionsgeschwindigkeit zwischen Brennmaterial und Luftsauerstoff hier nicht allein von der Konzentration des Brennstoffes selbst, sondern vielmehr von der an der Oberfläche der Brennstoffstücke liegenden Zahl der Kohlenstoffatome usw. und von der Größe dieser Oberfläche abhängig, wobei jedoch auch noch die Porosität des Brennstoffes zu berücksichtigen ist, weil sie die Größe der Berührungsfläche vermehrt[1]). Hierauf beruht auch der Vorteil der Kohlenstaubfeuerungen, weil dadurch die Berührungsfläche zwischen Kohle und Luft vergrößert und eine innigere Mischung beider erzielt wird. Dementsprechend benötigt man bei diesen einen ungefähr ebenso großen Luftüberschuß wie bei Gasfeuerungen.

So finden wir für die Verbrennungsgeschwindigkeit von Kohle mit Sauerstoff

$$C + O_2 = CO_2$$

$$v = -\frac{d\,C_{O_2}}{d\tau} = k \cdot C_{O_2}$$

oder für die Verbrennung des Kohlenstoffes durch Kohlensäure

$$C + CO_2 = 2\,CO$$

$$v = -\frac{d\,C_{CO_2}}{d\tau} = k \cdot C_{CO_2}\,.$$

[1]) *H. v. Jüptner*, „Technik und Reaktionsgeschwindigkeit", Feuerungstechnik 1924, S. 52.

Da nun in beiden Fällen die Reaktionsgeschwindigkeit je nach der angewendeten Kohlenstofform verschieden ist, muß sich der Einfluß der Kohlenstofform im Werte des Koeffizienten k äußern. So fand *J. K. Clement* für die Reaktion $C + CO_2 = 2\,CO$ bei verschiedenen Kohlenstofformen folgende Werte von k[1]):

Temperatur, °C	Holzkohle	Koks	Anthracit
	Werte von k		
800	0,021	—	—
850	0,064	—	—
900	0,159	0,0023	—
925	0,237	—	—
1000	0,629	0,023	—
1100	1,53	0,134	0,119
1200	—	0,410	0,237
1300	—	1,48	0,579

Die Reaktionsgeschwindigkeit ist also bei Holzkohle am größten, beim Anthrazit aber am kleinsten, was den Dichteverhältnissen, also der Größe der Berührungsfläche zwischen Gas und Kohle, parallel läuft. Doch sollte hiernach k mit wachsender Dichte nun größer werden. Da 1 Mol CO_2 617 500 Trillionen Moleküle CO_2 oder ebenso viele Atome C enthält, wiegt eine Trillion Kohlenstoffatome $12 : 617\,500 = 0{,}0000194$ g. Mittels dieser Angabe berechnet sich aus dem Gewicht von 1 ccm verschiedener Kohlenstofformen die Anzahl der darin enthaltenen Atome und — weil 1 Billion Atome C im Diamant (den wir einfachheitshalber als porenlos annehmen wollen) einen Raum von $1 : 181\,443 = 0{,}000\,00551$ ccm einnehmen — haben wir für 1 cbm der verschiedenen Kohlenstofformen folgende Werte:

Kohlenstoffform	Gewicht von 1 ccm in g	Trillionen Atome in 1 ccm	Volumen der darin enthaltenen C-Atome (als Diamant berechnet)	Porenraum	Verhältnis Porenraum : Atomraum
Holzkohle .	0,4	20 680	0,1136	0,8864	7,80
Anthrazit. .	1,4	72 155	0,3976	0,6024	1,52
Graphit. . .	2,17	111 855	0,6163	0,3837	0,62
Diamant . .	3,52	181 443	1,0000	0	0,00

Da mit wachsender Porosität die Berührungsfläche wächst, soll auch die Reaktionsgeschwindigkeit zunehmen, was ja mit den oben gegebenen Werten von k wenigstens qualitativ übereinstimmt. Jedenfalls spielen hierbei aber auch andere Ursachen, wie die Adsorptionserscheinungen, welche eine Verdichtung der Gase in den Poren und damit eine Vergrößerung der CO_2-Konzentration in den Poren verursachen, eine Rolle.

[1]) Departement of Interior, Bureau of Mines, Washington 1911; *H. v. Jüptner*, Die Heizgase der Technik, Leipzig 1920.

Mit zunehmender Dichte verringert sich aber auch die mittlere Distanz der Atome (bzw. Moleküle), und damit wächst die capillare Anziehung derselben und daher auch der Widerstand gegen ihre Loslösung sehr beträchtlich, was sich besonders deutlich an Krystallen zeigt, in welchen eine zu den Krystallachsen in bestimmter Weise orientierte Schichtenbildung auftritt, und es wird von der Flächendichte dieser Schichten (Zahl der Moleküle oder Atome in der Flächeneinheit) und der Entfernung der einzelnen Schichten abhängen, wie groß dieser Widerstand wird. So fand z. B. *H. Tottivesko*[1]) an verschiedenen Flächen eines Gipskrystalls auch verschiedene Lösungsgeschwindigkeiten, nämlich:

Krystallfläche	010	110	111
Relative Löslichkeitsgeschwindigkeit	1	1,76	1,88.

Ähnliche Verschiedenheiten existieren aber auch bei anderen Eigenschaften von Krystallen in bezug auf die Richtung der Beanspruchung. So fand man den Elastizitätsmodul bei Beanspruchung senkrecht zu den nachbenannten Flächen wie folgt:

	Würfel	Granatoeder	Octaeder
		Fläche	
Natriumchlorat	1	0,788	—
„	1	0,809	—
Flußspat	1	0,684	0,618
Pyrit	1	0,716	—
Steinsalz	1	0,833	0,722
„	1	0,841	—
Sylvin	1	0,526	—

Ähnlich verhält es sich auch mit der Reißfestigkeit, welche man beim Steinsalz senkrecht zu den betreffenden Flächen fand:

Senkrecht zur Würfelfläche	371
„ „ Dodekaederfläche	917
„ „ Octaederfläche	1150

sowie bei der Wärmeleitungsfähigkeit und dem Ausdehnungskoeffizienten von Bergkrystall:

	senkrecht	parallel
	zur Hauptachse	
Linearer Ausdehnungskoeffizient bei 40° C	$4{,}19 \cdot 10^{-6}$	$7{,}81 \cdot 10^{-6}$
	1,816	1
Wärmeleitungsfähigkeit bei 30° C (Mittel)	0,015725	0,028867
	1	1,835

Ähnlich, wenn auch weniger regelmäßig, liegen die Verhältnisse auch bei anderen Körpern, wie beispielsweise die Verbrennungswärmen verschiedener

---

[1]) Bull. del'Ac. des sciences de Cracovic, 1910, Juni, 209.

Kohlenstofformen zeigen. Um die Größe des zur Abtrennung der einzelnen Atome zu überwindenden Widerstandes abschätzen zu können, wollen wir annehmen, daß bei der Verbrennung feste Kohlensäure gebildet werde, die verdampft. Ziehen wir von der Verbrennungswärme die latente Verdampfungswärme der letzteren ab (6106 Cal pro Mol nach *Favre*), so können wir den Unterschied dieses Widerstandes für verschiedene Kohlenarten ermitteln.

Kohlenstofform	Verbrennungswärme von 12 g Kohlenstoff	Latente Verdampfungswärme von CO_2	Differenz	Abnahme des Widerstandes gegenüber Diamant
	in cal			cal
Holzkohle	97 600	6106	91 494	3300
Graphit	94 800	6106	88 694	500
Diamant	94 300	6106	88 194	—

Das erklärt, warum die Reaktionsgeschwindigkeit trotz der größeren Flächendichte mit zunehmendem spezifischen Gewicht nicht zu-, sondern abnimmt:

	Flächendichte (Zahl der Atome im 1 qcm)
Holzkohle	1623 Millionen
Anthrazit	1733 „
Graphit	2321 „
Diamant	3204 „

Wenn freier Sauerstoff bei genügend hoher Temperatur auf Kohle einwirkt, so entsteht bekanntlich unter allen Umständen zunächst Kohlensäure, obwohl dem Gleichgewicht mit steigender Temperatur eine stets wachsende Menge von Kohlenoxyd entsprechen würde. Die Ursache hiervon liegt darin, daß bei der Reaktion

$$C + O_2 = CO_2$$

sich nur einfach ein Molekül Sauerstoff an ein Kohlenstoffatom anzulegen braucht, um CO_2 zu bilden, während die Reaktion

$$2\,C + O_2 = 2\,CO$$

nur dann eintreten kann, wenn entweder vorher das Sauerstoffmolekül in seine Atome gespalten wird, oder wenn nachher die zuerst gebildete CO_2 mit einem zweiten Kohlenstoffatom zusammentrifft und sich nach der Gleichung

$$CO_2 + C = 2\,CO$$

umsetzt. Beides erfordert Zeit, und die Dissoziation des O_2 erfordert auch noch einen beträchtlichen Arbeitsaufwand, wozu — wenn die Verbrennung bei konstantem Druck erfolgt — in beiden Fällen auch noch die zur Verdopplung der Molekülzahl aufzuwendende äußere Arbeit kommt. Aus diesem Grunde muß die Reaktionsgeschwindigkeit der CO_2-Bildung größer sein als jene der CO-Bildung.

Bei flüssigen Brennstoffen liegen die Verhältnisse zwar ähnlich wie bei den festen, werden aber durch die leichte Verstaubbarkeit derselben wesentlich begünstigt (analog bei den Kohlenstaubfeuerungen).

Bei festen und teilweise flüssigen Brennstoffen kommt hierzu noch das Auftreten von Entgasungsprodukten und deren teilweise Zerlegung, welche die Rußbildung veranlaßt, sowie der Entgang durch unverbrannt mitgerissenen Kohlenstoff.

Hier muß noch auf eine eigentümliche Erscheinung hingewiesen werden, welche bei der Verbrennung trockener Gasgemenge auftritt. Schon *Dixon*[1]) fand, daß ein trockenes Gemenge von Kohlenoxyd und Sauerstoff erst nach Zusatz von kleinen Mengen von Wasserdampf oder von Wasserstoff enthaltenden Gasen (wie H_2S, C_2H_4, H_2CO_3, NH_3, C_5H_{12}, HCl usw.) leicht zur Explosion zu bringen war, während es im absolut trockenen Zustand gar nicht oder doch nur schwer explodierte, und man griff zur Erklärung dieser Erscheinung zur Annahme rasch verlaufender Zwischenreaktionen[2]). Es lag nun nahe, daß Wasserdampf auch auf die Verbrennung des festen Kohlenstoffes eine günstige Wirkung ausüben könne, wenn diese Voraussetzung auch manchen, die nur an die wärmeverbrauchende Reaktion

$$C + H_2O = CO + H_2$$

denken, etwas befremdend erscheinen wird. In neuerer Zeit haben *P. Oberhoffer* und *E. Piwowarsky*[3]) diese Frage eingehend untersucht und sind für die Verbrennung von Koks in offenen Schachtöfen zu folgenden Schlüssen gekommen, wobei sie, den zugeführten Wassermengen entsprechend, vier verschiedene Gebiete unterscheiden:

A. Niedrigste Wassermengen: Zunehmender Feuchtigkeitsgehalt des Windes bewirkt
   1. Eine Erhöhung des Höchstwertes der Verbrennungstemperaturen,
   2. ein Herabdrücken der Temperatur- und CO_2-Gehalts-Höchstwerte in eine tiefere Ofenzone,
   3. eine Zunahme des CO-Gehaltes der abziehenden Gichtgase.

B. Bei mittleren Feuchtigkeitsgehalten macht sich nur die unter A 3 angeführte Erscheinung bemerklich, während die Lage der Temperatur- und Kohlensäuregehalts-Höchstwerte nur wenig beeinflußt, die Ofentemperatur aber merklich herabgedrückt wird.

C. Bei höheren Feuchtigkeitsgehalten ergab sich
   1. starkes Sinken der Ofentemperatur,
   2. Hinaufrücken der Temperatur- und Kohlensäure-Höchstwerte in höhere Ofenzonen und
   3. Steigen des Kohlensäuregehaltes der Gichtgase.

---

[1]) Trans. Roy. Soc. 175 (1884) 607; Journ. chem. soc. (1886) 49, 94 und 384.

[2]) *Dixon* und *L. Meyer*, Ber. d. Dtsch. Chem. Ges. 19, 1884, S. 1099; *W. Nernst*, Theor. Chem. 8 bis 10. Aufl. 1921, 771/72; *H. Wieland*, Ber. d. Dtsch. chem. Ges. 45, 1912, 697. Der Verfasser hat auch die Bildung und den Zerfall von Kohlensäurehydrat bzw. von CO_2H_2 herangezogen ($CO + H_2O = CO_2H_2$ und $CO_2H_2 = CO_2 + H_2$ oder $CO_2H_2 + O = CO_2 + H_2O$).

[3]) Stahl und Eisen 1926, 131.

D. Bei den höchsten Feuchtigkeitsgehalten treten die unter C 1 und C 2 angeführten Erscheinungen noch stärker auf, während gleichzeitig
1. der Kohlensäure-Höchstgehalt prozentual stark zurückgeht,
2. bereits größere Mengen von Kohlenoxyd schon auftreten, bevor der Luftsauerstoff vollständig verbraucht ist,
3. die Zone der höchsten Temperatur über jene steigt, in welcher (bezogen auf den Sauerstoffgehalt des Windes) $CO_2 + \frac{CO}{2}$ den Betrag von 21 Volumteilen überschreitet.
4. die Gichtgase wieder an Kohlenoxyd reicher werden.

E. Zur Beurteilung des Einflusses der Feuchtigkeit zieht man besser die Feuchtigkeitsmenge in der Zeiteinheit statt des Feuchtigkeitsgehaltes des Windes (g in 1 cbm) heran.

F. Die in Form von Wasser zugeführte Feuchtigkeit wirkt günstiger als schon ursprünglich im Winde enthaltener Wasserdampf, weil hierdurch
1. die Verbrennungstemperatur um 50 bis 65° C erhöht wird, und sich
2. die Geschwindigkeit der Kohlenstoffvergasung (Koks) um 1,5 bis 14,5 Proz. steigert.

Eine Erhöhung der Windmenge im Versuchsofen von 25 auf 45 cbm in der Stunde oder ein Vorwärmen des Windes auf 400° C wirkt noch intensiver, aber im gleichen Sinne wie die Erhöhung der Feuchtigkeitsmenge nach A 1 bis A 3, oder die Wassereinspritzung.

VII. Mittel zur Erzielung einer vollständigen Verbrennung.

Luftzufuhr, genügend hohe Temperatur, gute Mischung von Luft und Gas, Essenzug und künstlicher Zug.

Da jede unvollständige Verbrennung einen Verlust an der in den Brennstoffen aufgespeicherten Energie, also eine mangelhafte Ausnutzung derselben, bedeutet, wird man in der Feuerungstechnik bestrebt sein, eine möglichst vollständige Verbrennung zu erreichen.

Die Mittel, die uns zu diesem Zweck zur Verfügung stehen, sind folgende:

1. Genügende Luftzufuhr.

Führt man einem Brennmaterial weniger als die theoretische Sauerstoffmenge zu, so ist natürlich eine vollständige Verbrennung ganz unmöglich, und man wird daher überall dort, wo es sich um direkte Verfeuerung eines Heizstoffes handelt, mindestens diese theoretische Sauerstoff- (bzw. Luft-) Menge, meist aber einen Überschuß derselben anwenden müssen. Anders liegen die Verhältnisse dort, wo man das angewendete Brennmaterial nicht unmittelbar zum Heizen benutzen will, sondern die Absicht hat, aus demselben durch Vergasung einen gasförmigen Brennstoff (ein Heizgas) zu gewinnen, wie beim Luft-, Misch-, beim Wassergasprozeß usw. Hierbei wird man umgekehrt trachten, mit möglichst wenig Sauerstoffzufuhr zu arbeiten, um als Produkt der Vergasung (die ja nichts anderes ist, als eine unvollständige Verbrennung) möglichst allen Kohlenstoff des verwendeten rohen Brennstoffes in Kohlenoxyd zu verwandeln, wobei daneben oft noch die Bildung von Wasserstoff und Kohlenwasserstoffen erfolgt.

Ein Luftüberschuß begünstigt die vollständige Verbrennung auch deshalb, weil der so resultierende Sauerstoffüberschuß den Zerfall von CO_2 und H_2O, also auch das Auftreten von CO und H_2, zurückdrängt und, weil derselbe eine nachträgliche Verbrennung von Flugruß, teerigen Produkten und unverbrannten Gasen ermöglicht. Dies gilt übrigens für alle flammenden Brennstoffe und entspricht dem chemischen Grundsatze, daß jede chemische Reaktion, wenn sie in kurzer Zeit verlaufen soll, einen Überschuß eines der daran beteiligten Stoffe haben muß. Bei der Verbrennung rührt dies daher, daß die anfangs entstehenden unvollständigen Verbrennungs- bzw. die Destillationsprodukte um so öfter mit Sauerstoffmolekülen zusammentreffen, also um so rascher verbrennen werden, je mehr der letzteren vorhanden sind.

Um eine genügende Luftzufuhr zu erreichen, muß bei Rostfeuerungen eine hinreichende Breite der Rostspalten vorhanden sein und eine Behinderung des Luftdurchganges, wie sie bei backenden Brennmaterialien eintreten kann, durch häufige Reinigung der Roste hintangehalten werden (mechanische Vorrichtungen, mechanische Roste usw.). Anderseits kann man außer dieser **primären** auch noch eine **sekundäre** Luftzufuhr oberhalb des Rostes anwenden, was besonders dann von Wichtigkeit ist, wenn frisch nachgeheizt wurde, weil die frisch aufgeworfenen Kohlen rasch vergasen und daher zu ihrer vollständigen Verbrennung einer größeren Luftmenge bedürfen. Die Zuführung von Sekundärluft erfolgt entweder durch Luftspalten in den Feuertüren, durch hohle Feuerbrücken oder durch besonders konstruierte Roste. Ist jedoch die Entgasung des frisch aufgegebenen Brennmaterials beendet, so kann — bei genügendem Zug — die Zufuhr von Sekundärluft entbehrt werden, ja sogar schädlich wirken, weil sie die Flamme abkühlt.

Bei Hausfeuerungen, namentlich mit Braunkohlen, Braunkohlenbriketts und Torf, hat man oft überhaupt keine Roste und läßt die Luft nur durch Spalten in der Feuertüre eintreten. Ja, bei Braunkohlenbriketts ist es sogar vorteilhaft, wenn sie einmal in Brand geraten sind, auch den Luftzutritt durch die Ofentüre tunlichst zu verhindern, da sie selbst bei einem sehr beschränkten Luftzutritt vollständig, aber langsam verbrennen. Die Verbrennungsgase strömen daher langsam durch den Ofen und können ihre Wärme sehr vollständig an die zu heizenden Räume abgeben. Bei industriellen Feuerungsanlagen wird der Zutritt der Sekundärluft manchmal automatisch gesteuert. Zu diesem Zwecke dient eine, **Katarakt** genannte Einrichtung, welche beim Öffnen der Feuertüre zum Zweck des Nachheizens die vorhandenen Luftklappen oder Luftschieber öffnet, nach Verlauf einer gewissen Zeit aber wieder schließt. Natürlich müssen derartige Vorrichtungen den jeweiligen Betriebsverhältnissen angepaßt werden. Sie bedürfen auch — einerseits, wenn sich die Betriebsverhältnisse ändern, anderseits, wenn sie durch Vernachlässigung verschmutzen — einer dauernden Beaufsichtigung. Ist eine derartige Vorrichtung für eine bestimmte Rostbeschickung (Anzahl von aufzuwerfenden Kohlenschaufeln) eingerichtet, so wird sie bei größeren Beschikkungen nicht mehr genug Luft zuführen, so daß man durch Vergrößerung der Luftspalten oder Erhöhung des Schornsteinzuges die Luftzufuhr vergrößern muß.

Wenn der Rost verschlackt, wächst die Zeit, welche zur Entgasung des frischen Brennmaterials nötig ist, so daß man die Ablaufzeit des Kataraktes verändern muß.

Nicht flammende Brennstoffe (wie Holzkohlen, Koks und Anthrazit) können mit um so geringerem Sauerstoffüberschuß vollständig verbrannt werden, je dichter und großstückiger dieselben sind, was davon herrührt, daß bei ihnen die Verbrennungsgeschwindigkeit klein ist (siehe S. 86) und auch die Rückreduktion der primärgebildeten Kohlensäure ($CO_2 + C = 2\,CO$) langsam erfolgt.

Die Zuführung der Verbrennungsluft erfolgt gewöhnlich durch Schornsteinzug; ist dieser zu gering, so raucht der Schornstein leicht. Um eine hinreichende Zugstärke zu erlangen, genügt es jedoch nicht, daß er genügend hoch und weit ist, sondern er muß auch frei stehen, d. h. er darf nicht durch andere benachbarte Bauwerke (oder Terrainunebenheiten), überhöht werden. So müssen die Schornsteine von Hausfeuerungen mindestens 1 m über das Dach geführt werden; doch können sich mehrere derartige Schornsteine auch gegenseitig beeinflussen. Um dies zu vermeiden, greift man zu Aufsätzen von Blechrohren mit Phönixhauben, zu Pfeifenrohren und ähnlichem, die aber doch nur einen Notbehelf darstellen, ja manchmal sogar schädlich wirken können. Steht eine derartige Haube fest, so kann von einem anderen Schornstein Rauch hineingetrieben werden, und es können sogar daran angeschlossene kalte Öfen zu Rauchaustritt neigen[1]).

Beim Öffnen der Feuertüren von Lokomotiven, die ja sehr niedrige Schornsteine besitzen, tritt leicht Rauch heraus. So machte sich vor etwa 20 Jahren in Mainz, wo die Eisenbahnbetriebswerkstätte unter dem Straßenniveau liegt, die Rauchbelästigung sehr unangenehm bemerkbar[2]). Zur Verkürzung der Anheizzeit wurde ein Hilfsbläser von oben in den Schornstein eingehängt und mit Dampf von einer in Betrieb stehenden Lokomotive betätigt. Später wurden statt dessen in den Stationen „Zentralrauchabführungsanlagen" errichtet, an deren Rauchkanäle die Lokomotiven während des Anheizens angeschlossen wurden, womit noch überdies durch Abkürzung der Anheizdauer ein wirtschaftlicher Erfolg erzielt wurde.

Um die Belästigung des reisenden Publikums sowie das Verrußen der Waggons während der Fahrt zu vermeiden, hat man verschiedene Vorkeh-

[1]) *Rietschel* (Gesundheits-Ingenieur 1906, Nr. 29) hat verschiedene Schornsteinsauger bei abweichender Windrichtung auf ihre Wirksamkeit geprüft und gefunden, daß sie dicht gegen Regenwetter sein und — unabhängig von der Windrichtung — gleichmäßig wirken sollen; bewegliche Teile, die sich schließlich doch festklemmen, sind zu vermeiden.

[2]) *de Grahl*, „Wirtschaftliche Verwertung der Brennstoffe".

rungen versucht, von denen sich die Rauchlenkschilder nicht bewährt haben. Bei Lokomotiven bewirkt man die Verstärkung des Zuges mit Hilfe des Auspuffdampfes der Maschine selbst. Bleibt die Maschine jedoch stehen, so hat man keinen Auspuffdampf, während die Zugstärke bei stark arbeitenden Maschinen mehr als 200 mm Wassersäule betragen kann. Um auch im Falle des Stillstandes einen genügenden Zug zu haben, benutzt man in Deutschland die *Marcotty*-Einrichtung, d. i. ein Hilfsbläser, der automatisch in dem Augenblick in Tätigkeit tritt, in welchem der Dampfweg zur Maschine abgesperrt wird. Er saugt die erforderliche Sekundärluftmenge an und stellt sich von selbst wieder ab, wenn die Maschine abfährt. Da die Gefahr der Rauchbildung auch dann eintritt, wenn die Lokomotive, im Gefäll fahrend, weniger stark arbeitet, oder wenn frische Kohlen aufgeworfen werden, tritt der *Marcotty*-Apparat auch in diesen Fällen in vorteilhafte Verwendung

de Grahl[1]) gibt über die Wirksamkeit der *Marcotty*-Einrichtung folgende vergleichende Zusammenstellung:

Lokomotive	mit *Marcotty*-Einrichtung		ohne *Marcotty*-Einrichtung	
Temperatur der Abgase	244° bis 292°		250° bis 283°	
Kammerverlust in Proz. des Heizwertes der Kohle	14,7	15,84	7,26	21,90
Verlust durch unverbrannte Gase in Proz. des Heizwertes der Kohle	1,14		14,64	

Unterschied zugunsten der *Marcotty*-Einrichtung 21,90 — 15,84 = 6,06 Proz.

Es möge hier noch kurz auf die Mittel hingewiesen werden, deren wir uns bedienen, um die Verbrennungsluft zu den Brennmaterialien und die Verbrennungsgase durch die betreffende Feuerungsanlage zu führen. Nach der Art ihrer Wirksamkeit unterscheiden wir:

1. Saugend wirkende:
   a) Die Saugwirkung wird durch den Dichtenunterschied zwischen den warmen Verbrennungsgasen und der Außenluft erzielt: Essen.
   b) Mechanisch wirkende: Exhaustoren.
2. Pressend wirkende: Gebläse und Ventilatoren.

a) Essen oder Schornsteine. Ihre Zugwirkung ist bestimmt durch das Gewicht der in der Zeiteinheit durch die Esse gesaugten Gasmenge. Ist v die Gasgeschwindigkeit in der Esse, s der Essenquerschnitt und d_1 die Dichte der Gase bei der Essentemperatur, so wird in der Zeiteinheit die Gasmenge

$$Q = v \cdot s \cdot d_1$$

durch die Esse gesaugt, wobei

$$v = \sqrt{2gh}$$

zu setzen ist, in welcher Gleichung g die Beschleunigung der Schwere und h die Druckhöhe bedeutet. Letztere Größe entspricht dem Höhenzuwachs,

[1]) l. c.

welchen eine Luftsäule von der Außentemperatur t und der Essenhöhe L erfahren würde, wenn sie bei gleichbleibendem Querschnitt auf die Essentemperatur t_1 erwärmt würde. Bezeichnet L_0 die Höhe der betreffenden Luftsäule bei 0° C, so ist jene bei der Außentemperatur t

$$L = (1 + \alpha t)\, L_0 = \frac{273 + t}{273} L_0 ,$$

während sie nach dem Erwärmen auf die Temperatur t_1 betragen wird.

$$L + h = (1 + \alpha t_1)\, L_0 = \frac{273 + t_1}{273} \cdot L_0 .$$

Hieraus ergibt sich

$$h : L = [(1 + \alpha t_1) - (1 + \alpha t)] : (1 + \alpha t) = \alpha (t_1 - t) : (1 + \alpha t)$$

und

$$h = \frac{L (t_1 - t)}{273 + t} .$$

Mittels dieser Gleichungen erhalten wir für die Geschwindigkeit

$$v = \sqrt{\frac{2 g L (t_1 - t)}{273 + t}}$$

und für die in der Zeiteinheit angesaugte Gasmenge

$$Q = s \cdot d_1 \sqrt{\frac{2 g L (t_1 - t)}{273 + t}} .$$

Ist das Volumgewicht der durch die Esse zu saugenden Gase bei 0° C $= d_0$, so wird

$$d_1 = \frac{d_0}{1 + \alpha t_1}$$

und daher

$$Q = \frac{s \cdot d_0}{1 + \alpha t_1} \sqrt{\frac{2 g L (t_1 - t)}{273 + t}} .$$

Hieraus folgt:

1. Die Zugstärke einer Esse wächst proportional der Quadratwurzel aus der Höhe. Eine Erhöhung der Esse ändert somit die Zugstärke nur relativ wenig, wie folgende Zusammenstellung lehrt:

Zugstärke	Höhe der Esse
Q	L
$Q\sqrt{2} = 1{,}4\,Q$	$2\,L$
$Q\sqrt{3} = 1{,}73\,Q$	$3\,L$
$2\,Q$	$4\,L$
$3\,Q$	$9\,L$

2. Der Ausdruck

$$\frac{1}{1 + \alpha t_1} \sqrt{\frac{t_1 - t}{273 + t}}$$

erreicht ein Maximum, wenn $t_1 = 273 + t$ wird; die größte Zugwirkung einer Esse tritt somit dann ein, wenn die Essengastemperatur um 273° höher ist als die äußere Lufttemperatur.

3. Damit zusammenhängend hat *F. Krauss*[1]) für eine Esse von 30 m Höhe folgende Daten zusammengestellt:

Essengastemperatur in ° C	250	300	350	400	500
Geschwindigkeit m/Sek.	21,5	23,7	25,7	27,7	31,1
Zugstärke in mm Wassersäule am Schornstein gemessen.	16,0	17,8	19,2	20,5	22,6
Gasmenge kg/Sek..	14,6	14,7	14,7	14,6	14,3

Da jeder Schornstein also nur eine bestimmte maximale Gasmenge ansaugen kann, wird man auch nur eine gewisse, nicht überschreitbare Kohlenmenge in der Zeiteinheit zur Verbrennung bringen können.

4. Ist die Dichte der Essengase eine andere als jene der Luft, so bedürfen obige Gleichungen einer Korrektur. Wir haben dann für das Gewicht einer Luftsäule von der Höhe $L + h$ und dem Querschnitt 1

$$q = d_{t_1} (L + h) = d_{t_1} (1 + \alpha t_1) L_0 ,$$

für das Gewicht einer Gassäule von der Höhe L, der Temperatur t_1 und der Dichte D_t hingegen

$$q_1 = D_{t_1} \cdot L = D_{t_1} (1 + \alpha t) L_0 .$$

Somit

$$h : L = [d_{t_1} (1 + \alpha t_1) - D_{t_1} (1 + \alpha t)] L_0 : D_{t_1} (1 + \alpha t) L_0$$

und

$$h = L \left(\frac{d_{t_1}}{D_{t_1}} \cdot \frac{1 + \alpha t_1}{1 + \alpha t} - 1 \right),$$

$$v = \sqrt{2 g L \left(\frac{d_{t_1}}{D_{t_1}} \cdot \frac{T_1}{T} - 1 \right)},$$

sowie

$$Q = s \cdot \sqrt{\frac{2 g L \cdot D_{t_1} (d_{t_1} T_1 - D_{t_1} \cdot T)}{T}} .$$

Die Zugwirkung einer Esse verändert sich also mit wachsender Dichte der anzusaugenden Gase.

5. Nimmt man den Wärmeverlust durch Essenzug im Mittel mit 20 Proz. an, so lassen sich die Betriebskosten der Esse berechnen, zu denen dann noch Verzinsung, Amortisation und Erhaltungskosten geschlagen werden müssen[2]).

[1]) Z. d. Wiener Dampfkesseluntersuchungsges. a. G. 1896, S. 145.

[2]) *Donath*, „Über den Zug und die Kontrolle der Dampfkesselfeuerungen".

Da die Herstellung eines genügenden Essenzuges eine höhere Temperatur der Essengase erfordert, sind hierbei Wärmeverluste durch die abziehenden Gase unvermeidlich; auch ist man bei Verwendung von Essen von den Witterungsverhältnissen abhängig und können dann Rauchbelästigungen auftreten. Alle diese Umstände haben Anlaß geboten, den natürlichen Zug durch mechanische Zugvorrichtungen zu ersetzen, als welche Dampfstrahlsauger und ebensolche Gebläse, Ventilatoren, und dort, wo es sich um größere Druckwirkungen handelt, Gebläse verschiedener Art in Anwendung kommen.

Für Dampfstrahlgebläse oder Injektoren gelten folgende Gleichungen. Ist m die Menge des Dampfes, M jene des anzusaugenden Gases sowie v und V die Geschwindigkeiten von Dampf und Gas, so wird

$$m V = (M + m) v$$

oder, wenn man die Pressungen von Dampf und Gas mit h und H bezeichnet,

$$m \sqrt{h} = (M + m) \sqrt{H},$$

also

$$\frac{m}{M + m} = \sqrt{\frac{H}{h}}$$

werden.

Haben wir also beispielsweise $h = 4$ Atm und $H = \frac{1}{50}$ Atm, so ist

$$\frac{m}{M + m} = \sqrt{\frac{1}{200}} \cong \frac{1}{14}.$$

Wir werden also in diesem Falle mittels unseres Injektors mit 1 Gewichtsteil Dampf 13 Gewichtsteile Gas fortschaffen können. Haben wir hingegen $h = 4$ Atm und $H = 1$ Atm., so wird

$$\frac{m}{M + m} = \sqrt{\frac{1}{4}} = \frac{1}{2},$$

d. h. wir brauchen zur Fortschaffung von 1 Gewichtsteil Gas auch 1 Gewichtsteil Dampf.

Bei Zentrifugalventilatoren oder Schleudergebläsen ergibt sich die zur Erzeugung einer Windmenge Q in cbm bei einem Unterschiede h der Pressung in mm Wassersäule (oder kg/qcm) erforderliche Betriebskraft in PS, wenn η den Wirkungsgrad unseres Apparates darstellt (gleichgültig, ob Unterdruck oder Überdruck erzeugt, d. h. ob Saug- oder Gebläsewirkung verlangt wird) zu

$$N = \frac{Q \cdot h}{75 \cdot \eta}$$

(η schwankt etwas zwischen 0,4 und 0,7).

Bei drückend wirkenden Ventilatoren ist die in der Leitung erforderliche Geschwindigkeit maßgebend, bei saugend wirkenden kann man hingegen diese Geschwindigkeit durch eine Erweiterung der Esse oder Anbringung eines Diffusers (ein ringförmig erweiterter Auslaufraum) verkleinern und so deren Umdrehungszahl und den Bedarf an Betriebskraft vermindern.

Bei gleicher Leistung sind Schraubenventilatoren kleiner und billiger als die vorigen; bei selben gilt für N die obige Gleichung.

Bei Kapselgebläsen ist die Windmenge der Umlaufszahl n proportional und von den zu überwindenden Widerständen unabhängig. Ist Q die Windmenge und φ die Öffnung, durch welche der Wind ausgeblasen wird, so ist der Druck p dem Quadrat des Verhältnisses der ersten beiden $\left(\frac{Q}{\varphi}\right)^2$ proportional. Der Kraftbedarf endlich ist sowohl dem Drucke wie der Windmenge proportional. Bei gleichbleibender Umdrehungszahl wächst sowohl Druck als Kraftbedarf mit dem Widerstande. Hierher gehört auch der Exhaustor von *Beale*, der in Gasanstalten sehr verbreitet ist. Wenn er 50 bis 100 Umdrehungen in der Minute vollführt, liefert er bei 1 bis $2^1/_2$ PS Kraftaufwand einen Nutzeffekt von 70 bis 80 Proz. Bezeichnet d den Zylinderdurchmesser, d_1 den Trommeldurchmesser, n die Tourenzahl und η den Wirkungsgrad, so ergibt sich die stündlich angesaugte Gasmenge zu:

$$Q = n \cdot \eta \cdot \pi (d^2 - d_1^2) .$$

Noch größer (um 20 bis 25 Proz.) als jene des *Beale*-Exhaustors ist die Nutzleistung des von der Berlin-Anhalter Maschinenfabrik gebauten.

Saug- und Druckpumpen (Zylindergebläse) und Turbogebläse können hier nur erwähnt werden.

Nach *R. Schenk* bieten diese mechanischen Zugvorrichtungen folgende Vorteile:

1. Geringe Anschaffungskosten.
2. Gute Ausnutzung der Wärme der abziehenden Rauchgase.
3. Verwendbarkeit billiger Brennstoffe.
4. Bei Kesselfeuerungen die Möglichkeit, die Dampfleistung bis aufs Dreifache der normalen zu steigern; also Ersparnis an Kesselheizfläche.
5. Steigerung des Nutzeffektes, also Kohlenersparnis.
6. Vermeidung der Entwicklung von dichtem schwarzem Rauch.
7. Regulierbarkeit der Zugstärke nach Bedarf und in den weitesten Grenzen.
8. Unabhängigkeit des Zuges vom Betriebe, der Bedienung und den Witterungsverhältnissen.
9. Geringer Raumbedarf und
10. Die Möglichkeit, Hilfseinrichtungen (Vorwärmer, Überhitzer) ohne Rücksichtnahme auf Lage und Abmessung der Schornsteine anordnen zu können.

Ein besonders wichtiger Vorteil der mechanischen Zugvorrichtungen liegt aber auch darin, daß man bei gegebener Feuerung durch die mögliche Erhöhung der Zugstärke imstande ist, in gleicher Zeit eine größere Brennstoffmenge zu verbrennen und auch beliebige Widerstände zu überwinden. Aus diesem Grunde werden sie auch bei Generatoren und Schachtöfen der verschiedensten Art schon lange mit Vorteil verwendet.

Diese Widerstände hängen im allgemeinen von der Geschwindigkeit, von dem von den Gasen berührten Umfange der Zugkanäle (wozu auch die Zwischenräume zwischen den einzelnen Stücken der Beschickung gehören) und von der Anzahl und Art der Richtungsänderungen ab, welche der Gasstrom erfährt.

2. Genügend hohe Temperatur

ist ein weiteres Erfordernis zur vollständigen Verbrennung, und zwar aus verschiedenen Gründen.

Bekanntlich wachsen die Reaktionsgeschwindigkeiten ganz allgemein mit steigender Temperatur rasch an, und zwar erhöhen sie sich für eine Temperaturerhöhung um 10 °C ungefähr auf das Zwei- bis Dreifache. Die Ursache liegt darin, daß sich mit steigender Temperatur die mittlere Geschwindigkeit der Molekularbewegung, also auch die Zahl der Molekülzusammenstöße, vergrößert, während sich anderseits durch die Temperaturerhöhung das Gefüge der Atome im Molekül, aber auch der Moleküle in festen Körpern lockert, also ein Loslösen einzelner Atome und ihre Verbindung mit dem Sauerstoffe erleichtert wird.

Aus diesem Grunde müssen die Stoffe, um überhaupt zur Verbrennung gelangen zu können, **mindestens** eine bestimmte Temperatur (die **Entzündungs-** oder **Entflammungstemperatur**) besitzen. Sie ist nach älteren Angaben im folgenden zusammengestellt:

Wasserstoff (Kirschrotglut)	635° bis 843°	(*Franckland*)
Gemenge von Sauerstoff und Schwefelkohlenstoff	228°	(*Böttger*)
Trockener Torf	225°	(*Merbach*)
Fichtenholz	280°	„
Fichtenholz	395°	„
Steinkohle etwa	326°	„
Koks	Rotglut	„
Anthracit	„	„
Kohlenoxydgas	„	„
Holzkohle, bei 300° bis 400° C erzeugt	360°	(*Violette*)
Holzkohle, bei 1200 bis 1300° C erzeugt	600° bis 800°	„
Wasserstoff-Sauerstoffgemenge	743,6°	(*Bunsen*)

Dixon und *Coward* bestimmten die Entzündungstemperatur von Gasen in der Weise, daß sie dieselben durch ein Rohr nach aufwärts zu einer Düse leiteten, die von einem elektrisch geheizten Rohr umgeben war, in welches Sauerstoff oder Luft zugeleitet wurde. Die Temperatur wurde an der Düse gemessen. Sie fanden:

Entflammungstemperatur in	Sauerstoff °C	Luft °C
Wasserstoff	585	585
Kohlenoxyd	650	651
Cyan	811	—
Äthylen	510	540
Acetylen	428 (?)	429
Schwefelwasserstoff	227	364
Methan	556 bis 700	650 bis 750
Äthan	520 „ 630	520 „ 630
Propan	490 „ 570	—
Ammoniak	700 „ 860	—

Bei einer halben Atmosphäre Druck steigt die Entflammungstemperatur des Wasserstoffes um 50° C, während sie bei einem Druck von 2 Atm um 30° sinkt.

Auffallend ist, daß die Entzündungstemperatur der meisten der angeführten Gase in Luft und in Sauerstoff nahezu die gleiche ist.

Kontaktsubstanzen vergrößern die Reaktionsgeschwindigkeit und rufen daher eine größere Wärmeentwicklung in der Zeiteinheit hervor (wie Platinschwamm usw.), weshalb sie die Entflammungspunkte erniedrigen.

Umgekehrt wirkt eine Verdünnung des brennbaren Gases mit inerten Gasen (wenn diese nicht katalytisch wirken) den Entflammungspunkt erhöhend, weil dadurch einerseits die Reaktionsgeschwindigkeit und damit die Wärmeentwicklung in der Zeiteinheit verringert, anderseits diese Beimengungen erwärmt werden müssen, also die Flammentemperatur abkühlen, wobei übrigens auch das Wärmeleitungsvermögen eine Rolle spielt.

Bemerkenswert ist, daß sich trockene Gase, namentlich trockenes CO, viel schwerer entzünden lassen, als wenn sie geringe Mengen Wasserdampf oder wasserstoffhaltige andere Gase enthalten. *Dixon*[1]) vermutet, daß sich das CO mit Wasserdampf teilweise in CO_2 und H_2 umsetzt. Letzteres verbrennt bei weit niedrigerer Temperatur als CO, und die hierbei entwickelte Wärme entzündet dann das CO, so daß die Verbrennung in zwei Stadien erfolgt:

$$2\,CO + 2\,H_2O = 2\,CO_2 + 2\,H_2$$

$$2\,H_2 + O_2 = 2\,H_2O.$$

Möglicherweise könnte auch intermediär H_2O_2 als Sauerstoffüberträger wirken, oder es könnte nach der *Wieland*schen Verbrennungstheorie[2]) über Ameisensäure als Zwischenprodukt verlaufen:

$$H_2O + CO = HCO \cdot OH$$

$$HCO \cdot OH = CO_2 + H_2$$

$$H_2 + {}^1/_2\,O_2 = H_2O.$$

Der Verfasser hat hingegen[3]) die Vermutung ausgesprochen, daß hierbei als Zwischenprodukt Kohlensäurehydrat gebildet werden könne:

$$CO + O + H_2O = H_2CO_3$$

und

$$H_2CO_3 = H_2O + CO_2\,,$$

wobei die allerdings geringe Dissoziation des Sauerstoffes eine Rolle spielen könne. Haben doch die Untersuchungen über die Wirkung des Eisenoxyds beim Schwefelsäurekontaktverfahren gezeigt, daß schon die ganz außerordentlich kleine Dissoziationsspannung des Ferrisulfats ganz bedeutende katalytische Wirkungen auszuüben vermag.

---

[1]) Jour. Chem. Soc. 49, 94 und 384 (1886).

[2]) Berliner Ber. **45**, 613 (1912).

[3]) Feuerungstechnik 1924, S. 60.

Für Mischungen von brennbaren Gasen mit Sauerstoff oder Luft haben *Mallard* und *H. Le Chatelier* folgende Entflammungstemperaturen ermittelt:

$H_2 + {}^1/_2\,O_2$	555° C
$H_2 + {}^1/_2\,O_2 + N_2$	555° C
$H_2 + {}^1/_2\,O_2 + H_2$	555° C
$H_2 + {}^1/_2\,O_2 + O_2$	530° C
$H_2 + {}^1/_2\,O_2 + CO_2$	580° C
$CH_4 + 2\,O_2 + O_2$	650° C
$CH_4 + 2\,O_2 + N_2$	650° C
$CH_4 + 2\,O_2 + CH_4$	650° C
$CO + {}^1/_2\,O_2$	655° C
$CO + {}^1/_2\,O_2 + N_2$	655° C
$CO + {}^1/_2\,O_2 + CO$	655° C
$CO + {}^1/_2\,O_2 + O_2$	655° C
$CO + {}^1/_2\,O_2 + CO_2$	700° C
Acetylen oder Alkohol mit Luft	450° C
Schwefelkohlenstoff mit Luft	350° C
Phosphorwasserstoff mit Luft	100° C

Die Ursache, warum ein derartiges Gemenge von brennbaren Gasen mit Sauerstoff oder Luft erst bei einer gewissen Temperatur entflammt, liegt in folgendem. Hat das Gemenge in seiner ganzen Masse gleiche Temperatur, so wird die Oxydation des ersteren bei allen Temperaturen, wenn auch um so langsamer, je niedriger dieselbe ist, stattfinden. Mit steigender Temperatur erhöht sich die Verbrennungsgeschwindigkeit, wie man annimmt, nach einer Gleichung von der Form

$$V = k \cdot a^T.$$

Nach dem Massengesetz wird übrigens bei gegebener Temperatur die Verbrennungsgeschwindigkeit im Anfange am größten sein und sich mit wachsender Menge der entstehenden Verbrennungsprodukte immer mehr verlangsamen. So fand *van 't Hoff*, daß in Knallgas bei 450° C folgende Mengen Wasser gebildet worden waren:

Nach St.	Proz. H_2O	Differenz für 20 St.
0	0	
20	7	7
40	11	4
60	14	3
80	16	2
100	18	2
120	20	2

Die Ergebnisse solcher Versuche sind jedoch sehr von Nebenumständen abhängig, so daß ihre Wiederholung, nicht nur bei verschiedenen Apparaten, sondern auch bei dem nämlichen, abweichende Ergebnisse liefert, wenn derselbe vorher noch nicht oder schon mehrfach benutzt worden war. Vermutlich trägt hieran die Zusammensetzung und Dichte der sich an den Gefäßwänden bildenden Adsorptionsschicht die Schuld.

So erhielt *Hélier* für die Anfangsgeschwindigkeit der Knallgasverbrennung in sehr kleinen Gefäßen, bei welchen das Verhältnis der Oberfläche zum eingeschlossenen Gasvolum relativ groß war, ganz andere Zahlen als *van 't Hoff*:

Anfangsgeschwindigkeiten nach 3 Minuten langem Erhitzen auf

°C	Proz. H_2O
180	0,04
200	0,12
240	1,3
330	9,8
430	39,8
620	84,5
825	96,5
845	Explosion.

Trotzdem ist der Charakter des Einflusses der Temperatur auf die Verbrennungsgeschwindigkeit im allgemeinen stets der gleiche und läßt sich aus der Kurve (Fig. 16) graphisch darstellen. Die Geschwindigkeitskurve verläuft bei niedrigen Temperaturen sehr nahe der Temperaturachse und geht dann recht plötzlich bei *a* in einen zweiten, nahezu senkrecht auf der Achse stehenden Ast über, doch ist die Temperatur, bei welcher dieser plötzliche Übergang eintritt, bei verschiedenen Gasen verschieden.

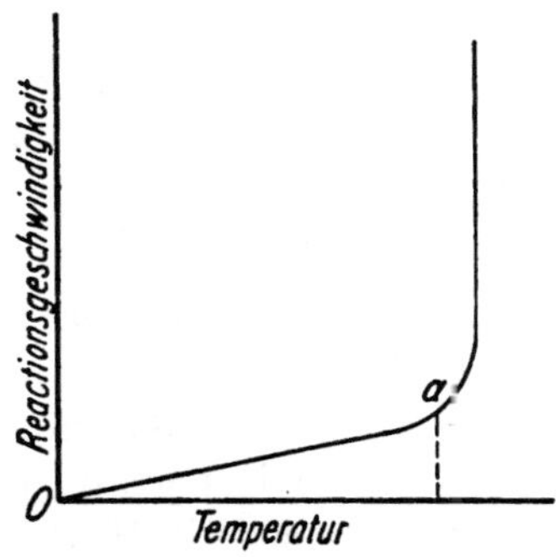

Fig. 16. Entflammungspunkte.

In dem Falle, daß das brennbare Gasgemenge eine unter dem Entflammungspunkte liegende Temperatur besitzt und die Entzündung deshalb durch Erwärmen von einem Punkte aus, z. B. durch eine kleine Flamme bewerkstelligt werden soll, sind die Verhältnisse etwas andere. Hier besteht der Vorgang in einer Erwärmung der kalten Partien des Gasgemenges durch benachbarte heiße Teilchen am Wege der Strahlung, während die so erwärmten Partien ihrerseits wieder Wärme an benachbarte kältere ausstrahlen und sich so wieder abkühlen. Das Gasgemenge kann sich nur dann entzünden und die benachbarten Teilchen gleichfalls auf die Entzündungstemperatur erwärmen, so daß die Verbrennung immer weiter fortschreitet, wenn die ursprüngliche Erwärmung hinreichend groß ist, um dieses Gasteilchen trotz seiner eigenen Wärmeausstrahlung zum Entflammungspunkte zu erhitzen. Soll die Verbrennung durch die ganze Gasmasse fortschreiten, so muß die durch die Verbrennung entwickelte Wärme, also die Schnelligkeit der Verbrennung, groß genug sein, um die Temperatur der ganzen Gasmasse, trotz der Abkühlung durch die Strahlung, zu erhöhen. Mit der Temperatur wächst aber auch die Strahlung, und wenn diese rascher wächst als die Wärmeentwicklung, so kann die Temperatur nur einen Höchstwert erreichen (langsame Verbrennung).

Wächst hingegen die Wärmeentwicklung durch die Verbrennung rascher, so beschleunigt sich die Reaktion immer mehr und es tritt lebhafte Verbrennung ein.

Es lassen sich daher (Fig. 17) drei verschiedene Fälle unterscheiden. Die Kurve *OBCD* stellt die in der Zeiteinheit entwickelten Wärmemengen dar, wenn die Verbrennung bei verschiedenen Temperaturen erfolgt. $OA = t_0$ ist die Temperatur, bei welcher die Zündung erfolgt, d. i. die Temperatur des Gasgemisches vor der Entzündung. Die geraden Linien AE, AE_1 und AE_2 endlich geben die Abkühlungsgeschwindigkeiten des Gases bei seinem Erwärmen, so daß wir folgende Fälle zu unterscheiden haben:

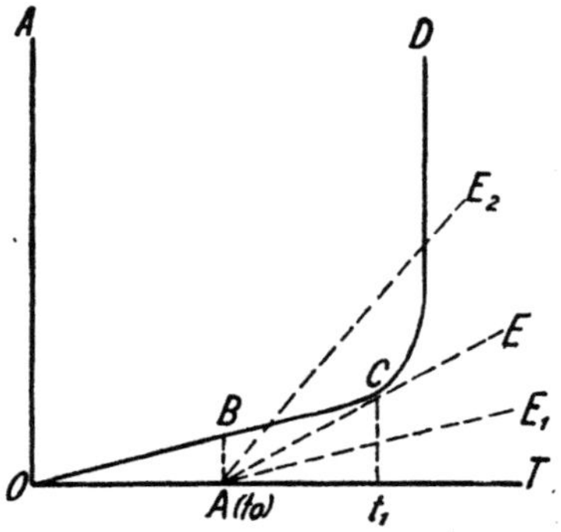

Fig. 17. Entflammungspunkt.

1. Fall: Die Gerade (AE_1) schneidet die Kurve nicht. Die Differenz der Ordinaten ist immer positiv und muß unter allen Umständen einmal wachsen. Dementsprechend muß sich im Gasgemisch immer mehr Wärme ansammeln, seine Temperatur muß steigen und in der ganzen Masse lebhafte Verbrennung eintreten.

2. Fall: Die Gerade (AE_2) schneidet die Kurve. Im ersten Schnittpunkte wird gerade so viel Wärme zugeführt, als durch Strahlung verlorengeht. Man wird das Gas daher nur bis zu diesem Punkte erwärmen können, und es wird nur langsame Verbrennung eintreten.

3. Fall: Die Gerade (AE) tangiert die Kurve im Punkte C. Von t_0 bis t_1 wächst die Wärmeausstrahlung rascher als die Wärmeentwicklung, bei der Temperatur t_1 (Punkt C) werden beide gleich; bei weiterer Wärmezufuhr steigt die Temperatur über t_1 und es wird Wärme im Gas aufgespeichert. Dementsprechend kann zwischen t_0 und t_1 nur langsame Verbrennung stattfinden, ein Weiterbrennen aber ist unmöglich; von t_1 angefangen pflanzt sich jedoch die Verbrennung von selbst weiter fort, weshalb man t_1 die Entflammungstemperatur nennt.

Haben wir es mit keinem Gemisch von brennbarem Gas mit Sauerstoff oder Luft zu tun, so kann die Verbrennung nur dadurch ins Innere des Gasstromes fortschreiten, daß der Sauerstoff (bzw. die Luft) von außen ins Innere desselben hineindiffundiert, und die Verbrennung kann eben nur so weit fortschreiten, als diese Diffusion reicht. Aus diesem Grunde müssen die eintretenden Heizgase (oder flüssigen Brennstoffe) möglichst fein im Luftstrom verteilt sein. Ganz dasselbe gilt übrigens auch für rohe feste Brennstoffe, die ja in der Wärme, teils durch Entgasung, teils durch unvollständige Verbrennung, einen Gasstrom abgeben, und das ist der Grund, weshalb Kohlenstaubfeuerungen mit einem geringeren Luftüberschuß auskommen als Rostfeuerungen mit stückigem, festem Brennstoff.

Wir können diese Verhältnisse ganz gut an einem gewöhnlichen Gasbrenner (Fig. 18) studieren. An einer solchen Flamme haben wir im Inneren den dunklen Flammenkegel, in welchem das Gas nicht verbrennen kann, weil hierher noch kein Sauerstoff von außen eingedrungen ist, während im äußeren Flammenkegel Verbrennung stattfindet. *cba* stellt den Weg dar, welchen irgend ein Gasteilchen innerhalb der Flamme zurücklegt. Von *c* bis *b* wird es nur durch die Strahlung des äußeren brennenden Flammenmantels erwärmt. Von *b* bis *a* kommt es mit heißen Oxydationsprodukten in Berührung, welche, wenn das Gas schwere Kohlenwasserstoffe enthält, eine thermische Zersetzung des Gases oder der mitgeführten Dämpfe hervorrufen. Da aber gleichzeitig von außen auch Luft in diese Zone diffundiert, wird auch Verbrennung stattfinden können. In Leuchtflammen haben wir somit in diesen beiden Zonen zuerst die Abscheidung, dann aber die Verbrennung von Kohlenstoff, die im Punkt *a* vollendet ist.

Fig. 18. Weg eines Gasteilchens in einer Flamme.

Die Kohlenstoffabscheidung hängt nun ab:

1. von der Mischungsgeschwindigkeit mit der Luft,
2. von der Flammentemperatur,
3. von der Natur der gas- oder dampfförmigen Kohlenstoffverbindungen im Flammeninnern,
4. vom Druck,
5. vom Luftzutritt, und daher auch
6. von der Mächtigkeit des Gasstromes.

Ganz in gleicher Weise kann die Rauchentwicklung auch bei technischen Feuerungen eintreten, was namentlich dann vorkommen wird, wenn größere Mengen frischer Kohle auf den Rost gebracht werden, weil dann in erster Linie die thermische Zersetzung derselben (Entgasung) stattfindet.

3. Daß gute Mischung von Luft und den Gasbestandteilen

eine vollständige Verbrennung begünstigt, geht aus dem oben Gesagten hervor.

4. Lebhaftes Zuströmen der Luft

wirkt gleichfalls günstig, weil hierdurch alle drei früheren Bedingungen erfüllt werden.

Wie oben hervorgehoben, ist eine der wichtigsten Bedingungen für die Vermeidung einer unvollständigen Verbrennung die Einhaltung einer genügend hohen Temperatur, deren Sinken auf folgende Ursachen zurückgeführt werden kann:

1. Verwendung minderwertiger Brennstoffe,
2. wenig intensive Verbrennung (zu schwacher Luftzug),
3. niedrige Kohlenschicht am Rost, so daß unverbrauchte Luft durch dieselbe hindurchtritt,
4. zu großer Rost,
5. zu großer Überschuß von kalter Verbrennungsluft,

6. Aufwerfen von zu viel Kohle, namentlich wenn sie naß ist,

7. bei Kesselfeuerungen zu geringer Abstand der Kesselwände von den Flammen.

Minderwertige Kohle muß oft aus wirtschaftlichen Gründen verwendet werden (Frachtkosten). Um da Abhilfe zu schaffen, kann man kräftigeren Zug, bessere Vermischung der Kohlengase mit der Luft oder größeren Luftüberschuß anwenden oder auch die Verbrennungstemperatur erhöhen (Vorwärmen der Verbrennungsluft usw.).

Unmittelbar oberhalb der Brennstoffschicht herrscht bei ortsfesten Kesseln eine Temperatur von 1200 bis 1500° C, bei Lokomotiven, wegen des stärkeren Zuges, bis 1600° C und mehr. Wenn man die Feuertüren öffnet und frische Kohle aufgibt, sinkt die Temperatur auf ein Minimum, steigt dann wieder allmählich auf einen Höchstwert, um mit dem Abbrennen der Kohle wieder zu sinken. Wollen wir daher die erforderliche Temperatur einhalten, so müssen wir öfter, aber in kleinen Mengen, nachheizen. Man hat zu diesem Zweck zahlreiche Vorrichtungen konstruiert, welche die nötige Kohlenmenge in ganz kleinen Zeitintervallen auf den Rost bringen. Alle diese Vorrichtungen müssen vom Heizer so eingestellt werden, daß die Beschickungszeiten und -mengen dem Bedürfnisse der Feuerung angepaßt sind, um zu vermeiden, daß der Rost entweder leerbrennt oder mit Brennstoff überfüllt wird. Sie erfordern daher eine gute Überwachung.

Am besten erzielt man eine gute Vermischung der Feuergase mit der Verbrennungsluft durch vorherige Vergasung der Brennstoffe, was man entweder durch eigene Vergasungsanlagen (Generatoren) oder durch bewegliche Roste, Schräg- und Treppenroste usw. erreichen kann. Ebenso gestatten flüssige Brennstoffe und Staubkohle eine solche gute Vermischung mit der Verbrennungsluft und ermöglichen die Beschränkung eines Luftüberschusses.

Dort, wo man gasförmige Brennmaterialien anwendet, kann man diese vorher mit der Verbrennungsluft mischen und so eine vorteilhafte und vollständige Verbrennung mit geringem Luftüberschuß erzielen. Im Jahr 1911 haben Professor *W. Bone* in England und Dr. *Rudolf Schnabel* in Berlin[1]) Versuche gemacht, derartige Luft-Gasgemische im Innern eines porösen Körpers zur Verbrennung zu bringen. Bei diesen flammenlosen oder Kontaktfeuerungen vollzieht sich die Verbrennung auf einer sehr kurzen Wegstrecke, und zwar — was für die Technik von besonderer Bedeutung ist — mit nahezu der theoretischen Luftmenge[2]). Die Vorteile dieses Verfahrens sind:

1. Beschleunigte Verbrennung und damit Konzentration der Wärmeentwicklung an jenen Orten, wo sie gebraucht wird,

[1]) Engineering, 10. März 1912, Stahl und Eisen, 1912, I; Zentralblatt für Hütten- und Walzwerke, Berlin 1912, Nr. 21; sowie zahlreiche Aufsätze in „Feuerungstechnik" 1912 und die folgenden Jahrgänge.

[2]) In einem Falle war die Verbrennung schon eine vollständige, wenn die Verbrennungsgase nur 0,5 Volumproz. freien Sauerstoff enthielten, was annähernd der 1,02fachen Luftmenge entspricht.

2. Erzielung vollständiger Verbrennung ohne nennenswerten Luftüberschuß,

3. hohe Verbrennungstemperatur, wie sie bei gewöhnlichen Feuerungen nur bei Anwendung von Regeneratoren oder Rekuperatoren erreicht werden kann,

4. außerordentlich rasche Wärmeübertragung,

5. hoher Nutzeffekt und

6. ausgezeichnete Regulierbarkeit der Feuerung.

Bone sucht die günstige Wirkung dieser Art der Verbrennung auf katalytische Wirkungen zurückzuführen, *Schnabel* auf physikalische Ursachen[1]), *Leather*[2]) und *Lucke* suchen die Erklärung im Gleichwerden der Strömungsgeschwindigkeit des Gases und der Fortpflanzungsgeschwindigkeit der Verbrennung, ähnlich auch *Mache*[3]), während *H. v. Jüptner*[4]) die Verbrennung bei konstantem Volum und das Auftreten von Explosionswellen zur Erklärung heranzieht.

Allerdings hat die praktische Verwendung dieser Verbrennungsart mit großen Schwierigkeiten zu kämpfen gehabt, doch hat Dr. *Essich* der Berlin-Anhalter Maschinenfabrik A.-G. viele Verbesserungen eingeführt und hat man auch Öl statt Gas als Brennmaterial benutzt. Im Jahre 1914 wurden viele nach diesem Prinzip gebaute Öfen für das deutsche Heer geliefert, und zweifellos hat die Heiztechnik mit diesem Verbrennungsverfahren einen großen Fortschritt gemacht.

Ing. *Ernst Lászlo*[5]) machte schon 1908 darauf aufmerksam, daß bei den Rohölerzeugnissen zufolge des konstanten Verhältnisses ihrer Bestandteile auch ein konstantes Verhältnis ihrer Verbrennungsprodukte auftrete, ja, daß dies auch bei festen und gasförmigen Brennstoffen der Fall sei, so daß die Verbrennungsgase bei vollkommener Verbrennung mit dem Luftüberschuß ein dreifaches Hyperbelsystem bilden. Bei einem bekannten Brennmaterial läßt sich dieses System auf Grund einer einzigen CO_2 Bestimmung entwerfen und so die Wirtschaftlichkeit der Verbrennung verfolgen. Das gleiche gilt auch für jeden beliebigen Brennstoff, wenn nur eine einzige vollständige Gasanalyse vorliegt.

Lászlo benutzt folgende Bezeichnungen[6]):

ν = Luftüberschußzahl = verbrauchte Luftmenge : theoretische Luftmenge
C_m = Volum des in 1 kg Brennstoff enthaltenen Kohlenstoffes (= m Vol C)[7])
H_{lm} = Volum des in 1 kg Brennstoff enthaltenen Wasserstoffes (= $l \cdot m \cdot$ Vol H)[7])
C = Gewichtsproz. Kohlenstoff in 1 kg Brennstoff
H = Gewichtsproz. Wasserstoff in 1 kg Brennstoff

1) *Kaudela*, Ztschr. d. österr. Gasver. 1914, 140.
2) Feuerungstechnik I, 1912, Nr. 4.
3) Ztschr. f. angew. Chemie **26**, 1913, Nr. 23.
4) Feuerungstechnik I, 1912, Nr. 3.
5) Öst. Chem.-Ztg. 1908, **11**, 202; 1911, 994.
6) Nach *de Grahl*: „Wirtschaftliche Verwertung der Brennstoffe" 1923.
7) *Lászlo* charakterisiert den Brennstoff durch die allgemeine Formel $C_m H_{lm}$, l ist daher das Atomverhältnis Wasserstoff : Kohlenstoff.

R_{v_1} = Volum des trockenen Rauchgases aus 1 kg Brennstoff in cbm
R_v = Volum des nassen Rauchgases aus 1 kg Brennstoff in cbm
K_v = Kohlensäurevolum für 1 kg Brennstoff in cbm
O_v = Sauerstoffvolum für 1 kg Brennstoff in cbm
N_v = Stickstoffvolum für 1 kg Brennstoff in cbm
N_k = Stickstoffvolum, welches dem zur CO_2-Bildung erforderlichen O_2 entspricht, cbm
N_d = Stickstoffvolum, welches dem zur CO-Bildung erforderlichen O_2 entspricht, cbm
N_h = Stickstoffvolum, welches dem zur H_2O-Bildung erforderlichen O_2 entspricht, cbm
N_v = Stickstoffvolum, welches zu dem Sauerstoffvolum O_v der Rauchgase gehört, cbm
W_v = Wasserdampfvolum für 1 kg Brennstoff, cbm
d = Stickstoff-Sauerstoffverhältnis in der Luft $\frac{79}{21} = \frac{N_2}{O_2}$
k = Volumproz. der Rauchgase an CO_2
o = „ „ „ „ O_2
n = „ „ „ „ N_2
d = „ „ „ „ CO.

Wenn nur C allein verbrennt, so hat man bei Verwendung der ν-fachen Luftmenge

für $\nu = 1,\ k = 21$
„ $\nu = 2,\ k = \frac{21}{2}$ usw., also allgemein
„ $\nu\ ;\ k = \frac{21}{\nu}$ und
$k\,\nu = 21$, was der Hyperbel $x \cdot y = a$ entspricht.

Enthält unser Brennmaterial auch Wasserstoff, entsprechend der allgemeinen Formel $C_m H_{lm}$, so daß 1 kg desselben C_m Volum C und l-mal soviel H_2, also $l\,m$ Volumen enthält, so kommt auf 1 Volum C l Volum H_2, und wir erhalten nach Einführung der Atomgewichte (11,97 für C und 1 für H)

$$H = \frac{C \cdot l}{11{,}97}\,. \tag{1}$$

Beispielsweise finden wir für einen Brennstoff, der 4 Atome H_2 auf 1 Atom C, und nach der Elementaranalyse 70 Gewichtsprozente C enthält

$$H = \frac{0{,}7 \cdot 4}{11{,}97} = 0{,}2339\,,$$

d. i. 23,39 Proz. Wasserstoff. Anderseits finden wir, wenn C = 85,23 Proz. und H_2 = 13,08 Proz. ist,

$$l = \frac{11{,}97 \cdot 13{,}08}{85{,}23} = 1{,}84\,.$$

Die vollständige Verbrennung eines derartigen Brennmaterials erfordert

$$2\,m\,O + l\,\frac{m}{2}\,O$$

und gibt an Verbrennungsgasen

$$2\,m\,CO_2 + l\,m\,H_2O\,.$$

Wenn man von dem SO_2 absieht, so bestehen die R'_v Rauchgase nur aus CO_2, O_2, H_2O und N_2, und wir haben daher für die trockenen Rauchgase:

$$R_v = O_v + N_v + K_v ,$$

worin

$$N_v = N_k + N_0 + N_h \quad \text{und} \quad \delta = \frac{N}{O}$$

ist. Hieraus folgt weiter:

1. $$O_v + N_v = R_v - K_v ,$$

2. $$N_v - \delta O_v = N_k - N_h ,$$

3. $$O_v = \frac{R_v - K_v - N_k - N_h}{1 + \delta} ,$$

4. $$N_v = \frac{\delta (R_v - K_v) + N_k + N_h}{1 + \delta} ,$$

5. $$\frac{N_k}{R_v} = \delta \frac{K_v}{R_v} = \delta \frac{k}{200} ,$$

6. $$\frac{K_v}{N_h} = \frac{2m}{\delta \cdot \frac{lm}{2}} = \frac{4}{\delta \cdot l}$$

und

$$\frac{N_h}{R_v} = \frac{K_v}{R_v} \cdot \frac{\delta \cdot l}{4} = \frac{k}{100} \cdot \frac{\delta \cdot l}{4} ,$$

7. $$\frac{O_v}{R_v} = \frac{O}{100} = \frac{1 - \frac{K_v}{R_v}\left(1 + \delta + \frac{\delta l}{4}\right)}{1 + \delta} = \frac{1 - \frac{k}{100}\left(1 + \delta + \frac{\delta l}{4}\right)^{1)}}{1 + \delta} ,$$

8. $$\frac{N_v}{R_v} = \frac{n}{100} = \frac{\delta}{1 + \delta}\left(1 + \frac{l}{4} \cdot \frac{K_v}{R_v}\right) = \frac{\delta}{1 + \delta}\left(1 + \frac{l}{4} \cdot \frac{k}{100}\right)^{1)} .$$

9. $$\nu = \frac{N_v}{N_k + N_h} = \frac{100 + \frac{kl}{4}}{(1 + \delta)\left(1 + \frac{l}{4}\right) k} .$$

sowie ferner

$$k = \frac{100}{\nu (1 + \delta)\left(1 + \frac{l}{4}\right) - \frac{l}{4}} , \qquad (2)$$

[1]) In diesen Gleichungen ist sowohl der Sauerstoff- als der Stickstoffgehalt der Rauchgase durch ihren Volumprozentgehalt an CO_2 und die Größen l und δ ausgedrückt.

$$0 = \frac{100 - \dfrac{100}{\nu(1+\delta)\left(1+\dfrac{l}{4}\right) - \dfrac{l}{4}}\left(1+\delta+\dfrac{\delta l}{4}\right)}{1+\delta} = \frac{100 - k\left(1+\delta+\dfrac{\delta l}{4}\right)}{1+\delta} \tag{3}$$

und

$$n = \frac{100\,\delta}{1+\delta}\left[1 + \frac{l}{4}\left(\frac{1}{\nu(1+\delta)\left(1+\dfrac{l}{4}\right) - \dfrac{l}{4}}\right)\right] = \frac{\delta\left(100 + \dfrac{k\,l}{4}\right)}{1+\delta}\,. \tag{4}$$

Bezeichnet man mit η_0 die Entfernung der zur Abszissenachse parallelen Asymptote von der Abszissenachse und mit ξ_0 die Entfernung der zur Ordinatenachse parallelen Asymptote von dieser, so kommen wir zu folgenden Werten dieser Abstände

Hyperbel k: $\eta_0 = \dfrac{l}{(1+\delta)(4+l)}\,; \quad \xi_0 = 0\,,$

Hyperbel o: $\eta_0 = \dfrac{l}{(1+\delta)(4+l)}\,; \quad \xi_0 = \dfrac{l}{1+\delta} = 0{,}21\,.$

Hyperbel n: $\eta_0 = \dfrac{l}{(1+\delta)(4+l)}\,; \quad \xi_0 = \dfrac{\delta}{1+\delta} = 0{,}79\,.$

η_0 ist somit für alle 3 Hyperbeln (Fig. 19) gleich und hängt nur von l ab; ξ_0 ist für ein k-Hyperbel $= o$, für die O-Hyperbel $= 0{,}21$ und für die n-Hyperbel $= 0{,}79$. Der Verlauf der 3 Hyperbeln ist aus Fig. 19 zu ersehen.

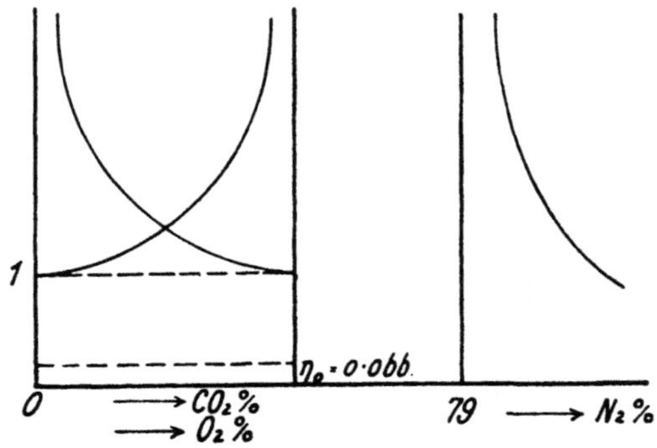

Fig. 19. Diagramm der Rauchgaszusammensetzung.

Auch bei unvollständiger Verbrennung, z. B. bei Bildung von CO, lassen sich ähnliche Formeln aufstellen, doch muß dann Gleichung (2) außer ν, δ und l auch noch d enthalten, ein Wert, der je nach der Unvollkommenheit der Verbrennung verschieden ist.

W. Ostwald[1]) hat Rechentafeln aufgestellt, welche zwei der Größen CO, CO_2, O_2 und ν zu berechnen gestatten, wenn die beiden anderen bekannt sind. *Mollier*[2]) hat die Beziehungen zwischen dem Gehalt der Rauchgase an ihren Bestandteilen und dem Luftüberchuß $\nu = \dfrac{L}{L_0}$ wie folgt festgestellt, worin c, h, o, n, s, a und w den Gehalt von 1 kg Brennstoff an C, H_2, O_2, N_2, S, Asche und

[1]) Feuerungstechnik 1919 und „Beiträge zur graphischen Feuerungstechnik", Leipzig 1920. Otto Spamer.

[2]) Z. V. d. I. 1921, 1056.

Wasser, die in großen Buchstaben geschriebenen Formeln aber den Gehalt derselben in den Verbrennungsgasen darstellen. Ferner ist

$$a = \frac{h - \frac{o}{8}}{c}$$

und

$$\sigma = \left(1 + \frac{3\left(h + \frac{o}{8}\right)}{c}\right).$$

Ist der Stickstoffgehalt der Brennstoffe gering, also vernachlässigbar, so ist

$$CO = \frac{0{,}21 - O_2 - [0{,}21 - 0{,}79\,(1 + 3a)]\,CO_2}{0{,}79\,(1 + 3a) - 0{,}185}$$
$$= \frac{0{,}21 - O_2 - (0{,}21 + 0{,}79\,\sigma)\,CO_2}{0{,}79\,\sigma - 0{,}185}.$$

Für den Luftüberschuß ν findet er

$$\nu = \frac{0{,}21}{\sigma}\left(\frac{1 + 0{,}5\,CO_2}{CO_2 + CO} + \sigma - 1{,}5\right) = 1 + \frac{1}{\sigma}\left(\frac{O_2 - 0{,}5\,CO}{CO_2 + CO}\right)$$

oder

$$\nu = \frac{0{,}105}{1 + 3a} \cdot \frac{1 + 6a + (1 - 6a)\,O_2 + CO_2}{0{,}21 - O_2 - 0{,}395\,CO_2}$$
$$= \frac{0{,}105}{\sigma} \cdot \frac{2\sigma - 1 + (3 - 2\sigma)\,O_2 + CO_2}{0{,}21 - O_2 - 0{,}395\,CO_2}.$$

Die Abhängigkeit der vier Größen CO, CO_2, O_2 und ν (von denen die drei ersteren zu einander in linearer Beziehung stehen) läßt sich für einen jeden Brennstoff durch ein einfaches Diagramm darstellen[1]).

Für stickstoffreiche Kohlen, und besonders für stickstoffhaltige Heizgase (wie Generator- und Gichtgas) werden die Verhältnisse etwas verwickelter, und *Seufert* gibt[2]) ein Diagramm für ein Hochofengichtgas, welches davon eine Anschauung gibt.

VIII. Verbrennungswärme.

Heizwert, absoluter und spezifischer; Berechnung und Bestimmung des Heizwertes.

Da die Übertragung der Wärme von den Flammengasen auf die zu erhitzenden Körper um so rascher und vollständiger erfolgt, je heißer die Flammengase sind, liegt es im Interesse einer guten Wärmeausnutzung, eine recht hohe Verbrennungstemperatur zu erzielen. Freilich können wir auch da eine

---

[1]) Siehe auch *Seufert* (Z. V. d. I. 1920, 505 und *Menzel* „Die Theorie der Verbrennung", Leipzig 1924, 18ff).

[2]) l. c.

gewisse Höhe derselben nicht überschreiten, ohne unsern Ofen zu gefährden, und werden daher oft gewisse Grenzen einhalten oder aber durch Kühlung der Ofenwände letztere zu schonen trachten müssen. In letzterem Falle werden wir allerdings größere Wärmeverluste durch die Wand (Wandverluste) erleiden, aber doch im Ofen immer höhere Temperaturen einhalten können.

Die Verbrennungstemperaturen werden unter sonst gleichen Umständen in erster Linie von der Zusammensetzung des verwendeten Brennmaterials, der bei seiner Verbrennung entwickelten Wärmemenge (der Verbrennungswärme), von der Menge der zu seiner Verbrennung verbrauchten Luft (bzw. sauerstoffhaltigen Gases) sowie von Menge und Natur der hierbei gebildeten Verbrennungsprodukte abhängen.

Unter Verbrennungswärme versteht man die von einem Grammolekül des Brennmaterials bei ihrer Verbrennung entwickelte Wärme. Bezieht man sie auf eine andere Einheit, so bezeichnet man dieselbe als Heiz- oder Brennwert, auch Wärmewert, und unterscheidet den auf die Gewichtseinheit bezogenen (absoluten) von dem auf die Volumseinheit bezogenen spezifischen Heizwert[1]). Als Einheit wählt man je nach den Umständen die Gewichtseinheit (1 kg), das Grammolekül oder manchmal auch die Volumseinheit.

Beide Arten des Heizwertes werden entweder in Calorien oder durch seine Verdampfungskraft (*Karmarsch*) ausgedrückt. Letztere erhält man aus ersterem, wenn man diesen Wert durch 652 (d. i. jene Wärmemenge, welche 1 kg Wasser von 0° C zugeführt werden muß, um es in Dampf von 150° C zu verwandeln) dividiert. Manchmal wird der Heizwert auch in den äquivalenten Mengen reinen Kohlenstoffes oder von weichem Scheitholz[2]) ausgedrückt. Zur Vergleichung dieser verschiedenen Angaben kann folgende Tabelle dienen:

Heizwert		Verdampfungskraft	Raummeter weiches Scheitholz
Calorien	bezogen auf 1 kg reinen Kohlenstoff		
1	0,00012376	0,0015337	0,000001111
8 080	1	12,39	0,00898
652	0,080693	1	0,000724
900 000	111,4	13,80	1

Weiter unterscheidet man den oberen und den unteren Heizwert. Ersterer bezieht sich auf jene Verbrennung, bei welcher das entstehende Wasser im flüssigen Zustande auftritt, letzterer auf die Verbrennung bei Bildung von Wasserdampf, und ist daher um die latente Verdampfungswärme des Wassers kleiner als ersterer. Endlich muß man auch noch zwischen der

[1]) Vom pyrometrischen Heizwert wird später gesprochen werden.

[2]) Erstere in Kilogramm, letztere in Raummetern gemessen.

Verbrennung bei konstantem Volum und solcher bei konstantem Druck unterscheiden. Der Unterschied zwischen beiden ergibt sich aus der äußeren Arbeit, welche beim isotherm verlaufend gedachten Prozesse durch Vergrößerung oder Verringerung des Gasvolums geleistet oder gewonnen wird. In ersterem Falle ist die Verbrennungswärme bei konstantem Druck kleiner, in letzterem Falle aber größer als jene bei konstantem Volum.

Bei Gasen und chemischen Verbindungen läßt sich die Verbrennungswärme entweder aus Tabellen finden, oder, weil meist nur die Bildungswärmen in der Literatur verzeichnet sind, berechnen. In folgender Tabelle sind die Verbrennungswärmen verschiedener Stoffe bei mittlerer Temperatur, konstantem Druck, und zwar sowohl bezogen auf 1 Mol, als auf 1 kg des in der Tabelle verzeichneten Stoffes, zusammengestellt:

Reaktion	Molekulargewicht	Bildungswärmen Cal für	
		1 Mol	1 kg
$H_2 + O = H_2O$ [flüssig][1] . .	$2 + 16 = 18$	69,0	$H_2 =$ 34 500
[Dampf][1] . .	—	58,1	= 29 050
$C_{(amorph)} + O_2 = CO_2$[1])	$12 + 32 = 44$	97,65	C = 8 080
$C_{(Graphit)} + O_2 = CO_2$[1])		94,82	= 7 902
$C_{(Diamant)} + O_2 = CO_2$[1]) . . .		94,32	= 7 860
$C_{(amorph)} + O = CO$[1])	$12 + 16 = 28$	29,1	= 2 415
$C_{(Graphit)} + O = CO$[1])		26,27	= 2 189
$C_{(Diamant)} + O = CO$[1])		25,77	= 2 144
$CO + O = CO_2$	$28 + 16 = 44$	68,3	CO = 2 436
$C + H_4 = CH_4$[2])	$12 + 4 = 16$	22,3	C = 1 860
$C_2 + H_6 = C_2H_6$[2])	$24 + 6 = 30$	26,7	= 1 130
$C_3 + H_8 = C_3H_8$[2])	$36 + 8 = 44$	33,9	= 940
$C_2 + H_4 = C_2H_4$[2])	$24 + 4 = 28$	—11,3	= — 470
$C_3 + H_6 = C_3H_6$[2])	$36 + 6 = 42$	— 6,1	= — 170
$C_2 + H_2 = C_2H_2$[2])	$24 + 2 = 26$	—54,8	= —2 280
$C + H_2 + O = H\,OCH_3$ (flüss.)	$12 + 4 + 16 = 32$	65,1	= 5 430
(Dampf)		56,7	= 4 730
$C + H_6 + O = HOC_2H_5$ (flüss.)	$24 + 6 + 16 = 46$	73,3	= 3 540
(Dampf)		63,2	= 2 630

Die Berechnung der Verbrennungswärme eines Körpers aus den in der Tabelle angeführten Bildungswärmen ist sehr einfach, wie folgendes Beispiel zeigt:

Verbrennungswärme von $C_2H_2 + 10\,O_2 = 2\,CO_2 + H_2O$ (flüssig) $= x$
Bildungswärme von C_2 (amoprh) $+ H_2$ $q_1 = -54{,}8$
Wärmetönung der Reaktion $2\,C_2 + 2\,O_2$ $q_2 = 195{,}3$
Wärmetönung der Reaktion $H_2 + O = H_2O$ (flüssig) $q_3 = 69{,}0$

$$x = q_2 + q_3 - q_1$$
$$= 195{,}3 + 69{,}0 - (-54{,}8) = 319{,}1 \text{ Cal.}$$

[1]) Hier sind Bildungs- und Verbrennungswärmen identisch.
[2]) C amorph.

Zwischen dem oberen und unteren Heizwert ergibt sich eine, der latenten Verdampfungswärme des Wassers entsprechende Differenz von 10,9 Cal bei Zimmertemperatur:

$H_2 + O = H_2O$ (flüssig)	69,0 Cal
$H_2 + O = H_2O$ (Dampf)	58,1 „
	10,9 Cal.

Der Unterschied zwischen der Verbrennungswärme bei konstantem Volum (q) und bei konstantem Druck (Q) entspricht der im letzteren Falle geleisteten oder gewonnenen äußeren Arbeit.

$$\begin{aligned} q &= Q - A P \cdot V \\ &= Q - M (c_p - c_v) T \\ &= Q - \frac{1{,}982 \cdot 273}{1000} \\ &= Q - 0{,}5411 \text{ Cal für 1 entstehendes Mol.} \end{aligned}$$

Doch sind diese Unterschiede ziemlich unbedeutend.

Reaktion	Kontraktion in Molen n	Verbrennungswärme bei konstantem Volum	Druck
$H_2 + O = H_2O$	1,5	68,2	69,0
$CO + O = CO_2$	0,5	67,9	68,2
$^1/_2 (H_2 + CO) + O = {^1/_2} (H_2O + CO_2)$	1	68	68,5
$CH_4 + 2\,O_2 = CO_2 + 2\,H_2O$.	2	212,4	213,5
$^1/_2 (2\,C_2H_2 + 5\,O_2) = 2\,CO_2 + H_2O$.	1,5	314,9	315,7.

Alle oben gegebenen Ziffernangaben über die Verbrennungs- bzw. Bildungswärmen beziehen sich auf Zimmertemperatur. Die Beziehungen zwischen beiden Werten lassen sich leicht aus folgendem Beispiele erkennen, wobei wir die Verbrennungswärme des Wasserstoffes bei 1000° C unter der Annahme berechnen wollen, daß das gebildete Wasser als Dampf auftrete. Für 15° C ist die Wärmeentwicklung von

$$H_2 + O = H_2O \text{ (Dampf)} \qquad q_{15} = +\,69{,}0 - 10{,}8 = +\,58{,}2 \text{ Cal}.$$

Ist die Verbrennung bei 15° C durchgeführt, so wollen wir den entstandenen Wasserdampf auf 1000° erwärmen, wozu wir, wenn c[1]) die Molarwärme, welche einer Temperaturänderung von dt entspricht, darstellt, aufwenden müssen

$$\int_{15}^{1000} c \cdot dt = 11{,}0 \text{ Cal}.$$

Somit erhalten wir im ganzen eine Wärmeentwicklung von

$$q_{15} - \int_{15}^{1000} c \cdot dt = 58{,}2 - 11{,}0 = 47{,}2 \text{ Cal}.$$

---

[1]) Einfachheitshalber nach den *Le Chatelier*schen Formeln genommen.

Denken wir uns nun zuerst Wasserstoff und Sauerstoff für sich auf 1000° C erwärmt und dann bei dieser Temperatur verbrannt, so erhalten wir, wenn c_1 und c_2 die Molarwärme des H_2 bzw. die Atomwärme des Sauerstoffes[1]) und q_{1000} die Verbrennungswärme des H_2 bei 1000° C bedeutet:

$$-\int_{15}^{1000}(c_1 + c_2)\,dt + q_{1000} = -(7{,}5 + 3{,}7) + q_{1000} = -11{,}2 + q_{1000}\,.$$

Schließlich erhalten wir:

$$q_{1000} = q_{15} - \int_{15}^{1000}(c - c_1 - c_2)\,dt = 58{,}4\,\text{Cal}\,.$$

Verallgemeinern wir diesen Ausdruck, indem wir die Wärmekapazität des Systems im Anfangszustande mit c_{I}, jene im Endzustande aber mit c_{II} bezeichnen, so kommen wir zum *Kirchhoff*schen Gesetze:

$$q_{t_1} = q_t + (c_{\text{I}} - c_{\text{II}})\,(t_1 - t)\,.$$

Für Gase und solche Stoffe, deren Bestandteile uns nach ihrer Natur und Menge bekannt sind, ist die bei der Verbrennung ihrer Gewichtseinheit frei werdende Wärmemenge einfach aus jener ihrer Gemengteile zu berechnen, was aber bei den meisten unserer festen und flüssigen Brennmaterialien nicht der Fall ist, so daß wir dieselbe entweder unmittelbar in einem Calorimeter bestimmen, oder mit Zugrundelegung gewisser chemischer Vorproben unter Zuhilfenahme empirischer Formeln wenigstens annähernd berechnen müssen. Es mangelt hier der Raum, auf die verschiedenen, zu diesem Zwecke in Anwendung stehenden Apparate und Methoden näher einzugehen, so daß wir uns auf eine gedrängte Übersicht derselben beschränken müssen:

I. Direkte Bestimmungen des Heizwertes sind die verläßlichsten Methoden, sie können durchgeführt werden:

a) im kleinen in verschiedenen Calorimetern, oder

b) im großen in Dampfkesseln.

Erstere Methoden sind die gewöhnlich angewendeten, weil sich hierbei Wärmeverluste oder Wärmezugänge leichter vermeiden oder kontrollieren lassen als bei letzteren, bieten aber allerdings gegen letztere die Schwierigkeit, aus einer großen Brennstoffmenge eine verläßliche Durchschnittsprobe von so geringem Gewichte zu erhalten, als für die Verbrennung im Calorimeter nötig ist, so daß man gut tut, von einer großen Brennstoffmenge mehrere Durchschnittsproben zu nehmen, von jeder derselben eine Heizwertbestimmung durchzuführen und hieraus den Mittelwert zu berechnen. Von den hier angewendeten Calorimetern empfehlen sich besonders die Calorimeterbomben von *Berthelot*, *Mahler*, *Stohmann*, *Kroeker* usw., sowie die zur Heizwertbestimmung von Gasen benutzten Calorimeter von *Junkers*, *Strache* u. a.

[1]) Einfachheitshalber nach den *Le Chatelier*schen Formeln genommen.

II. Indirekte Methoden mit Zuhilfenahme empirischer Formeln unter Zugrundelegung gewisser chemischer Vorproben:

a) Berechnung des Heizwertes aus der chemischen Zusammensetzung.

Bei Gasen ist diese Berechnung sehr einfach und auch genau. Ein Mol eines Gases nimmt bei 0° C und 760 mm Barometerstand — unter Voraussetzung der Gültigkeit der Gasgesetze — den Raum von 22,42 l ein, so daß die volumprozentische Zusammensetzung eines Gasgemenges dem Gehalte von 100 Molen desselben (2,242 cbm) entspricht. Multipliziert man daher den Volumprozentgehalt des Gases mit der betreffenden molaren Verbrennungswärme der einzelnen Gase und dividiert die Summe der so erhaltenen Werte durch 2,242, so erhält man den Brennwert von 1 cbm des Gasgemenges.

Die folgende Tabelle gibt die Verbrennungswärme der wichtigsten Gase und Dämpfe bei konstantem Druck:

Stoff	Mol Gew.	Verbrennungswärmen von			
		1 Mol		1 cbm	
		Wasser als			
		Dampf	flüssig	Dampf	flüssig
Wasserstoff, H_2	2	58,1	69,0	2 591	3 078
Methan, CH_4	16	192,1	213,5	8 568	9 523
Äthylen, C_2H_4	28	313,4	334,8	13 978	14 933
Acetylen, C_2H_2	26	310,3	315,7	13 840	14 081
Benzol, C_6H_6	78	755,9	788,0	33 893	35 147
Naphthalin, $C_{10}H_8$	128	1230,6	1258,4	54 899	56 128
Kohlenoxyd, CO	28	68,4	68,4	3 051	3 051

Trotzdem heute schon verschiedene gute Calorimeter existieren, wird der Heizwert von Gasen in der Praxis noch immer meist in dieser Weise berechnet.

Zur Berechnung des Brennwerts fester Stoffe muß man sich jedoch empirischer Formeln bedienen. Dieselben gründen sich auf folgende chemische Vorproben:

α) Elementaranalyse. Von diesen Formeln ist eine genaue Übereinstimmung deshalb nicht zu erwarten, weil die festen Brennstoffe Gemenge sehr verschiedener chemischer Verbindungen sind. Dessenungeachtet finden sie in der Praxis recht häufig Verwendung. Für Steinkohlen ist die *Dulong*sche Formel sehr verbreitet:

$$p = \frac{A\,\mathrm{C} + B\left(\mathrm{H} - \frac{\mathrm{O}}{8}\right)}{100},$$

während man für Braunkohlen, Torf und Holz häufig die Formel

$$p = \frac{8080\,\mathrm{C} + 29633\,\mathrm{H}_1 - 637\,(W + W_1)}{100}$$

benutzt. Die Bedeutung der einzelnen Buchstaben in diesen Gleichungen ist folgende:

C = Kohlenstoffgehalt Proz.
H = Wasserstoffgehalt Proz.
O = Sauerstoffgehalt Proz.
H_1 = „disponibler" Wasserstoff $\left(H_1 = H - \frac{O}{8}\right)$
W = „chemisch gebundenes" Wasser $(W = \frac{9}{8} O)$
W_1 = hygroskopisches Wasser
A = Brennwert von 1 kg Kohlenstoff
B = Brennwert von 1 kg Wasserstoff zu flüssigem Wasser.

Werte von A:

1. Stark ausgeglühte Holzkohle, auf reinen Kohlenstoff bezogen.

1852. *Favre* und *Silbermann*	A =	8 080 Cal
1868. *Scheurer-Kestner*	=	8 103 „
1889. *Berthelot*	=	8 137 „

2. Zuckerkohle.

1852. *Favre* und *Silbermann*	A =	8 040 „
1884. *Schwackhöfer*	=	7 982 „

3. Graphit.

1852. Hochofengraphit. *Favre* und *Silbermann*	A =	8 047 „
1889. Hochofengraphit. *Berthelot*	=	7 901 „
1852. Natürlicher Graphit. *Favre* und *Silbermann*	=	7 797 „
1852. Retortengraphit *Favre* und *Silbermann*	=	7 762 „

4. Diamant.

1852. *Favre* und *Silbermann*	A =	7 770 „
1889. *Berthelot*	=	7 859 „

Werte von B:

1838. *Dulong*	B =	34 587 Cal
1841. *Heß*	=	34 792 „
1848. *Andrews* (B = 33 808 Cal bei konst. Vol.)	=	34 215 „
1852. *Favre* und *Silbermann*	=	34 462 „
1845. *Grassi*	=	34 666 „
1852. *Joule*	=	33 553 „
1872. *J. Thomsen*	=	34 180 „
1880. *Berthelot*	=	34 600 „
1881. *C. v. Than* (B = 33 863 Cal bei konst. Vol.)	=	34 270 „
1881. *C. v. Than* (B = 33 964 Cal bei konst. Vol.)	=	34 371 „
1877. *A. Schuller* und *V. Wartha*	=	34 126 „
1884. *Witz* (B = 34 161 Cal bei konst. Vol.)	=	34 568 „

Der sogenannte schädliche oder verbrennliche Schwefel, d. i. jener, der in den Kohlen nicht schon als Sulfat enthalten ist, läßt sich in der Weise berücksichtigen, daß man den Prozentgehalt desselben (S) mit $\frac{2500}{100}$ multipliziert und zu den durch obige Formeln erhaltenen Werten addiert.

Da das hygroskopische Wasser bei der Verbrennung verdampft, wird in den Formeln für Braunkohlen usw. ihre latente Verdampfungswärme (637 Cal für 1 kg) in Abzug gebracht.

Varianten der *Dulong*schen Formel sind die Verbandsformel (vom Verein deutscher Ingenieure und dem internationalen Verband der Dampfkesselüberwachungsvereine angenommen):

$$p = \left[8000\,C + 290000\left(H - \frac{O}{8}\right) + 2{,}500\,S - 600\,W\right]\frac{1}{100},$$

worin W den hygroskopischen Wassergehalt bedeutet und die *Mendelejeff*sche Heizwertformel[1])

$$p = 81\,C + 300\,H - 26\,(O - S).$$

β) Aus der zur Verbrennung des Heizmaterials theoretisch erforderlichen Sauerstoffmenge (Methode von *Berthier*). Derselben liegt das sog. *Welter*sche Gesetz zugrunde, nach welchem die gleiche Menge Sauerstoff bei der Verbindung mit jedem beliebigen Stoffe dieselbe Wärmemenge entwickeln sollte, was aber keineswegs zutrifft. So gibt 1 kg Sauerstoff bei seiner Verbindung mit

Kohlenstoff zu CO_2	3030 Cal
„ „ CO	1818 „
Wasserstoff zu H_2O flüssig	4272 „
„ „ H_2O Dampf	4192 „

Berthier mischt 1 g des zerkleinerten Brennstoffes (0,5 g Graphit) mit 40 bis 50 g gesiebter und von metallischem Blei gereinigter Bleiglätte, bringt sie in eine Probiertute, überdeckt noch mit 20 bis 25 g Bleiglätte und erhitzt $^3/_4$ bis 1 Stunde lang auf Rotglut, wobei Reduktion der Glätte stattfindet:

$$2\,PbO + C = 2\,Pb + CO^2.$$

Etwa in der Masse verteilte Bleitröpfchen werden durch mehrmaliges Aufstoßen der Tute mit der Hauptmasse vereinigt, worauf man die Tute zerschlägt, den Bleiregulus mit einer Drahtbürste reinigt, etwa zurückgebliebene Bleikügelchen sammelt und wiegt. 34 Gewichtsteile Blei entsprechen $2^2/_3$ Gewichtsteilen Sauerstoff. Unter der Annahme, daß der untersuchte Brennstoff nur Kohlenstoff enthalten habe, multipliziert *Berthier* das Bleigewicht mit $\frac{8080}{34} = 237{,}65$, um den Brennwert zu erhalten. *Forchhammer* verwendet Bleioxychlorid statt Bleiglätte, *Munroe* führt die Probe statt in tönernen Probiertuten in an einer Seite verschraubten Gasrohren durch, während *Strohmayer* zur Verbrennung der Kohlen Kupferoxyd verwendet, dann mit HCl und $FeCl_3$ behandelt und das entstandene Eisenchlorür titriert.

γ) Sonstige empirische Methoden.

Von der Ansicht ausgehend, daß die Kohlen Gemenge verschiedener chemischer Verbindungen seien, die auch verschiedene physikalische Eigen-

---

[1]) Journ. d. russ. chem. Ges. **29**, 144, Nature **56**, 186.

schaften besitzen werden, greift Dr. *Otto Gmelin*[1]) von letzteren die Eigenschaft heraus, Wasser hygroskopisch festzuhalten, und kommt zu der Formel:

$$p = [100 - (H_2O + \text{Asche})] \cdot 80 - C \cdot H_2O\,,$$

in welcher H_2O den Gehalt an hygroskopischem Wasser, „Asche“ den Aschengehalt und C eine Konstante bedeutet, deren Größe mit dem Feuchtigkeitsgehalt der lufttrockenen Kohle variiert:

hygr. Wasser					
unter	3,0 Proz.				C = — 4
zwischen	3,0	„	und	4,5 Proz.	= + 6
„	4,5	„	„	8,0 „	= + 12
„	8,5	„	„	12 „	= + 10
„	12	„	„	20 „	= + 8
„	20	„	„	28 „	= + 6
über	28	„			= + 4

Einige Jahre später zog der Verfasser[2]) andere, leicht und rasch ausführbare Versuche heran, die von äußeren Verhältnissen weniger abhängig sind, als der Feuchtigkeitsgehalt. Hierzu wählte er das Verhalten des Brennstoffes bei der trockenen Destillation (bei der *Muck*schen Tiegelprobe), wobei der Nässegehalt (W), die Gasgiebigkeit (G), der Aschengehalt (A) und der Gehalt an fixem oder Kokskohlenstoff (K) (unter Vernachlässigung des geringen Gehaltes des Koks an Sauerstoff, Wasserstoff und Stickstoff) sowie die Bestimmung der zur Verbrennung erforderlichen Sauerstoffmenge (S) nach der *Berthier*schen Methode bedeuten. Die zur Verbrennung des Kokskohlenstoffes erforderliche Sauerstoffmenge (S_k) ist dann

$$S_k = \tfrac{32}{12}\,K = \tfrac{8}{3}\,K\,,$$

während zur Verbrennung der gasförmigen Destillationsprodukte der Kohle an Sauerstoff erforderlich sind:

$$S_g = S - S_k = S - \tfrac{8}{3}\,K\,;$$

die Verbrennungswärme des Kokskohlenstoffes ist im Mittel = 7630 Cal, während die Verbrennungswärme der gasförmigen Destillationsprodukte (unter Einrechnung der Destillationswärme derselben), je nach der Zusammensetzung der Destillationsgase eine verschiedene sein wird. Um letztere zu finden, benutzte *H. v. Jüptner*[3]) das Gewichtsverhältnis zwischen gasförmigen Destillationsprodukten und Kokskohlenstoff $\left(\frac{G}{K}\right)$ oder noch besser das Verhältnis ihres Sauerstoffbedarfs $\left(\frac{S_g}{S_k}\right)$ und stellte die empirische Gleichung auf

$$p = 76{,}30\,K + C\,\frac{S_g}{100}\,.$$

---

[1]) Österr. Ztschr. f. Berg- u. Hüttenwesen 365 (1886).

[2]) Österr. Ztschr. f. Berg- u. Hüttenwesen 1893, Nr. 33.

[3]) Methode *v. Jüptner* I.

Der Wert des Koeffizienten C ist je nach der Natur des Brennstoffes (Holz, Torf, Braunkohle, Steinkohle) verschieden, wie folgende Zahlen zeigen:

$\frac{S_g}{S_k}$	Wert von C für		
	Holz und Torf	Braunkohle	Steinkohle
0,25	—	5500	5600
0,50	4930	4300	3500
1,00	4830	3420	3250
1,50	4750	3350	3225
2,00	4666	3350	3210
2,50	4570	3360	3200
3,00	4470	3370	3180
3,50	4360	—	3170
4,00	4255	3500	3150
4,50	4150	—	3140
5,00	4045	3700	3130
5,50	3940	—	3120
6,00	3830	3950	3100
6,50	—	—	3080
7,00	—	—	3070
7,50	—	—	3060
8,00	—	—	3050

Später hat *H. v. Jüptner*[1]) sich von der Natur der Brennmaterialien dadurch unabhängig zu machen getrachtet, daß er die Brennmaterialien nach ihrer auf den trockenen und aschefreien Zustand bezogenen Gasgiebigkeit in vier Gruppen teilte, für deren jede er die verschiedenen Verhältnissen von $\frac{S_g}{S_k}$ entsprechenden Werte der Konstante, wie nebenstehende Tabelle zeigt, angab.

E. Gontal[2]) hat die *Jüptner*sche Heizwertformel in der Weise abgeändert, daß er nur die Gasgiebigkeit (M) und den Kokskohlenstoffgehalt heranzog:

$$p = 81{,}50\,K + A \cdot M.$$

Den Wert des Koeffizienten A gibt er wie folgt an:

$M =$	2 bis 15 Proz.	$A = 130$
	$= 15$ „ 30 „	$= 100$
	$= 15$ „ 35 „	$= 95$
	$= 35$ „ 40 „	$= 90$

[1]) *H. v. Jüptner*, „Die Bestimmung des Heizwertes von Brennmaterialien", *Ahrens* Sammlung chem. u. chem.-techn. Vorträge **2**, Heft 12. Die mit diesen Koeffizienten berechneten Heizwerte werden weiterhin als Methode *Jüptner* II bezeichnet.

[2]) Rev. chim. ind. **7**, Nr. 75.

Gasgiebigkeit der trockenen und aschefreien Brennstoffe	Gruppe			
	I 0—33 Proz.	II 33—47,5 Proz.	III 47,5—75 Proz.	IV 75—100 Proz.
$S_g : S_k$	Wert des Koeffizienten C			
0,08	5000	—	—	—
0,10	4900	—	—	—
0,15	4550	5100	—	—
0,20	4230	4800	—	—
0,25	3960	4500	5250	—
0,30	3730	4220	4900	—
0,35	3540	4010	4600	—
0,40	3380	3850	4350	—
0,45	3250	3710	4170	—
0,50	3150	3600	4020	—
0,54	3086	3512	3932	—
0,55	3070	3490	3910	—
0,60	3000	3400	3820	—
0,70	2900	3280	3690	5050
0,80	2850	3210	3600	4815
0,90	2850	3166	3558	4619
1,00	2850	3130	3550	4480
1,5	—	2955	3550	4230
2,0	—	—	3550	4170
2,5	—	—	—	4120
3,0	—	—	—	4070
3,5	—	—	—	4020
4,0	—	—	—	3970
4,5	—	—	—	3920
5,0	—	—	—	3870
5,5	—	—	—	3820
6,0	—	—	—	3770

Endlich hat *D. de Paepe*[1]) in der *Gontal*schen Formel M durch $\frac{100\,M}{M + K}$ ersetzt.

Wie schon erwähnt, gibt die *Berthier*sche Heizwertbestimmungsmethode wegen Nichtberücksichtigung des Wasserstoffgehaltes der Kohlen zu niedrige Resultate, und zwar fallen die Unterschiede gegenüber den calorimetrisch bestimmten Heizwerten um so größer aus, je größer ihr Wasserstoffgehalt ist. Durch einen Vergleich der im Calorimeter bestimmten Heizwerte mit den *Berthier*schen kam *v. Jüptner*[2]) zu der sehr einfachen Gleichung

$$p = p_B + 10\,G\,,$$

in welcher p_B den *Berthier*schen Heizwert und G die Gasgiebigkeit bedeutet. Derselbe hat[3]) eine Zusammenstellung der nach den verschiedenen Methoden

[1]) Bull. de l'Ass. Belge des Chimistes.

[2]) Methode *Jüptner* III, Feuerungstechnik 143, 1913; Beiträge zur Feuerungstechnik, Leipzig 1920, I, S. 119; Mont. Rundschau 1916, Nr. 17.

[3]) Feuerungstechnik l. c. und Beiträge zur Feuerungstechnik 119ff.

berechneten und der calorimetrisch ermittelten Heizwerte gegeben, wobei — wo keine *Berthier*schen Proben vorlagen — der *Berthier*sche Brennwert aus der Elementaranalyse nach der Formel

$$p = 80{,}8\left[C + 3\left(H - \frac{O}{8}\right)\right] + 10\,G$$

berechnet wurde. Aus diesem Vergleich ergeben sich folgende mittlere Abweichungen vom calorimetrisch ermittelten Brennwert:

Gruppe	G	K	Methode von		
			Dulong		*Mendelejeff*
			ohne	mit	
			Berücksichtigung des Schwefels Mittlere Abweichungen		
	Proz.	Proz.	Proz.	Proz.	Proz.
I	0 bis 33	100 bis 67	— 0,46	— 0,11	+ 0,53
II	33 „ 47,5	67 „ 52,5	+ 1,13	— 0,19	+ 0,58
III	47,5 „ 75	52,5 „ 25	+ 4,70	+ 5,20	+ 5,10
IV	75 „ 100	25 „ 0	+16,37	—	+ 9,86

Für die Verbandsformel hat *L. C. Wolf*[1]) die Abweichungsgrenze wie folgt angegeben:

Bei	Steinkohle	± 2	Proz.
„	Braunkohle	± 5	„
„	Torf	± 8	„
„	Zellulose	— 7,9	„
„	Holz	± 12	„

Eine ähnliche Vergleichung der Methoden von *Berthier*, *Gmelin*, *Jüptner* I und II, *Gontal* und *D. de Paepe* mit den calorimetrisch bestimmten Heizwerten[2]) zeigte, daß die *Berthier*schen Proben mit nur zwei Ausnahmen durchaus zu niedrige Werte ergaben; die Formel von *de Paepe* zeigte, und zwar in den allermeisten Fällen, die größten Abweichungen, während die Methode *Jüptner* II die beste Übereinstimmung lieferte.

Die Methode *Jüptner* III (modifizierte *Berthier*methode) gibt für Steinkohlen recht gut übereinstimmende Werte. Die mittlere Abweichung beträgt + 1,35 Proz., in etwa 4 Proz. der 94 angeführten Fälle lag die Abweichung zwischen 7 und 8 Proz., in weiteren 4 Proz. der Fälle war sie größer als 10 Proz., doch zeigen diese Proben auch bei den anderen Berechnungsarten auffallend große Abweichungen. Besonders auffallend sind die geringen Abweichungen

---

[1]) Z. V. d. I. **41**, 763 bis 768.

[2]) *H. v. Jüptner* l. c.

der nach dieser Methode berechneten Werte bei Asphalt (Albertit), Gummi, Cellulose und Stärke. Ein weiterer Vergleich dieser Methode in Fällen, wo die *Berthier*probe nicht vorlag und die Gleichung

$$p = 80\left[C + 3\left(H - \frac{O}{8}\right)\right] + 10\,G$$

benutzt wurde, ergab für Steinkohlen (in 421 Fällen)

Größe der Abweichungen in Proz.	Zahl der Fälle in Proz.	
0 bis 1	47,4	91,8
1 „ 2	28,0	
2 „ 3	16,4	
3 „ 4	6,0	
4 „ 5	2,0	
über 5	0,24	
	$\sum = 100{,}00$	

Mittlere Abweichung — 0,9 Proz.

Für Braunkohlen sind die Abweichungen größer, und muß es späteren Studien vorbehalten bleiben, die Methode entsprechend, durch Änderung der Koeffizienten von G, denselben anzupassen.

Zur Bestimmung der Gasgiebigkeit und des Koksausbringens bedient man sich meist der sehr bequemen und rasch durchführbaren Methode von *E. Muck*. Eine kleine Menge fein gepulverter Kohle wird in einem gut leitenden, dünnwandigen und bedeckten Metallgefäße (am besten in einem Platintiegel) zunächst bei etwa 120° C getrocknet (Gewichtsunterschied = Nässegehalt), dann rasch und stark solange erhitzt, bis am Deckelrande keine Flamme mehr sichtbar ist (Gewichtsdifferenz = Gasgiebigkeit; Gewicht des Rückstandes = Koksausbringen inkl. Asche), endlich nach Entfernen des Deckels verascht (Gewichtsdifferenz = fixer Kohlenstoff; Gewicht des Rückstandes = Aschengehalt). Bei einer Einwage von 1 g soll der Tiegel mindestens 3 cm, die Flamme nicht unter 18 cm hoch sein; der Boden des Tiegels darf höchstens 3 cm von der Brennermündung entfernt sein.

Erhitzt man gut backende Kohle, anstatt rasch, allmählich, so schmilzt sie nicht mehr ordentlich, und der erhaltene Koksrückstand ist dann unansehnlich, rußschwarz und stark aufgebläht. Dasselbe tritt ein, wenn die Erhitzung zwar genügend stark, aber bei nicht hinreichend abgehaltenem Luftzuge erfolgt. Es rührt dies daher, daß bei langem Erhitzen die schmelzbare Kohlensubstanz durch partielle Entgasung, bei reichlichem Luftzutritt aber durch Oxydation teilweise zerstört wird.

Je nachdem man die Kohlenprobe stark (Normalprobe) oder schwach erhitzt (Blähprobe), zeigt der Koks verschiedenes Volum und Farbe. Bei starkem Erhitzen hat er ein kleines Volum, und seine Farbe ist mehr oder weniger silbergrau, wogegen er bei der Blähprobe schwarz ist und wenig oder gar nicht glänzt.

Während man gewöhnlich den Brennwert zur Beurteilung der verschiedenen Brennmaterialien heranzieht, hat *Aufhäuser*[1]) das Äquivalentverhältnis $\left(H - \frac{O}{8}\right) : \frac{C}{12}$, das er als Wertziffer bezeichnete, für alle Arten von Brennstoffen benutzt. Er fand so beispielsweise folgende Vergleichszahlen:

Brennstoffe	Zusammensetzung C	$H - \frac{O}{8}$	Wertziffer $\left(H - \frac{O}{8}\right) : \frac{C}{12}$
Gas aus Gasflammkohle	20,0	4,3	2,60
Benzin	85,0	15,0	2,12
Petroleum	85,0	14,0	1,97
Gasöl	86,0	13,0	1,81
Rohes Erdöl (Kalifornien)	83,6	11,5	1,65
Xylol, C_8H_{10}	90,6	9,4	1,25
Benzol, C_6H_6	92,3	7,7	1,00
Steinkohlenteeröl	87,0	6,9	0,95
Dünnteer (Vertikalofenteer)	88,0	6,4	0,87
Naphthalin, $C_{10}H_8$	93,8	6,2	0,80
Dickteer (nach Abzug von 30 Proz. freiem Kohlenstoff)	62,5	4,1	0,79
Westfälische Gasflammkohlen	85,0	4,3	0,60
Westfälische Fettkohlen	88,0	4,1	0,56
Braunkohlen	64,0	2,2	0,41
Torf	62,0	2,0	0,38
Anthrazit	94,0	2,6	0,33
Holz	50,0	0,5	0,12
Cellulose ($C_6H_{10}O_5$)	44,4	0,0	0,00
Zechenkoks	96,0	0,0	0,00

Demgegenüber muß darauf hingewiesen werden, daß Koks einen höheren Brennwert hat als Cellulose, obwohl sich ihre Wertziffern gerade umgekehrt verhalten, sowie, daß der Sauerstoff der Brennmaterialien nicht allein an Wasserstoff, sondern auch an Kohlenstoff gebunden ist. Letzterer Anteil ist allerdings nach den Destillationsproben der Karlsruher Lehr- und Versuchsanstalt nicht erheblich[2]).

IX. Verbrennungstemperatur.

Pyrometrischer Heizeffekt; Berechnung der Verbrennungstemperatur.

Während die Verbrennungswärmen deshalb für die Beurteilung der verschiedenen Brennmaterialien von Wichtigkeit sind, weil sie uns sagen, wieviel Wärme wir bei der Verbrennung der Gewichts- (oder Volums-) Einheit höchstens gewinnen können, und uns so die Möglichkeit geben, die Nutzleistung unserer Feuerungen (Nutzeffekt, thermischer Wirkungsgrad) ziffern-

[1]) Glückauf 1913, Nr. 16; Z. V. d. I. 1907, 266; Feuerungstechnik Jahrg I (1913), 120; Österr. Ztschr. f. Berg- u. Hüttenwesen 1893, Nr. 33 bis 34.

[2]) Bei 50 Gaskohlenproben 35 bis 50 Proz., bei Braunkohlen 30 bis 65 Proz.

mäßig zu bestimmen bzw. die Größe und Art der auftretenden Wärmeverluste kennenzulernen, gibt uns die Kenntnis der Verbrennungstemperatur die Mittel an die Hand, die Größe der erzielten Wärmeausnutzung in ihren Beziehungen zum vorhandenen Temperaturgefälle zu beurteilen. Um auch hier Vergleichsziffern zu erhalten, hat man den Begriff pyrometrischer Heizeffekt aufgestellt, unter welchem man jene Temperatur versteht, welche das Brennmaterial liefern könnte, wenn man es mit der theoretischen Luftmenge vollständig zu verbrennen imstande wäre. Da dies, wie wir schon früher gesehen haben, nicht möglich ist, stellt der pyrometrische Heizwert nur eine theoretische Größe dar, die aber immerhin für die allgemeine Beurteilung der verschiedenen Brennmaterialien von Wichtigkeit ist.

Verbrennungstemperaturen, wie sie durch die praktische Verbrennung wirklich erzielt werden, können wir sowohl messen[1]) (wozu wir uns der verschiedensten Pyrometer bedienen können) als berechnen, während zur Bestimmung des pyrometrischen Heizwertes uns nur die Berechnung dienen kann. Zu diesem Zwecke dient die Gleichung:

$$\pi = \frac{q}{\Sigma \cdot c \cdot p},$$

in welcher π den pyrometrischen Heizwert, q die (bei 0° C) entwickelte Wärmemenge, c und p aber die spezifischen Wärmen bzw. die Mengen der einzelnen Verbrennungsprodukte darstellen.

Im folgenden soll die Art der Berechnung an einigen Beispielen gezeigt werden; die Resultate sind etwas verschieden, je nachdem man die *Le Chatelier*schen[2]) oder die *Neumann*schen Angaben über die spezifischen Wärmen benutzt:

α) Pyrometrischer Heizwert (bzw. Verbrennungswärme) von Wasserstoff.

Die Verbrennungswärme von 1 Mol Wasserstoff ist bei konstantem Druck $q = 58{,}2$ Cal, für die Verbrennung gibt *Le Chatelier* die vereinfachte Gleichung:

$$H_2 + \tfrac{1}{2}\, O_2 + 2\, N_2 = H_2O + 2\, N_2\,,$$

so daß wir als Verbrennungsprodukte von 1 Mol H_2 erhalten 1 Mol H_2O-Dampf und 2 Mole N_2. Wir haben somit, da die Verbrennungswärme ebensogroß wie die Abkühlungswärme sein muß, wenn wir die Verbrennungsprodukte wieder auf die Anfangstemperatur T_0 (für 0° C) abgekühlt denken:

$$58\,200 = 6{,}5\,(T - T_0) + 0{,}0029\,(T^2 - T_0^2) +$$
$$2 \cdot [6 \cdot 5\,(T - T_0) + 0{,}0006\,(T^2 - T_0^2)]\,,$$

---

[1]) Hierbei ist allerdings zu berücksichtigen, daß die Verbrennung gewöhnlich nicht auf einmal, sondern stufenweise erfolgt und bei festen Brennstoffen mit einer Ent- bzw. Vergasung Hand in Hand geht, sowie, daß hierbei Wärmeverluste durch Strahlung und Leitung eintreten, die eine Erniedrigung der gemessenen Temperaturen bedingen.

[2]) Diese Art der Berechnung ist etwas einfacher, wobei *Le Chatelier* die mittlere Zusammensetzung der trockenen Luft mit 20 Volumproz. O_2 und 80 Volumproz. N_2 annimmt; die *Neumann*schen Werte geben genauere Zahlen.

wobei für $T_0 = 0° C$ die gesuchte Temperatur $x = T - T_0 = T - 273 = t° C$ wird und wir schließlich erhalten

$$58\,200 = 19{,}5\,x + 0{,}0041\,(546\,x + x^2).$$

Wenn auch die Lösung dieser quadratischen Gleichung keine Schwierigkeiten bietet, so ist doch ihre graphische Lösung bequemer, die unter Benutzung der *Le Chatelier*schen Werte für die spezifischen Wärmen in folgender Weise durchgeführt wird. Wir berechnen mit Hilfe der Tabelle auf S. 13 die Abkühlungswärme der Verbrennungsprodukte in der Nähe von 2000° C (als der ungefähren voraussichtlichen Verbrennungstemperatur) wie folgt:

	1800° C	1900° C	2000° C	2100° C
H_2O	23,9	25,8	27,8	29,8
$2\,N_2$	28,4	30,2	32,0	34,0
Summe	52,3	56,0	59,8	63,8

Da nun die Verbrennungswärme von 1 Mol H_2 nach obigem = 58,2 Cal ist, muß die gesuchte Verbrennungstemperatur (pyrometrischer Heizwert) zwischen 1900 und 2000° C liegen und wir erhalten für dieselbe durch Interpolation

$$x = 1960° C.$$

Wenn wir die Verbrennungstemperatur bei konstantem Volum berechnen wollen, so müssen wir von der Erhitzungswärme der Gase noch die äußere Arbeit in Abzug bringen, was uns nötigt, höhere Temperaturen in Betracht zu ziehen:

	2000° C	2200° C	2400° C
H_2O	27,8	31,8	36,1
$2\,N_2$	32,0	35,8	39,6
Summe	59,8	67,6	75,7
ab äußere Arbeit	12,0	13,2	14,4
Differenz	47,8	54,4	61,3

und wir finden die Verbrennungswärme des Wasserstoffes bei konstantem Volum durch Interpolation zu 2315° C.

Benutzen wir die *Neumann*schen Werte (S. 15 ff.), so erhalten wir

	2000° C	2100° C	2200° C	2300° C	2400° C	2500° C	2600° C	2700° C	2800° C	2900° C
H_2O	21,441	22,984	25,688	26,204	27,881	28,408	30,186	31,528	32,855	34,258
$2\,N_2$	31,594	33,318	35,104	36,730	38,532	40,562	42,416	44,290	46,184	48,092
Summe . . .	53,035	56,302	60,792	62,234	66,413	68,970	72,602	75,818	79,039	82,350
Äußere Arbeit	12,000	12,600	13,200	13,800	14,400	15,000	15,600	16,200	16,800	17,400
Differenz . .	41,035	43,702	47,592	48,434	52,013	53,970	57,002	59,618	62,239	64,950

Durch Interpolation erhält man hieraus für den pyrometrischen Heizwert des Wasserstoffes

Bei konstantem Druck	2142° C
„ „ Volum	2646° C,

also erheblich höhere Werte als oben.

Für andere Gase ergeben sich folgende Werte:

	Le Chatelier konst. Vol °C	*Le Chatelier* konst. Druck °C	*Neumann* konst. Druck °C
$H_2 + \frac{1}{2} O_2 + 2 N_2 = H_2O + 2 N_2$	2320[1])	1960	2142
$CO + \frac{1}{2} O_2 + 2 N_2 = CO_2 + 2 N_2$	2430[1])	2100	2472
$\frac{1}{2}(CO + H_2) + \frac{1}{2} O_2 + 2 N_2 = \frac{1}{2}(H_2O + CO_2) + 2 N_2$	2370	2040	2426
$CH_4 + 2 O_2 + 8 N_2 = CO_2 + 2 H_2O + 8 N_2$	2150[1])	1850	2143
$CH_4 + \frac{3}{2} O_2 + 6 N_2 = CO + 2 H_2O + 6 N_2$	1860	1525	—
$C_2H_2 + \frac{5}{2} O_2 + 10 N_2 = 2 CO_2 + H_2O + 10 N_2$	—	2420	2601
$C_2H_2 + \frac{3}{2} O_2 + 6 N_2 = 2 CO + H_2O + 6 N_2$	—	2100	—

β) Pyrometrischer Heizwert (bzw. Verbrennungswärme) von Kohlenstoff[1]). Es wird hier genügen, die Berechnung mittels der *Le Chatelier*schen spezifischen Wärmen durchzuführen. Zur Vereinfachung der Berechnung wählen wir so viel festen Kohlenstoff, daß gerade 1 Mol Verbrennungsprodukte (22,42 Liter bei 0° C und 1 Atm Druck) gebildet werden. Die Verbrennung erfolgt nach der Gleichung

$$C + O_2 + 4 N_2 = CO_2 + 4 N_2 .$$

Aus 1 Atom C werden 5 Mole $CO_2 + N_2$ gebildet, wir müssen daher, um 1 Mol Verbrennungsgase zu erhalten, $\frac{1}{5}$ Grammatom C verbrennen.

	Verbrennungswärme in Cal von 12 g	Verbrennungswärme in Cal von 0,2 g
Diamant	94,3	18,86
Graphit	94,8	18,96
Amorpher Kohlenstoff	97,6	19,52

Wärmeinhalt von 1 Mol der Verbrennungsprodukte:

	Bei 1800° C	2000° C	2200° C	2300° C	2400° C	2500° C
$0{,}2\ CO_2$	5,44	6,38	7,32	7,84	8,34	8,88
$0{,}8\ N_2$	11,36	12,80	14,32	15,12	15,84	16,64
	16,80	19,18	21,64	22,96	24,18	25,52
Äußere Arbeit	—	—	—	4,60	4,80	5,00
Differenz	—	—	—	18,36	19,38	20,52

Hieraus ergeben sich folgende Verbrennungstemperaturen:

Bei	konst. Volum °C	konst. Druck °C
Diamant	1972	2350
Graphit	1981	2360
Amorpher Kohlenstoff	2028	2412

Verbrennt der Kohlenstoff zu Kohlenoxyd, so haben wir

$$C + \frac{1}{2} O_2 + 2 N_2 = CO + 2 N_2 .$$

[1]) *H. v. Jüptner*, Beiträge zur Feuerungstechnik I, 157.

1 Mol Verbrennungsprodukte erfordern die Verbrennung von $^1/_3$ Mol = 4 g Kohlenstoff.

Bildungswärme von CO aus	12 g · C Cal	4 g · C Cal
Diamant	26,1	8,70
Graphit	26,6	8,87
Amorpher Kohlenstoff	29,4	9,80

Da die spezifischen Wärmen von CO und N_2 gleich groß sind, vereinfacht sich die Berechnung in folgender Weise:

	1100° C	1200° C	1300° C	1500° C	1600° C	1700° C
$\frac{1}{3}(CO + 2\,N_2)$	8,24	9,05	9,89	11,6	12,5	13,3
Äußere Arbeit	—	—	—	3,0	3,2	3,4
Differenz	—	—	—	8,6	9,3	9,9

und wir kommen zu folgenden Verbrennungstemperaturen:

Bei	konst. Volum °C	konst. Druck °C
Diamant	1516	1157
Graphit	1539	1178
Amorphe Kohle	1683	1298

Ganz ebenso verfahren wir bei der Berechnung der Verbrennungstemperatur eines beliebigen festen Brennstoffes, indem wir uns aus der Elementenanalyse die Zusammensetzung der Verbrennungsgase in Molen berechnen und schließlich eine solche Menge des Brennstoffes in Betracht ziehen, daß er gerade 1 Mol Verbrennungsgase liefert (siehe *H. v. Jüptner*, Beiträge zur Feuerungstechnik, S. 159ff.).

Bekanntlich ist die in der Praxis erzielte Verbrennung oft keine vollständige und wird auch mit mehr oder minder großen Luftüberschüssen durchgeführt. Sind Zusammensetzung und Heizwert des angewendeten Brennmateriales und die Zusammensetzung der Rauchgase bekannt, so kann man in gleicher Weise wie früher die Verbrennungstemperatur berechnen[1]).

Beispiel:

In einer Kesselfeuerung seien Kohlen von folgender Zusammensetzung verbrannt worden:

Kohlenstoff	52,69	Proz.
Wasserstoff, disponibler $\left(= H - \frac{O}{8}\right)$	1,54	„
Wasser, chemisch gebunden $\left(= \frac{O}{8}\right)$	17,13	„
Wasser, hygroskopisch	23,87	„
Stickstoff	0,27	„
Asche	4,52	„

[1]) *H. v. Jüptner*, „Beiträge zur Feuerungstechnik" I, 162.

Der Brennwert der Kohle betrug 4450 Cal.

Durchschnittliche Zusammensetzung der Rauchgase.

Wasserstoff	0,1 Volumproz.	
Methan	0,3 „	11,0 Proz.
Kohlenoxyd	3,5 „	
Kohlensäure	7,2 „	
Luft	48,6 „	
Stickstoffüberschuß	40,3 „	
	100,00 Volumproz.	

Außerdem gingen von den verheizten Kohlen

in den Flugruß	1,2 Proz. C
in den Rostdurchfall	1,5 „ C
somit wurden vergast	50,0 Proz. C

Da nach der Gasanalyse in 1 Mol der Verbrennungsgase 0,11 Grammatome (11,0 Volumproz. oder 1,32 g) Kohle enthalten sind, mußten für jedes Mol Verbrennungsgase 2,64 g Kohle $\left(\frac{1{,}32\,\text{g} \cdot 100}{50\ \text{Proz.}}\right)$ verheizt worden sein, deren Brennwert . . . . $\frac{2{,}64 \cdot 4450}{1000} =$ 11,75 Cal

beträgt. Von diesen 2,64 g C wurde aber ein Teil nicht verbrannt, so daß davon an Wärme weniger produziert

wurde in Rostdurchfall und Flugruß $\frac{2{,}7 \cdot 2{,}64 \cdot 8080}{100 \cdot 1000} = 0{,}058$ Cal

im Methan . . . . $\frac{0{,}3 \cdot 213{,}5}{100} = 0{,}641$ „

im unverbrannten Wasserstoff . . . . . . $\frac{0{,}1 \cdot 69}{100} = 0{,}069$ „

im unverbrannten Kohlenoxyd . . . . . $\frac{7{,}2 \cdot 68{,}2}{100} = 4{,}910$ „ 5,68 „

so daß nur . . . . 6,07 Cal

bei der Verbrennung tatsächlich gewonnen wurden.

Für 1 kg Kohle wurden 10,769 kg trockene Luft mit	0,132 kg Dampf
verbraucht, dazu hygroskopisches Wasser der Kohle	0,410 kg „
durch Verbrennung der Kohle geliefert	0,089 kg „
zusammen	0,631 kg Dampf.

Das macht, weil pro 1 Mol trockener Verbrennungsgase 2,64 g Kohle verheizt wurde, $\frac{0{,}000\,631}{18} = 0{,}081$ Mole Wasserdampf und 1 Mol Gas.

Setzen wir die spezifische Wärme des Methans (wegen seiner außerordentlich kleinen Menge) jener der zweiatomigen Gase gleich, so haben wir für den Wärmeinhalt der Rauchgase

Bei	400° C	600° C	800° C
Zweiatomige Gase und Methan 0,928 Mole	2,62	4,00	5,30
Kohlensäure 0,072 Mole	0,29	0,46	0,65
dazu Wasser, Luft und Kohle 0,081 Mole .	0,30	0,48	0,67
Zusammen	3,21	4,94	6,62

Das entspricht einer Verbrennungstemperatur von nur . . . . . 735° C
(eine Folge des niederen Heizwertes der Kohle und des bedeutenden Luftüberschusses — 2,62fache Luftmenge)
die Essengase entwichen mit. . . . . 310° C
so daß die Flamme in der Kesselfeuerung nur um. . . . . 425° C
abgekühlt wurde.

Von 1 kg Kohle wurden bei 140° C 3,49 kg Wasser verdampft, so daß auf 2,64 g Kohle 9,21 g Wasserdampf kommen, welche an Wärme

$$\frac{648{,}2 \cdot 2{,}64}{1000} = 1{,}71 \text{ Cal}$$

mit sich führen, wodurch die Flamme um 735 — 533 = 202° C abgekühlt wurde. Die weitere Abkühlung derselben um 425 — 202 = 223° C rührt von den Wärmeverlusten durch Leitung und Strahlung sowie durch den Rostdurchfall her.

B. Neumann[1]) berechnet die Flammentemperaturen mit Hilfe seiner spezifischen Wärmen in etwas umständlicher Weise[2]), indem er statt von Molen von Gewichtsmengen (kg) ausgeht. Er findet so für Teeröl mit 30 Proz. Luftüberschuß . . . . 1774° C,
für ein Generatorgas mit 6,3 Proz. CO_2
22,7 „ CO
0,3 „ C_nH_{2n}
2,6 „ CH_4
12,4 „ H_2
0,2 „ O_2
55,5 „ N_2
wenn die 1,3fache Luftmenge auf 600° C vorgewärmt wird . . . . 1784° C.

Wie sich aus Vorstehendem ergibt, wird die Verbrennungstemperatur wesentlich erhöht, wenn man die Verbrennungsluft oder bei gasförmigen Brennstoffen auch diese vorwärmt, ehe die Verbrennung eingeleitet wird, weil ja dann beide der Feuerung Wärme zuführen, die zu den Verbrennungswärmen hinzugeschlagen werden muß.

Anderseits gibt ein Luftüberschuß bzw. unvollständige Verbrennung (Auftreten von Kohlenoxyd) Veranlassung zu einer Abkühlung der Flamme, während Anreicherung der Verbrennungsluft mit Sauerstoff die Flammentemperatur erhöht.

1) Stahl und Eisen 1919, 774.

2) Man hätte jedoch einfacher in derselben Art rechnen können.

So berechnet sich beispielsweise die Verbrennungstemperatur eines idealen Generatorgases ($CO + 2\,N_2$):

kalt

Vollständige Verbrennung mit der theoretischen Luftmenge	1508° C
Bei 5 Proz. Sauerstoffüberschuß	1210° C
Bei 5 Proz. CO-Überschuß	1320° C
Gas + Luft auf 500° erwärmt, theoretische Luftmenge	1860° C
Gas + Luft auf 1000° erwärmt, theoretische Luftmenge	2220° C
Mit reinem Sauerstoff, kalt	2460° C

Verbrennungstemperatur von C bei verschiedenen Luftüberschüssen.

n fache Luftmenge	Verbrennungstemperatur
$n = 1$	2027° C
$= 2$	1264° C
$= 3$	854° C
$= 4$	758° C

Siehe Fig. 20.

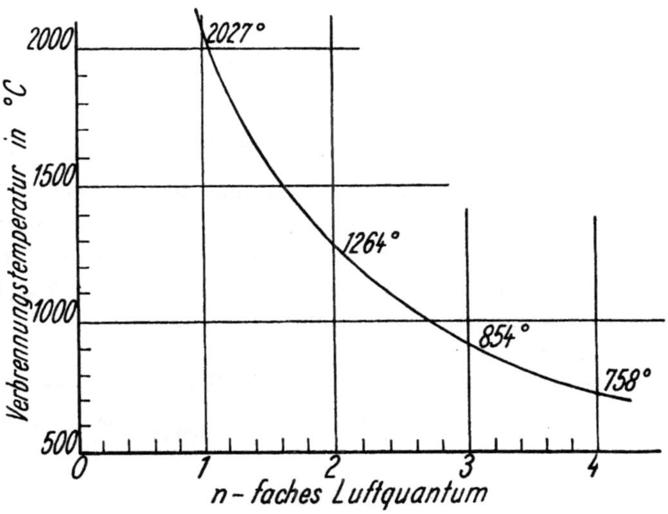

Fig. 20. Verbrennungstemperatur von reinem Kohlenstoff mit *Le Chateliers* spez. Wärme berechnet.

Allerdings kann man auf diese Weise für die Verbrennungstemperatur bei Luftvorwärmung oder bei Verwendung von reinem Sauerstoff bei sehr heizkräftigen Brennmaterialien ganz außerordentlich hohe Verbrennungstemperaturen herausrechnen. So gibt *J. Bronn*[1]) für die vollständige Verbrennung bei gewöhnlicher Temperatur mit der theoretischen Sauerstoff- bzw. Luftmenge folgende Flammentemperaturen an (pyrometrische Heizeffekte)

Verbrennung mit	Sauerstoff	Luft
H_2	3900°	2260°
CO	5000°	2400°
CH_4	4400°	2070°
C_2H_2	6200°	2670°

[1]) Ztschr. f. angew. Chemie 1922, 328.

Allein diese Temperaturen können deshalb nie erreicht werden, weil ja CO_2 und H_2O, wie wir oben gesehen haben, bei hohen Temperaturen in O_2 und CO bzw. H_2 zerfallen.

Man muß dann bei der Berechnung der Verbrennungstemperatur die früher mitgeteilten Dissoziationskoeffizienten in Rechnung setzen und bedenken, daß für den dissoziierten Teil des CO_2 nur die Verbrennungswärme zu CO in Betracht kommt. Dies stößt aber auf Schwierigkeiten, wenn die Menge der Verbrennungsluft stark von der theoretischen abweicht und in den Verbrennungsgasen CO_2 und H_2O nebeneinander auftreten, weil sich beide voneinander verschiedene Dissoziationen gegenseitig beeinflussen. Für derartige Berechnungen hat *H. Menzel*[1]) die auf S. 83 gegebenen Tabellen der Dissoziationskoeffizienten von CO_2 und H_2O berechnet, aus welchen sich die in Fig. 14 und 15 gegebenen Isothermen der Dissoziationskoeffizienten bei veränderlichem Drucke konstruieren lassen, aus welchen dieselben für alle dazwischenliegenden Fälle abgelesen werden können. *Menzel* führt folgende Beispiele der Berechnung an.

α) Verbrennung von Wasserstoff mit der theoretischen Luftmenge.

$$1 \text{ cbm } H_2 + \frac{1}{2 \cdot 0{,}21} \text{ cbm Luft gibt } 1 \text{ cbm Wasserdampf} + 1{,}88 \text{ cbm } N_2.$$

Der Druck der Komponenten des Wasserdampfes in den Verbrennungsgasen kann mit rund 0,3 Atm angenommen werden, und t dürfte schätzungsweise in der Nähe von 2100° C liegen. Unter diesen Umständen werden nach der Tabelle auf S. 83 ungefähr 4 Proz. des entstehenden Wasserdampfes dissoziiert sein, was 0,04 cbm H_2 und 0,02 cbm O_2 entspricht.

Der untere Heizwert beträgt 2360 Cal/cbm.

Ferner haben wir für die mittlere spezifische Wärme bei konstantem Druck

$$(C_{H_2O})_{0^\circ}^{2100^\circ} = 0{,}436; \quad (C_{H_2})_{0^\circ}^{2100^\circ} = 0{,}323; \quad (C_{O_2,N_2})_{0^\circ}^{2100^\circ} = 0 \cdot 326$$

und wir erhalten

$$t^\circ = \frac{2300 \cdot 0{,}96}{0{,}96 \cdot 0{,}436 + 0{,}04 \cdot 0{,}323 + (0{,}02 + 1{,}88) \cdot 0{,}326} = 2140^\circ.$$

β) Verbrennung von CO mit der theoretischen Luftmenge.

$$1 \text{ cbm CO} + \frac{1}{2 \cdot 0{,}21} \text{ cbm Luft gibt } 1 \text{ cbm } CO_2 + 1{,}88 \text{ cbm } N_2.$$

Auch hier können wir den Gesamtdruck von $CO_2 + CO + O_2$ rund zu 0,3 Atm annehmen; er ist zwar etwas größer, aber der Unterschied der Dissoziationskoeffizienten zwischen 0,3 und 0,4 Atm ist ein sehr kleiner. Die Verbrennungstemperatur können wir gleichfalls auf etwa 2100° C schätzen und finden den Dissoziationsgrad = 16 Proz., so daß 0,16 cbm CO_2 und 0,08 cbm O_2 vorhanden sind. Der Heizwert des CO ist 2800 Cal/cbm, die mittlere spezifische Wärme bei konstantem Druck:

$$(C_{CO_2})_{0^\circ}^{2100^\circ} = 0{,}512; \quad (C_{N,O})_{0^\circ}^{2100^\circ} = 0{,}326.$$

---

[1]) l. c.

Somit

$$t = \frac{2800 \cdot 0{,}84}{0{,}84 \cdot 0{,}512 + (0{,}16 + 0{,}08 + 1{,}88) \cdot 0{,}326} = 2090^\circ\ \mathrm{C}.$$

γ) Verbrennung von Kohlenstoff mit der theoretischen Luftmenge.

$$1\ \mathrm{kg\ C} + \frac{2{,}03}{0{,}21}\ \mathrm{cbm\ Luft\ gibt}\ 2{,}03\ \mathrm{cbm}\ CO_2 + \frac{2{,}03 \cdot 0{,}79}{0{,}21}\ \mathrm{cbm}\ N_2$$

$$\mathrm{oder}\ 2{,}03\ \mathrm{cbm}\ CO_2 + 7{,}65\ \mathrm{cbm}\ N_2.$$

Den Gesamtdruck von $CO_2 + CO + O_2$ können wir auf etwa 0,2 Atm schätzen, die Verbrennungstemperatur auf ungefähr 2100°, so daß wir nach der Tabelle den Dissoziationskoeffizienten zu nahe 18 Proz. finden. Wir haben daher 2,03 · 0,18 cbm zerfallenes CO_2, entsprechend 2,03 · 0,18 cbm CO und 2,03 · 0,09 cbm O_2. Bei der Berechnung der Verbrennungswärme müssen wir bedenken, daß 82 Proz. des Kohlenstoffes zu CO_2 und 18 Proz. desselben zu CO verbrennen, so daß wir für die Verbrennungswärme von 1 kg C finden[1]) 8140 · 0,82 + 2440 · 0,18. Mittlere spezifische Wärme:

$$(C_{CO_2})_{0^\circ}^{2100^\circ} = 0{,}512;\quad (C_{N_2,\ O_2,\ CO})_{0^\circ}^{2100^\circ} = 0{,}326.$$

$$t = \frac{8140 \cdot 0{,}82 + 2440 \cdot 0{,}18}{2{,}03 \cdot 0{,}82 \cdot 0{,}512 + (2{,}03 \cdot 0{,}27 + 7{,}65) \cdot 0{,}326} = 2020^\circ.$$

Würden wir die Verbrennungstemperatur auf 2000° C schätzen, so beträgt der Dissoziationsgrad rund 13 Proz. und die mittlere spezifische Wärme

$$(C_{CO_2})_{0^\circ}^{2000^\circ} = 0{,}510\quad \mathrm{und}\quad (C_{N_2,\ CO,\ O_2})_{0^\circ}^{2000^\circ} = 0{,}324.$$

$$t = \frac{8140 \cdot 0{,}87 + 2440 \cdot 0{,}13}{2{,}03 \cdot 0{,}87 \cdot 0{,}510 + (2{,}03 \cdot 0{,}195 + 7{,}65) \cdot 0{,}326} = 2090^\circ.$$

Die wirkliche Verbrennungstemperatur dürfte nahezu in der Mitte liegen, also = 2050° sein, während sie sich ohne Berücksichtigung der Dissoziation (mit den *Neumann*schen spezifischen Wärmen) zu 2330° berechnet.

Für einige Fälle, bei welchen CO_2 und H_2O nebeneinander entstehen und hohe Dissoziationskoeffizienten auftreten, hat *Pollitzer*[2]) folgende Berechnungen aufgestellt:

Verbrennungswärme bei konst. Druck	Verbrennung mit Sauerstoff: Dissoz.-Grad in Proz. CO_2	Sauerstoff: Dissoz.-Grad in Proz. H_2O	Sauerstoff: t° max	Luft: Dissoz.-Grad in Proz. CO_2	Luft: Dissoz.-Grad in Proz. H_2	Luft: t° max
1. $H_2 + \frac{1}{2} O_2 \rightarrow H_2O$ + 57 600 Cal	—	28,2	3150°	—	4,4	2130°
2. $CO + \frac{1}{2} O_2 \rightarrow CO_2$ + 68 000 Cal	50,5	—	2675°	15,4	—	2095°
3. $\frac{1}{3} CH_4 + \frac{2}{3} O_2 \rightarrow \frac{1}{3} CO_2 + \frac{2}{3} H_2O$ + 63 600 Cal	79,4	19,2	3020°	12,5	1,7	1950°
4. $\frac{1}{3} C_2H_2 + \frac{5}{6} O_2 \rightarrow \frac{2}{3} CO_2 + \frac{1}{3} H_2O$ + 100 700 Cal	80,5	20,3	3105°	26,4	4,3	2200°
5. $\frac{1}{3} C_2H_2 + \frac{1}{3} O_2 \rightarrow \frac{2}{3} CO + \frac{1}{3} H_2$ + 35 500 Cal	—	—	4030°	—	—	—
6. Leuchtgas + $0{,}65 O_2 \rightarrow 0{,}3 CO_2 + 0{,}7 H_2O$ + 64 000 Cal	80,6	20,2	3030°	14,0	1,9	1975°

[1]) $C + O_2 = CO_2$, Verbrennungswärme 8140; C + O = CO, Verbrennungswärme zu 2440 Cal angenommen.

[2]) Ztschr. f. angew. Chemie 1922, 684.

Nach obiger Zusammenstellung gibt die unvollständige Verbrennung des Acetylens (5) höhere Temperaturen als die vollständige, weil in letzterem Falle 80 Proz. CO_2 dissoziiert sind, also die Verbrennung vorwiegend bei CO, H_2 und O_2 halt macht und auch der freie Sauerstoff noch mit zu erwärmen ist. Freilich werden auch bei der Acetylen-Sauerstoff-Schweißflamme (nahe gleiche Volumen C_2H_2 und O_2) 4000° wegen der starken Strahlungsverluste nie erreicht.

Hier muß noch darauf aufmerksam gemacht werden, daß es unter Umständen vorteilhafter sein kann, mit einem kleinen Luftüberschuß eine nicht ganz vollständige Verbrennung zu erzielen, statt durch einen großen Luftüberschuß eine vollständige Verbrennung zu erzwingen. So hat der Verf. seinerzeit bei einer allerdings schlecht konstruierten Kesssselanlage die günstigsten Erfolge bei 2 Volumproz. CO in den Rauchgasen und einer Essentemperatur von 500° C erreicht. Als Beispiel möge zur Erklärung dieser Erscheinung die Verbrennungstemperatur von amorphem Kohlenstoff unter verschiedenen Bedingungen angeführt werden.

Zusammensetzung der Rauchgase	I Theoretische Luftmenge	II $1^1/_2$ fache Luftmenge	III Theoretische Luftmenge	IV Theoretische Luftmenge
	Vollständige Verbrennung		Unvollständige Verbrennung	
CO Volumproz.	—	—	0,02	0,05
CO_2 „	0,20	0,147	0,19	0,13
O_2 „	—	0,056	—	—
N_2 „	0,80	0,800	0,78	0,78
Verbrennungstemperatur °C . .	2026°	1529°	1988°	1930°

X. Prüfung der Feuerungsanlagen.

Nutzbar gemachte und verlorene Wärme, Heizversuche und Kontrolle der Feuerungen, Mittel zur Erhöhung des Nutzeffektes.

Bezeichnet Q_n die in einer Anlage nutzbar gemachte, Q_g die in derselben tatsächlich aufgebrauchte Wärme, so ist

$$\frac{Q_n}{Q_g} = \eta_{\text{th}}$$

der thermische Wirkungsgrad, während Q_n, in Hundertteilen von Q_g ausgedrückt, also $\frac{100\,Q_n}{Q_g}$, als Nutzeffekt bezeichnet wird.

Bei Berechnung des Nutzeffektes kommt aber nicht allein die Verbrennungswärme der verheizten Brennmaterialien in Betracht, sondern es muß auch die von außen durch die Temperatur der Brennmaterialien, der Verbrennungsluft und des Einsatzes zugeführte, sowie durch andere in dem betreffenden Ofen stattfindende chemische Prozesse entwickelte Wärme (z. B. beim Frischprozesse durch Oxydation von Silicium, Kohlenstoff usw.) in Rechnung gesetzt werden.

Der Nutzeffekt gibt somit ein Maß für die Güte einer Feuerungsanlage. Will man jedoch eine Feuerung konstruktiv oder durch Änderung der Betriebsverhältnisse verbessern, so genügt es nicht, bloß den Nutzeffekt derselben zu kennen, sondern man muß sich auch darüber Rechenschaft geben, warum, d. h. auf welche Weise andere Teile der disponiblen Energie unausgenützt bleiben, und wie groß die so entstehenden verschiedenen Energieverluste sind. Erst an Hand dieser Daten kann man zu einer rationellen Verbesserung der Feuerungen schreiten.

Derartige Verbesserungen können nun nach zwei verschiedenen Richtungen hin erfolgen, indem sie sich einerseits auf ihre Konstruktion, anderseits auf die Art des Betriebes erstrecken können. In ersterem Falle ist die vollständige Durchführung von Heizversuchen erforderlich, ja eine Wiederholung unter abgeänderten Betriebsbedingungen oft empfehlenswert, während sie im zweiten Falle von Zeit zu Zeit gleichfalls wünschenswert erscheinen, im allgemeinen aber durch eine dauernde Betriebskontrolle, bei welcher nur einzelne Beobachtungen herausgegriffen werden, ersetzt werden können.

Das Ergebnis eines Heizversuches ist die Aufstellung einer Wärmebilanz, die oft auch mit einer Stoffbilanz Hand in Hand geht, indem ja schon die Verbrennung der Heizmaterialien eine solche nötig macht, um die Umsetzung derselben mit der Verbrennungsluft in die verschiedenen Verbrennungsprodukte und Rückstände klarzulegen.

Bei jeder Bilanz haben wir mit Einnahmen und Ausgaben, mit einem „Soll" und „Haben" zu tun, und wir wollen nun im folgenden die einzelnen Posten dieser zwei Konten näher besprechen.

A. Stoffbilanz:

I. Stoffeinfuhr.

a) Brennmaterial, dessen Menge und Zusammensetzung bekannt sein muß.
b) Verbrennungsluft (Temperatur und Feuchtigkeitsgehalt).
c) Zu bearbeitende Stoffe (Menge und oft auch Zusammensetzung).

II. Stoffausfuhr.

a) Rostdurchfall (Menge und Zusammensetzung).
b) Rauchgase (Temperatur und Zusammensetzung).
c) Flugruß (nicht immer erforderlich).
d) Der Feuerung entnommene Produkte (Menge, Temperatur und manchmal auch Zusammensetzung).

Als erstes Beispiel der Aufstellung einer solchen Stoffbilanz mögen die Daten aus einem, von *F. Schwackhöfer*[1]) ausgeführten Heizversuch an einer Dampfkesselfeuerung angeführt werden[2]):

[1]) *H. v. Jüptner*, „Die Untersuchung von Feuerungsanlagen".
[2]) Eine bequemere Art der Berechnung wird in einem späteren Beispiele angeführt werden.

Der Heizversuch dauerte von 8 Uhr morgens bis 6 Uhr abends, also 10 Stunden, in welcher Zeit 1286 kg Kohle verbrannt wurden.

Zusammensetzung der Kohle:

Kohlenstoff	69,10 Proz.	
Wasserstoff, disponibler . .	2,70 „	
Stickstoff	0,35 „	
Wasser, chemisch gebunden	12,93 „	{ 1,43 Proz. Wasserstoff 11,50 „ Sauerstoff
Wasser, hygroskopisch. . .	3,47 „	
Asche . , ...	11,45 „	
	100,00 Proz.	

Gehalt an verbrennlichem Schwefel 0,34 Proz.

Zur Verbrennung von 1 kg erforderliche theoretische Luftmenge 9,05 kg oder 7,88 cbm von 25° C und 750 mm Quecksilberdruck.

Feuchtigkeitsgehalt der atmosphärischen Luft 0,75 Gewichtsproz.

Volumprozentige Zusammensetzung der trockenen Essengase:

	Minimum Volumproz.	Maximum Volumproz.	Mittel[1]) Volumproz.
Kohlenoxyd	0,1	0,4	0,2
Kohlensäure	5,1	6,9	6,1
Atmosphärische Luft	65,9	72,0	68,7
Stickstoff	28,9	20,7	25,0
Wasserstoff	0,0	0,0	0,0
Methan	0,0	0.0	0,0
	100,0	100,0	100,0

Die Verbrennung erfolgte durchschnittlich mit dem 1,82fachen Luftüberschuß.

Flugruß (Mittel aus 3 Bestimmungen) pro 1 kg verheizte Kohlen = 0,007 kg C.

Umrechnung der volumprozentigen Gaszusammensetzung in Gewichtsteilen.

	Litergewicht in g	Volumteile	Gew.-teile
Kohlenoxyd	1,2515 ·	0,2 =	0,250
Kohlensäure	1,9666 ·	6,1 =	11,996
Atmosphärische Luft	1,2936 ·	68,7 =	88,870
Stickstoff	1,2566 ·	25,0 =	31,415
			132,531

Berechnung des Gewichtes der einzelnen Gasbestandteile je 1 kg verheizte Kohle[2]):

---

[1]) Mittel aus 6 während je einer Stunde angesaugten Gasproben.

[2]) Eine Vereinfachung der Rechnung wird später gegeben werden.

1 kg Kohle enthält . . . . 0,691 kg Kohlenstoff
Davon gehen in den Rostdurchfall 0,057 kg
In den Flugruß . . . . 0,007 „ 0,064 „ „
so daß nur 0,627 kg Kohlenstoff
zur Verbrennung gelangen.
1 Gewichtsteil Kohlenoxyd enthält . . . . 0,4286 Gewichtsteile C
1 „ Kohlensäure „ . . . . 0,2727 „ C.

Es sind daher in den 5,984 kg Gichtgasen enthalten

in 0,250 kg Kohlenoxyd . . . . 0,10715 kg Kohlenstoff
in 11,996 kg Kohlensäure . . . . 3,27132 „ „
also zusammen 3,37846 kg Kohlenstoff

Aus 1 kg verheizter Kohle gehen in die Essengase:

$$\text{als } CO \quad \frac{0{,}10715 \cdot 0{,}627}{3{,}37846} = 0{,}0199 \text{ kg C entsprechend } 0{,}047 \text{ kg } CO$$

$$\text{als } CO_2 \quad \frac{3{,}27131 \cdot 0{,}627}{3{,}37846} = 0{,}6071 \text{ kg C entsprechend } 3{,}226 \text{ kg } CO_2 .$$

Da auf 3,37846 kg C in den Essengasen 88,87 kg atmosphärische Luft entfallen, entsprechen den 0,627 kg C.

$$\frac{88{,}87 \cdot 0{,}627}{3{,}37846} = 16{,}493 \text{ kg atmosphärische Luft}$$

und

$$\frac{31{,}415 \cdot 0{,}627}{3{,}37846} = 5{,}830 \text{ kg Stickstoff.}$$

Zu den trockenen Essengasen kommen noch an Wasser:

Aus dem Wassergehalt der Kohle . . . . 0,1293 + 0,0347 = 0,1640 kg
aus dem durch Verbrennung des disponiblen Wasserstoffes der Kohlen entstehenden Wasser . . . . $0{,}027 \cdot 9 = 0{,}243$ kg
aus dem Wassergehalt der Verbrennungsluft[1]) . . . . . 0,1818 „
zusammen 0,5888 kg

Weit einfacher hätte die Berechnung erfolgen können, wenn man die Zusammensetzung der Kohle in Grammatomen berechnet hätte:

Kohlenstoff in 1 kg Kohlen . . . . 0,6910 kg C
davon im Rostdurchfall und dem Flugruß . . . . 0,064 kg C
also im Gas . . . . 0,627 kg C oder $\frac{0{,}627}{12} = 0{,}0506$ Grammatom C .

---

[1]) 77 Gewichtsteile Stickstoff entsprechen 100 Gewichtsteilen Luft; somit wurde zur Verbrennung gebraucht . . . . $\frac{5{,}83 \cdot 100}{77} = 7{,}571$ kg
Der Luftüberschuß betrug . . . . 16,493 „
24,064 kg

Da die Luft 0,75 Gewichtsproz. Wasserdampf enthielt, wiegt dieser

$$\frac{0{,}75 \cdot 24{,}064}{99{,}25} = 0{,}1818 \text{ kg} .$$

1 Mol trockene Gichtgase enthalten im Mittel

im Kohlenoxyd	0,002	0,063 Grammatome C.
in der Kohlensäure	0,061	

Somit entfallen auf 1 kg verheizte Kohle 0,803 Mole trockene Gase, welche enthalten

CO	$0{,}803 \cdot 0{,}002$	$= 0{,}001606$	Mole
CO_2	$0{,}803 \cdot 0{,}061$	$= 0{,}048983$	„
Luft	$0{,}803 \cdot 0{,}687$	$= 0{,}551661$	„
N_2	$0{,}803 \cdot 0{,}250$	$= 0{,}200750$	„
		0,80300	Mole.

Die Rauchgase enthalten pro Mol an Sauerstoff:

im CO 0,002 : 2	= 0,001 Mole
im CO_2	= 0,050 „
	0,051 Mole

welchen an Luft entsprechen $\frac{79 \cdot 0{,}051}{21} = 0{,}1919$ Mole,

dazu der Luftüberschuß . . $= 0{,}6870$ „

trockene Luft 0,2789 Mole.

Da 1 l Luft bei 0° und 760 mm Quecksilberdruck 1,2928 g wiegt, wiegt ein Mol $22{,}412 \cdot 1{,}2928 = 28{,}974$ g, also 0,2789 Mole $28{,}974 \cdot 0{,}2789 = 8{,}0837$ g, welche an Wasserdampf enthalten $\frac{8{,}0837 \cdot 0{,}75}{100} = 0{,}06063$ g oder $0{,}06063 : 18 = 0{,}00337$ Mole.

Als zweites Beispiel möge ein Heizversuch bei einem Generator[1]) dienen. Während wir im vorigen Beispiele einmal nur mit Gewichtsmengen, das andere Mal aber mit Molen rechneten, werden wir diesmal mit Kubikmetern der gasförmigen Stoffe rechnen, was ungefähr eine ebenso einfache Rechnung gestattet, wie mit Molen.

Die Zusammensetzung der chargierten Kohle war:

Kohlenstoff	69,83	Proz.	
Wasserstoff	4,33	„	
Stickstoff	0,50	„	
Sauerstoff	12,38	„	
Wasser, hygroskopisch .	7,25	„	0,80 H_2, 6,45 O_2
Asche	5,71	„	
	100,00	Proz.	

Verbrennlicher Schwefel 0,58 Proz.

[1]) *H. v. Jüptner*, „Die Untersuchung der Feuerungsanlagen", „Generatorstudien" und „Die Heizgase"; *H. v. Jüptner* und *Fr. Toldt*, „Chemisch-kalorische Studien über Generatoren und Martinöfen".

Während der Dauer des Heizversuches (8 Stunden 50 Minuten) wurden 3214 kg Kohle vergichtet und 753 kg Rostdurchfall mit

Kohlenstoff	65,20 Proz.
Asche	29,67 „
Wasser (vom Ablöschen)	5,13 „
	100,00 Proz.

gewonnen.

Die Zusammensetzung der Generatorgase betrug in Volumprozenten:

Zeit der Probeentnahme	7 Uhr 15 Min. bis 9 Uhr 30 Min. *a · m*	11 Uhr 30 Min. *a · m* bis 4 Uhr 15 Min. *p · m*	1 Uhr 45 Min. bis 3 Uhr 15 Min. *p · m*	Mittel (mit Berücksichtigung der Saugzeiten) berechnet
	2 St. 15 Min. = $^9/_4$ St.	1 St. 45 Min. = $^7/_4$ St.	1 St. 30 Min. = $^6/_4$ St.	
CO_2	5,2	5,4	5,0	5,21
O_2	0,8	0,1	1,0	0,63
CO	23,72	24,83	23,42	23,99
CH_4	0,28	0,17	0,31	0,25
H_2	9,89	12,07	10,08	10,64
N_2	60,11	57,43	60,19	59,28
Summe	100,00	100,00	100,00	100,00

Die mittlere Lufttemperatur beim Generator betrug 9,11° C, der relative Feuchtigkeitsgehalt 75,89 Proz., Barometerstand 711,9 mm.

Bei 9,11° C enthält 1 cbm mit Wasserdampf gesättigte Luft 9,26 g Wasserdampf, somit bei 9,11° C: $\frac{9,26 \cdot 75,89}{100} = 7,03$ g.

Die folgenden Rechnungen beziehen sich auf 100 kg vergichtete Kohle, welche (abgesehen von dem Wassergehalte, der ja vom Ablöschen herrührt) 22,23 kg Rostdurchfall mit

Kohlenstoff . .	15,28 kg
Asche	6,95 „
zusammen	22,23 kg

enthalten.

100 kg Kohle enthalten	69,83 kg C
die entsprechende Menge Rostdurchfall enthält	15,28 „ C
somit (da wir von der Teerbildung absehen müssen) im Generatorgas . .	54,55 kg C

100 Volumteile der trockenen Generatorgase enthalten:

Generatorgas	Volumteile der Elementarbestandteile				Volumteile der näheren Bestandteile
	C	O	H	N	
CO_2	2,605	5,210	—	—	5,21
O_2	—	0,630	—	—	0,63
CO	11,995	11,995	—	—	23,99
CH_4	0,125	—	0,500	—	0,25
H_2	—	—	10,640	—	10,64
N_2	—	—	—	59,280	59,28
Summe	14,725	17,835	11,140	59,280	100,00

1000 Mole Gas enthalten

$10 \cdot 5{,}21$	Mole CO_2	mit	52,1 kg-Atome	C
$10 \cdot 23{,}99$	„ CO	„	239,9 „	C
$10 \cdot 0{,}25$	„ CH_4	„	2,5 „	C
			294,5 kg-Atome	C.

Die vergasten 54,55 kg C entsprechen $\frac{54{,}55}{12} = 4{,}546$ kg-Atome C, Verhältnis $\frac{4{,}546}{294{,}5} = 0{,}0154$.

1000 Mole Gas enthalten 592,8 Mole Stickstoff. Somit entsprechen 100 kg chargierte Kohle $592{,}8 \cdot 0{,}0154 = 9{,}129$ Mole N_2, entsprechend $\frac{100 \cdot 9{,}129}{79}$ $= 11{,}556$ kg Mole Luft oder, weil 1 Mol Gas bei 0° und 760 mm Quecksilberdruck 22,4 l einnimmt,

$11{,}556 \cdot 22{,}42$ . . . . $= 259{,}088$ cbm Luft

und, weil 1 cbm Luft 0,00703 kg H_2O-Dampf enthält,

$259{,}088 \cdot 0{,}00703$ . . . . $=$ 1,82 kg H_2O.

Wir haben somit an Verbrennungsluft:

$9{,}129 \cdot 28$ . . . . . $= 257{,}200$ kg N_2

$(11{,}556 - 9{,}129) \cdot 32 =$ 80,931 kg O_2

und 1,82 kg H_2O,

welche letztere 1,62 kg Sauerstoff und

0,20 kg Wasserstoff

enthalten, so daß die Elementarzusammensetzung der Luft beträgt

Stickstoff	257,20	kg
Sauerstoff 77,82 + 1,62 .	82,551	„
Wasserstoff	0,20	„.

Somit erhalten wir für die Zusammensetzung der zugeführten Verbrennungsluft in kg-Atomen:

Stickstoff	18,370 N
Sauerstoff.	5,160 O
Wasserstoff	0,200 H.

Somit haben wir pro 100 kg Kohle in den Generator eingebracht:

in	Kohle	Luft	Zusammen
		kg-Atome	
Kohlenstoff-Atome	$\frac{69{,}83}{12} = 5{,}819$	—	5,819
Wasserstoff	$\frac{5{,}13}{1} = 5{,}130$	0,200	5,330
Stickstoff	$\frac{0{,}50}{14} = 0{,}039$	18,370	18,409
Sauerstoff	$\frac{18{,}83}{16} = 1{,}177$	5,160	6,337
Asche	— —	—	—

Generatorgas.

Die pro 100 kg Kohle gewonnene Generatorgasmenge erhält man aus der volumprozentigen Zusammensetzung derselben durch Multiplikation mit

$$\frac{4,546}{294,5} = 0,154\,.$$

Volumproz. Zusammensetzung		Darin kg-Atome			
Proz.	Mole	C	O	H	N
$CO_2 = 5,21$	0,8023	0,8023	1,6046	—	—
$O_2 = 0,63$	0,0970	—	0,1940	—	—
$CO = 23,99$	3,6945	3,6945	3,6945	—	—
$CH_4 = 0,25$	0,0385	0,0385	—	0,1540	—
$N_2 = 59,28$	9,1210	—	—	—	18,2580
$H_2 = 10,64$	1,6356	—	—	3,2712	—
Summe		4,5353	5,4931	3,4252	18,2580
Schließlich enthält der Rostdurchfall C = 15,28 : 12		1,2733	—	—	—
Somit treten aus dem Generator aus		5,8086	5,4931	3,4252	18,2580

Wir kommen somit zu folgender Stoffbilanz in kg-Atomen:

Element	In den Generator gebracht	Ausgebracht	Differenz
Kohlenstoff	5,819	5,8086	+ 0,0104
Sauerstoff	6,377	5,4931	+ 0,8839
Wasserstoff	5,330	3,4252	+ 1,9048
Stickstoff	18,409	18,2580	+ 0,1510

Die 0,8839 Sauerstoff benötigen zur Wasserbildung 1,7678 Wasserstoff, so daß wir einen Wasserstoffüberschuß von 1,9048 — 1,7678 = 0,1370 in den eingeführten Materialien finden, welcher zur Ammoniakbildung 0,1370 : 3 = 0,0453 Stickstoff erfordern würde, während nach unserer Annahme nur $^1/_5$ des in der Kohle enthaltenen Stickstoffes $\left(\frac{0,039}{5} = 0,008\ N\right)$ als Ammoniak entwichen sein würde. Andererseits wurde auf die Cyanbildung keine Rücksicht genommen, wodurch sich der Fehler noch weiter verringert.

Wenn man die Vorgänge im Generator einzeln betrachtet, so wird die Kohle im obersten Teile desselben getrocknet werden. Es geben also 100 kg Kohle:

92,75 kg trockene Kohle und
7,25 kg Wasser mit 0,4529 kg-Atomen O_2 und 0,9058 kg-Atomen H_2,

was ziemlich genau der Hälfte des aus dem Sauerstoffabgange berechneten Wasserquantums entspricht.

Die Koksausbeute betrug 54,37 Proz. und wird enthalten haben:

Asche	5,71 kg	
Stickstoff $\frac{4}{5}\cdot 0,50$ . . .	0,40 „	= 0,029 Atome
Kohlenstoff	48,26 „	= 4,022 „ .

Die Gasausbeute betrug 40,73 Proz. und berechnet sich aus der Zusammensetzung von trockener Kohle und Koks wie folgt:

	Trockene Kohle	Koks	Destillations Gas	
Kohlenstoff	69,83 kg	48,26 kg	21,57 kg	= 2,131 Atome
Wasserstoff	4,33 „	—	4,33 „	= 4,330 „
Stickstoff	0,50 „	0,40 „	0,10 „	= 0,007 „
Sauerstoff	12,38 „	—	12,38 „	= 0,775 „
Asche	5,71 „	5,71 „	—	
			38,30 kg	

was um 40,73 — 38,30 = 2,43 kg weniger ist, als die Tiegelprobe ergab, doch sind ja bekanntlich die Verkokungsverhältnisse in der Praxis meist von der Tiegelprobe abweichend.

Die Generatorgase enthielten 0,1940 Atome, die Verbrennungsluft 82,551 kg = 5,060 Atome freien Sauerstoff, so daß zur Verbrennung des Koks verbraucht wurden 5,060 — 0,194 = 4,966 Atome Sauerstoff.

Vom Koks gingen 15,28 kg = 1,2733 Atome Kohlenstoff in den Rostdurchfall, so daß am Roste verbrannt wurden:

2,131 — 1,273 = 0,958 Atome Kohlenstoff, welche zur Bildung
von CO_2 1,916 Atome Sauerstoff benötigen, so daß noch
4,966 — 1,916 = 3,050 Atome Sauerstoff mit den Destillationsgasen in Reaktion treten.

Man könnte versuchen, die Elemente des Destillationsgases in folgender Weise zu kombinieren:

	C (Atome)	H (Atome)	O (Atome)	N (Atome)	Mole
Ammoniak	—	0,021	—	0,007	0,007
Kohlenoxyd	0,775	—	0,775	—	0,775
Methan CH_4	0,798	3,192	—	—	0,798
Äthylen C_2H_4	0,558	1,116	—	—	0,558
	2,131	4,329	0,775	0,007	2,138

Die Anordnung der Elemente in den Destillationsgasen ist allerdings problematisch, zeigt aber immerhin, daß der freie Sauerstoff und die CO_2, welche bei der Verbrennung des Koks entstehen, sehr energisch oxydierend auf diese Gase einwirken.

B. Wärmebilanz.

Hier haben wir als Einnahmeposten:

1. Die von allen in den Ofen eingeführten Stoffen zufolge ihrer Temperatur mitgebrachten Wärmemengen.
2. Die in den Brennmaterialien aufgespeicherte Wärme.
3. Die durch chemische Vorgänge, welche sich innerhalb des zu erhitzenden Beschickungsmaterials abspielen, entwickelte (bzw. verbrauchte) Wärme.

Als Ausgabeposten hingegen kommen in Betracht:

1. Zufolge unvollständiger Verbrennung des Brennmaterials nicht produzierte Wärme, und zwar:
   a) durch unverbrannte Kohle im Rostdurchfall,
   b) durch nicht vollständig verbrannte Bestandteile der Flammengase (CO, Ruß usw.).
2. Die zur Erreichung des beabsichtigten Zweckes an das Ofengut abgegebene Wärme (nutzbar gemachte Wärme).
3. Wärmeabgabe des Ofens nach außen (Strahlungs- und Leitungsverluste).
4. Wärmeentgang durch die Temperatur der abziehenden Rauchgase.
5. Wärmeverluste zufolge der Temperatur, mit welcher der Rostdurchfall und die zu bearbeitenden Materialien den Ofen verlassen.

Die nutzbar gemachte Wärme wird direkt bestimmt, was je nach den Umständen auf verschiedene Weise erfolgen kann. Bei Dampfkesseln ergibt sie sich aus der von einer bestimmten Kohlenmenge gelieferten Dampfmenge und dem Dampfdruck; bei Glühöfen usw. aus der Menge, der Temperatur und der spezifischen Wärme der erhitzten Körper (wenn man sie nicht direkt mittels eines geeigneten Calorimeters bestimmt), bei Hochöfen aus der Menge des produzierten Roheisens und der hierzu erforderlichen Reduktionsarbeit, bei Gasgeneratoren aus der Menge, dem Brennwert und der Temperatur der gewonnenen Gase usw.

Der Unterschied zwischen der Summe aller produzierten Wärmemengen und der Summe der unter 1, 2, 4 und 5 aufgezählten Wärmeabgänge wird als Wärmeverlust durch Leitung und Strahlung in Rechnung gesetzt.

Sehr empfehlenswert ist es auch, bei derartigen Versuchen die Verbrennungstemperaturen in Betracht zu ziehen, Aus dem Unterschiede zwischen dieser und jener Temperatur, mit welcher die Heizgase den Ofen verlassen, sowie aus der Menge und der spezifischen Wärme der Heizgase ergibt sich nämlich die Summe jener Wärmemengen, welche einerseits nutzbar gemacht, anderseits aber durch Leitung und Strahlung verloren wurden, woraus sich oft wertvolle Schlüsse auf die Vorgänge im Inneren der Feuerung ziehen lassen[1]).

1. Beispiel. Heizversuch an drei Kesseln mit je zwei Unterkesseln[2]). Die Stoffbilanz hierzu wurde oben (S. 134ff.) mitgeteilt.

Gesamtrostfläche 1,67 qm.

Gesamtheizfläche 50 qm.

$$\text{Verhältnis } \frac{\text{Heizfläche}}{\text{Rostfläche}} = 30 : 1.$$

Die Verbrennung erfolgte im Durchschnitt mit dem 1,82 fachen Luftüberschusse.

---

[1]) Siehe ein später anzuführendes Beispiel.

[2]) Ausgeführt von *F. Schwackhöfer, H. v. Jüptner*, „Die Untersuchung der Feuerungsanlagen".

	Temperatur der Essengase °C	der zuströmenden atmosph. Luft °C
Minimum	310	20,5
Maximum	423	27,3
Mittel.	375	25,0.

In 10 Beobachtungsstunden wurden 1286 kg Kohle verbrannt und 8100 kg Wasser verdampft. Verdampfung pro 1 kg Kohle $\frac{8100}{1286} = 6{,}3$ kg.

Verbrannte Kohle pro 1 St. und 1 qm Heizfläche. . . 77 kg.

Verdampftes Wasser pro 1 St. und 1 qm Heizfläche . . 16 kg.

Wärmekapazität der Essengase[1]).

	kg Gas auf 1 kg Kohle · spez. Wärme = Wärmekapazität
Kohlenoxyd . .	0,047 · 0,246 = 0,012
Kohlensäure. .	2,226 · 0,216 = 0,501
Atmosph. Luft.	16,493 · 0,238 = 3,765
Stickstoff . . .	5,830 · 0,244 = 1,423
Wasserdampf .	0,589 · 0,481 = 0,238
	Summe 5,984

Wärmekapazität der zugeströmten Luft.

	kg · spez. Wärme = Wärmekapazität
Atmosph. Luft	24,064 · 0,238 = 5,726
Wasserdampf	0,182 · 0,481 = 0,088
	Summe 5,814

Wärmeverlust durch die Temperatur der Essengase.

$$5{,}984 \cdot 375^\circ \text{C} = 2234 \text{ Cal.}$$

Wärmeverlust durch unvollständige Verbrennung.

	kg · Brennwert = Cal
durch Kohlenoxyd	0,047 · 2403 = 113
„ Flugruß.	0,007 · 8080 = 57
„ Kohlenabgang im Aschenfall	0,057 · 8080 = 461
	Summe 631

Zur Verdampfung nutzbar gemachte Wärme.

Die *Régnault*sche Formel:

$$W_t = 606{,}5 + 0{,}305\, t$$

gibt, da das Speisewasser mit 56° C in den Kessel gelangt:

$$6{,}3 \cdot [606{,}5 + 0{,}305\,(t - 56)] = 3905{,}5 \text{ Cal.}$$

1) Die spezifischen Wärmen sind hier konstant angenommen.

Dem Ofen zugeführte Wärme.

Brennwert der Kohlen	6668 Cal
Von der Verbrennungsluft zugeführt. . . .	145 Cal
Summe	6813 Cal.

Wärmeverlust durch Leitung und Strahlung.

Er berechnet sich aus dem Unterschiede zwischen Wärmezufuhr und den oben berechneten Wärmeverwendungen zu

$$6813 - 6525{,}5 = 287{,}5 \text{ Cal.}$$

Wärmeverteilung.

1. Zur Dampfbildung nutzbar gemacht .	$\frac{3905{,}5 \cdot 100}{6813} =$		57,33 Proz.
2. Schornsteinverlust	$\frac{2089 \cdot 100}{6813} =$	30,67 Proz.	42,67 „
3. Verlust durch unvollständige Verbrennung			
a) entweichende brennbare Gase	$\frac{113 \cdot 106}{6813} =$	1,66 „	
b) Flugruß	$\frac{57 \cdot 100}{6813} =$	0,83 „	
c) unverbrannte Kohle im Rostdurchfall	$\frac{461 \cdot 100}{6813} =$	6,77 „	
4. Strahlungsverlust (aus der Differenz) . .	$=$	2,74 „	
		Summe	100,00 Proz.

(Die Posten 2 bis 4 sind durch eine Klammer zu 42,67 Proz. zusammengefaßt.)

2. Beispiel. Zum Heizversuch an einem Generator auf S. 136ff.

In gleicher Weise wie beim vorigen Beispiel berechnet man aus den früher gegebenen Daten die Zahlen für nachstehende

Wärmebilanz.

A. Wärmeproduktion.

1. Durch chemische Prozesse:		
a) durch Kohlensäurebildung	54 095,9 Cal	
b) „ Kohlenoxydbildung	109 793,8 „	
c) „ Methanbildung	847,9 „	
d) „ Ammoniakbildung.	26,4 „	
e) „ Schwefelwasserstoffbildung	22,6 „	
f) aus dem Wasserstoff der Kohle gebildetes Wasser .	35 151,2 „	
	199,937,8 Cal	28,74 Proz.
2. Durch die Kohle zugeführte Wärme.	201,3 Cal	
durch die Luft zugeführte Wärme.	725,8 „	
durch den Wassergehalt der Luft zugeführte Wärme .	980,4 „	
	1 907,5 Cal	0,28 „

B. Nicht produzierte Wärme.

1. Durch unverbrannte Kohle des Rostdurchfalles . . .	122 362,4 Cal	17,60 Proz.
2. Verbrennungswärme der Generatorgase (Nutzeffekt des Generators)	371 282,6 „	53,38 „
		100,00 Proz.

C. Wärmeverwendung.

a) Wärmeverluste.

1. Wärmeentgang durch die Temperatur des Rostdurchfalles	2 456,4 Cal	0,35 Proz.
2. Wärmeentgang durch die Temperatur des Generatorgases	30 465,2 „	4,38 „
3. Wärmeentgang durch den Wassergehalt der Gase . . .	11 268,1 „	1,62 „
4. Wärmeentgang durch Wasserzersetzung	5 858,5 „	0,84 „
5. Strahlungsverlust und Entgasungswärme der Kohle .	151 797,1 „	21,33 „
	201 845,3 Cal	29,62 Proz.
6. Hierzu nicht produzierte Wärme durch unverbrannte Kohle im Rostdurchfall (wie oben)	122,362,4 „	17,60 „
	324 207,7 Cal	46,62 Proz.
Somit Wärmegewinn (Nutzeffekt des Generators) . . .	371 282,6 „	53,38 „
	695 490,3 Cal	100,00 Proz.

Gerade bei Generatoren reicht übrigens ein derartiger Heizversuch allein zur Beurteilung ihres Ganges nicht hin, weil es sich bei diesen um Reaktionen handelt, welche zu einem von Temperatur und Druck abhängigen Gleichgewichte führen, das in keinem Falle überschritten werden kann. Man muß daher, um den Betrieb richtig beurteilen zu können, den tatsächlich erzielten Heizwert des Gases mit jenem vergleichen, welches ein unter gleichen Umständen erhaltenes Gas im Gleichgewichtszustande besitzen würde[1]).

Dort, wo es sich nicht um eine eingehende Untersuchung einer Feuerung. sondern nur um eine laufende Betriebskontrolle handelt, kann man sich mit einfacheren Mitteln behelfen.

In vielen Fällen genügt zu diesem Zwecke eine Bestimmung des Kohlensäure- und Sauerstoffgehaltes der Abgase, der Abgas- und der Lufttemperatur. Selbstregistrierende Apparate für Kohlensäure-, Temperatur- und Zugmessung sind meist gegen Staub empfindlich und bedürfen einer öfteren Nachprüfung. Solche Gasanalysatoren sind beispielsweise der Ados Heizgasprüfer (Ados-Gesellschaft, Aachen), der Heizgasprüfer von *J. Pintsch* in Berlin, die Apparate *Aci*, *Eckardt*, *Dobro*, *Mono*, *Maihack*, die *Arndt*sche Gaswage, der Gasanalysator von *Krell-Schultze*, der Inferometer von *Zeiss* in Jena usw.

Da es für die meisten Brennstoffe bekannt ist, wie hoch der Gehalt an $CO_2 + O_2$ bei vollständiger Verbrennung sein muß, kann man aus diesen gefundenen Werten den Betrieb beurteilen. Gibt die Untersuchung kleinere Werte, so muß der Unterschied dem CO und etwa H_2 und CH_4 entsprechen.

---

[1]) *H. v. Jüptner*, „Die Heizgase“, „Chem. Technologie der Energie“ I und „Beiträge zur Theorie des Generatorgases“, usw.

In dem von *Wa. Ostwald* aufgestellten Diagramm[1]) (Fig. 21) gelten die an der Diagonale *o O* liegenden Werte für die Verbrennung mit der theoretischen Luftmenge, und man hat in einer längeren Betriebszeit den Gehalt an CO_2 und O_2 zu ermitteln, um sich hieraus den Charakter des verwendeten Brennstoffes festzustellen. Hierauf gestützt, hat der Hamburger V.F.R. ein Verfahren erprobt, das bei den Betrieben dieses Vereines große Erfolge erzielte. Mittels eines durch ein Uhrwerk regulierten Aspirators wird während des herangezogenen Betriebsabschnittes eine Gasprobe angesaugt, die mittels eines Orsatapparates auf CO_2 und $CO_2 + O_2$ geprüft wird. Man kann so ermitteln, wie hoch unter den günstigsten Verhältnissen der Gehalt an $CO_2 + O_2$ steigen muß, um eine unvollständige Verbrennung zu vermeiden.

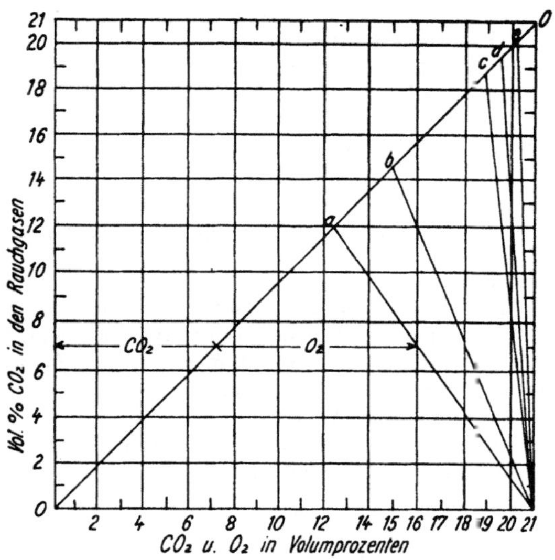

Fig. 21. Verbrennungsdiagramm von *Wa. Ostwald.*
a = Leuchtgas, *b* = Mineralöl, *c* = englische und westfälische beste Flammkohle, *d* = Braunkohle, *e* = Torf.

Zu Druckmessungen existieren u. a. das sehr empfindliche Mikromanometer von *Krell*, der Zugmesser von *Walter Dürr*, ferner verschiedene Federmanometer. Zur Messung von Druckunterschieden zwischen dem Raume über dem Feuer und den Heizzügen am Ende des Kessels dienen Differenz- und Verbund-Zugmesser usw.

In vielen Fällen empfiehlt sich zur fortlaufenden Kontrolle des Ofenbetriebes auch die Messung von Gas- und Windmengen (Hydro-Apparate-Baugesellschaft, Düsseldorf und Apparatebauanstalt Paul de Bruyn, Düsseldorf).

Zu Temperaturmessungen dienen zahlreiche verschiedene Pyrometer[2]).

Um zu zeigen, welchen Einfluß die Zugstärke bei ein und derselben Feuerung auf die Wärmeausnutzung ausübt, mögen noch folgende Heizversuche an zwei Kesseln mitgeteilt werden, die auch deshalb nicht ohne Interesse sein dürften, weil sie teilweise unter ganz ungewöhnlichen Betriebsverhältnissen durchgeführt wurden[3]).

In beiden Fällen bestand die Anlage aus:

1 Oberkessel mit 8,85 m Länge und 1,42 m Durchmesser,

1 Unterkessel mit 7,35 m Länge und 1,10 m Durchmesser,

Heizfläche 46 qm,

---

[1]) Beiträge zur graphischen Feuerungstechnik, Leipzig 1920. Otto Spamer.

[2]) *H. v. Jüptner*, „Chem. Technologie der Energieen" I/1.

[3]) *H. v. Jüptner*, „Heizversuche an Kesselfeuerungen", Leipzig 1894.

Wirksame Rostfläche 2,13 qm,
Zahl der nutzbaren Feuerzüge 2,

$$\text{Verhältnis } \frac{\text{Rostfläche}}{\text{Heizfläche}} = \frac{1}{21{,}6}.$$

Bei der ersten Versuchsgruppe wurde Kessel I in gewöhnlicher Weise geheizt, während bei Kessel II unter dem Rost Dampf eingeblasen wurde.

Versuch	I	II
I. Wärmeproduktion pro 100 kg Kohle in Calorien.		
Von außen zugeführte Wärme:		
α) Durch die Kohle	425 Cal	400 Cal
β) „ trockene Luft	10 424 „	6 794 „
γ) „ die Luftfeuchtigkeit	10 905 „	5 820 „
δ) „ den eingeblasenen Dampf	—	1 924 „
Heizwert der Kohle	483 000 „	483 000 „
Summe	504 754 Cal	497 938 Cal
II. Wärmeverteilung pro 100 kg Kohle in Calorien.		
Nutzeffekt	270 321 Cal	312 686 Cal
Wärmeentgang durch unvollständige Verbrennung	1 212 „	9 406 „
Wärmeentgang durch die Temperatur des Rostdurchfalles	1 250 „	1 274 „
Wärmeentgang durch die Temperatur der Essengase		
α) durch die trockenen Gase	171 528 „	115 236 „
β) durch ihren Wassergehalt	46 631 „	44 661 „
Wärmeentgang durch Abkühlung des eingeblasenen Dampfes	—	76 „
Leitungs- und Strahlungsverlust	12 805 „	14 599 „
Summe	504 754 Cal	497 938 Cal
III. Wärmeproduktion in Proz.		
Von außen zugeführt:		
α) Durch die Kohle	0,08 Proz.	0,08 Proz.
β) „ die Luft	2,06 „	1,36 „
γ) „ die Luftfeuchtigkeit	2,15 „	1,16 „
δ) „ den eingeblasenen Dampf	—	0,38 „
Heizwert der Kohle	95,71 „	97,02 „
Summe	100,00 Proz.	100,00 Proz.
IV. Wärmeverteilung in Proz.		
Nutzeffekt	53,40 Proz.	62,91 Proz.
Wärmeentgang durch unvollständige Verbrennung	0,24 „	1,88 „
Wärmeentgang durch die Temperatur des Rostdurchfalles	0,25 „	0,25 „
Wärmeentgang durch die Temperatur der Essengase:		
α) Durch die trockenen Gase	33,87 „	23,06 „
β) „ ihren Wassergehalt	9,40 „	8,94 „
Wärmeentgang durch die Abkühlung des eingeblasenen Dampfes	—	0,02 „
Leitungs- und Strahlungsverlust	2,84 „	2,94 „
Summe	100,00 Proz.	100,00 Proz.

V. Sonstige Betriebsdaten.

Pro Stunde verbrannte Kohle	265,94 kg	271,00 kg
Pro Stunde verdampftes Wasser	1116,82 „	1160,15 „
1 kg Kohle verdampft Wasser	4,20 l	4,65 l
Luftmenge pro kg Kohle:		
Stickstoff	1260,29 cbm	872,76 cbm
Sauerstoff	335,01 „	232,00 „
Summe	1595,30 cbm	1104,76 cbm
Wasserdampf	15,79 kg	9,50 kg
Essengasmenge pro 100 kg verbrannte Kohle:		
Kohlensäure	181,58 kg	176,39 kg
Sauerstoff	268,65 „	115,05 „
Kohlenoxyd	—	2,30 „
Stickstoff	1581,22 „	1095,19 „
Summe	2031,45 kg	1388,53 kg
Wasserdampf	65,39 „	62,12 „
Summe	2096,84 kg	1450,35 kg
Breite des Rauchkanales	0,713 m	0,713 m
Freie Höhe des Rauchkanales (zufolge der Schieberstellung)	0,500 m	0,250 m
Freier Querschnitt des Rauchkanales (zufolge der Schieberstellung)	0,357 qm	0,178 qm
Gasmenge, welche in 1 Minute die Esse passiert:		
Kohlensäure	8,047 kg	7,421 kg
Sauerstoff	11,907 „	4,832 „
Kohlenoxyd	—	0,110 „
Stickstoff	69,980 „	46,000 „
Summe	89,934 kg	58,333 kg
Wasser	2,890 „	2,800 „
Summe	92,824 kg	61,133 kg
Flammentemperatur	1064° C	1198° C
Essengastemperatur	354° C	347° C
Temperaturabnahme	700° C	851° C
Zusammensetzung der Essengase (Volumproz.):		
Kohlensäure	6,00	8,60
Sauerstoff	12,20	7,70
Kohlenoxyd	—	0,20
Stickstoff	81,80	83,50
Summe	100,00	100,00
Luftüberschuß	3,31	2,29

Diese Beispiele zeigen die schädliche Wirkung zu starken Zuges und zu großen Luftüberschusses; auch läßt die gleichzeitige Gegenwart von 7,7 Volumproz. freiem Sauerstoff und 0,2 Volumproz. CO in den Essengasen des zweiten Heizversuches erkennen, daß bei dieser Kesselfeuerung die Vermengung von Luft und brennbaren Gasen nur langsam erfolgte, woran in erster Linie die außergewöhnliche Enge der Feuerzüge die Schuld trägt.

Die folgenden beiden Heizversuche wurden an einem ganz gleich konstruierten Kessel durchgeführt; beim zweiten Heizversuche wurde gleichfalls

Dampf unter dem Roste eingeblasen. Sie zeigen, wie schädlich zu schwache Feuerung wirken kann.

Versuch	III	IV
I. Wärmeproduktion pro 100 kg Kohle in Calorien.		
Von außen zugeführt:		
α) Durch die Kohle	400 Cal	410 Cal
β) „ die trockene Luft	4 310 „	6 414 „
γ) „ die Luftfeuchtigkeit	4 674 „	6 103 „
δ) „ den eingeblasenen Dampf	—	39 373 „
Heizwert der Kohle	483 000 „	483 000 „
Summe	492 384 Cal	535 300 Cal
II. Wärmeverteilung pro 100 kg Kohle in Calorien.		
Nutzeffekt	286 273 Cal	275 322 Cal
Wärmeentgang durch unvollständige Verbrennung	24 306 „	3 151 „
Wärmeentgang durch die Temperatur des Rostdurchfalles	1 274 „	1 274 „
Wärmeentgang durch die Temperatur der Essengase:		
α) Durch die trockenen Gase	119 153 „	86 869 „
β) „ ihren Wassergehalt	45 687 „	42 883 „
γ) „ in den Aschenraum gegossenes Wasser	—	4 318 „
Wärmeentgang durch Abkühlung des eingeblasenen Dampfes	—	51 703 „
Leitungs- und Strahlungsverlust	15 691 „	71 380 „
Summe	492 384 Cal	535 300 Cal
III. Wärmeproduktion in Proz.		
Von außen zugeführt:		
α) Durch die Kohle	0,08 Proz.	0,08 Proz.
β) „ die trockene Luft	0,87 „	1,20 „
γ) „ die Luftfeuchtigkeit	0,94 „	1,13 „
δ) „ den eingeblasenen Dampf	—	7,33 „
Heizwert der Kohle	98,11 „	90,26 „
Summe	100,00 Proz.	100,00 Proz.
IV. Wärmeverteilung in Proz.		
Nutzeffekt	58,48 Proz.	51,29 Proz.
Wärmeentgang durch unvollständige Verbrennung	4,92 „	0,58 „
Wärmeentgang durch die Temperatur des Rostdurchfalles	0,26 „	0,24 „
Wärmeentgang durch die Temperatur der Essengase:		
α) Durch die trockenen Gase	24,12 „	16,18 „
β) „ ihren Wassergehalt	9,25 „	7,99 „
γ) „ das in den Aschenraum gegossene Wasser	—	0,80 „
Wärmeentgang durch Abkühlung des eingeblasenen Dampfes	—	9,63 „
Leitungs- und Strahlungsverlust	2,97 „	13,29 „
Summe	100,00 Proz.	100,00 Proz.

V. Sonstige Betriebsdaten.

Pro Stunde verbrannte Kohle		315 kg	113,80 kg
Pro Stunde verdampftes Wasser		1348,20 l	487,03 l
1 kg Kohle verdampft Wasser		4,28 l	4,28 l
Luftmenge pro 100 kg Kohle:	Stickstoff	700,81 cbm	803,75 cbm
	Sauerstoff	186,29 „	216,65 „
	Summe	887,10 cbm	1020,40 cbm
Wasserdampf		7,63 kg	9,93 kg.
Essengasmenge pro 100 kg verbrannte Kohle:	Kohlensäure	179,64 kg	180,73 kg
	Sauerstoff	76,88 „	148,62 „
	Kohlenoxyd	9,54 „	—
	Stickstoff	879,50 „	1008,54 „
	Summe	1145,56 kg	1337,94 kg
Wasserdampf		57,23 „	137,37 „
	Summe	1202,79 kg	1475,31 kg
Breite des Rauchkanals		0,713 m	0,713 m
Freie Höhe des Rauchkanales (zufolge der Schieberstellung)		0,550 m	0,165 m
Freier Querschnitt des Rauchkanales (zufolge der Schieberstellung)		0,392 qm	0,118 qm
Gasmengen, welche pro Minute die Esse passieren:	Kohlensäure	9,341 kg	3,435 kg
	Sauerstoff	4,000 „	2,824 „
	Kohlenoxyd	0,496 „	—
	Stickstoff	45,734 „	19,162 „
	Summe	59,571 kg	25,431 kg
Wasserdampf		3,000 „	2,600 „
	Summe	62,571 kg	28,031 kg
Flammentemperatur		1374° C	884° C
Essengastemperatur		436° C	273° C
Temperaturabnahme		938° C	611° C
Zusammensetzung der Essengase (Volumproz.):	Kohlensäure	10,70	9,20
	Sauerstoff	6,30	10,40
	Kohlenoxyd	0,90	—
	Stickstoff	82,10	80,40
	Summe	100,00	100,00
Luftüberschuß		1,84	2,11

Ordnet man die vorstehenden Versuchsergebnisse nach dem Nutzeffekte, so findet man:

Versuch Nr.	Nutzeffekt Proz.	Querschnitt des Essenkanals qm	Luftüberschuß	pro 100 kg Kohle eingeblasener Dampf	CO-Proz. im Gase	Kohlenverbrauch pro Stunde kg
II	62,91	0,178	2,29	6,00	0,2	271
III	58,48	0,392	1,84	—	0,9	315
I	53,40	0,357	3,31	—	—	266
IV	51,29	0,118	2,11	71,84	—	113,8.

Im allgemeinen fällt, bei gleichen Versuchsbedingungen, sowohl mit als ohne eingeblasenem Dampf mit dem Luftüberschuß und mit dem freien Querschnitt des Essenkanals der Nutzeffekt; daß aber hierbei auch die Schütthöhe der Kohlen auf dem Rost eine Rolle spielt, zeigt Versuch IV, bei welchem sie entschieden zu niedrig war. Beim letzten Versuch war überdies die eingeblasene Dampfmenge (9,9[6] kg) im Verhältnis zur Luftmenge (1017,4 cbm) eine viel zu große, während sie im günstigsten Falle, bei Versuch II, nur 6,00 kg auf 1104,76 cbm trockene Luft betrug[1]).

Weit verwickelter als in den oben angeführten Fällen liegen die Verhältnisse bei Hochöfen, weshalb wir auch noch hierauf kurz eingehen wollen. Während man sich bei den meisten Heizversuchen auf die verheizte Brennstoffmenge als Einheit bezieht, werden bei Hochöfen sowohl die Stoff- als die Wärmebilanzen auf die produzierte Roheisenmenge als Einheit bezogen, weil es sich ja hier in erster Linie darum handelt, zu erfahren, welcher Aufwand an Stoffen und Energien zur Erzeugung einer gewissen Menge (1 t oder 100 kg) Roheisen erforderlich ist.

Hierbei hat man bisher fast stets zur Berechnung der Wärmeeinnahmen nur jene fühlbaren Wärmemengen in Betracht gezogen, welche teils durch die Beschickung in den Ofen eingeführt, teils durch chemische Vorgänge im Ofen produziert wurden, andere Wärmeeingänge aber (wie namentlich den Heizwert der vergichteten Kohlen) vernachlässigt[2]). Dies ist zwar insofern gerechtfertigt, als man auf diese Weise erfährt, wie die im Ofen disponible fühlbare Wärme ausgenutzt wurde, gibt aber kein Bild von der Ausnützung der gesamten dem Ofen zugeführten Energiemengen, und dementsprechend muß auch die prozentuale Wärmeverteilung eine ganz andere werden, als wenn man — wie dies bei allen anderen Heizversuchen der Fall ist — auch den Heizwert des verbrauchten Brennmateriales in Rechnung gezogen hätte.

Letztere Art der Aufstellung einer Wärmebilanz ist jedenfalls richtiger, um so mehr, als es ja wärmewirtschaftlich notwendig ist, sich über die Ausnutzung des verwendeten Brennmateriales Rechenschaft zu geben.

In welcher Weise sich diese Zahlen so ändern, möge an einem vor Jahren vom Verfasser angestellten ausführlichen Versuch gezeigt werden[3]).

Wärmeaufnahme pro 100 q Roheisen.

9378 kg Holzkohle mit 86,25 Proz. C, d. i. mit 8205,8 kg Kohlenstoff[4]) können bei vollständiger Verbrennung liefern	66 302 864,0 Cal
Durch den Wind zugeführt (36 042,3 kg trockene Luft, 316,6 kg H_2O, 350° C)	3 055 398,2 „
Durch den Möller zugeführt, 68 395 kg · 17° · 0,2	23 254,3 „
Durch 93,78 q Holzkohle zugeführt, 9378 · 17° · 0,165	27 102,4 „
Gesamtwärmezufuhr	69,408 618,0 Cal.

---

1) Das Verhältnis $\frac{\text{trockene Luft, cbm}}{\text{eingeblasener Dampf, kg}}$ beträgt bei Versuch IV 14, hingegen bei Versuch II 184.

2) Dr. *Max Schlipköter*, „Wärmewirtschaft im Eisenhüttenwesen", 1926.

3) *H. v. Jüptner*, Chem. Ztg. 1885, S. 80; Die Untersuchung von Feuerungsanlagen S. 346; Siderologie III, 231; Beiträge zur Feuerungstechnik II, S. 311. Die dortigen Zahlen sind hier teilweise umgerechnet.

4) Hier ist das Gewicht der Holzkohle nach Abzug ihres Wasser- und Aschengehaltes in Rechnung gesetzt.

Im Gegensatze hierzu wurde bei der ursprünglichen Berechnung des Versuches statt des Gesamtheizwertes der Kohle nur die durch Verbrennung derselben zu CO und CO_2 sowie durch andere chemische Prozesse im Hochofen produzierte Wärme	29 082 736,5 Cal
in Rechnung gesetzt, so daß sich die Gesamtwärmeeinnahme zu . .	32 188 490,7 „
ergab.	

Wärmeausgaben.

Zerlegung des Wassers und Reduktionsvorgänge		19 993 413,4 Cal
Schmelzen von Roheisen und Schlacke		5 743 730,0 „
Verdampfen des Wassers der Beschickung		2 545 978,8 „
Durch den Gichtstaub		24 456,3 „
Durch die Temperatur der Gichtgase		1 799 230,3 „
Heizwert der Gichtgase:	11 348,8 cbm CO · 3051 = 34,625 188,8 Cal	
	322,8 cbm CH_4 · 8568 = 2 765 750,4 „	
	3 060,3 cbm H_2 · 2591 = 7 792 917,3 „	38 182 956,5 „
Strahlungsverlust		1 118 853,6 „
	Gesamtwärmeausgabe	69 408 618,0 Cal

Bei der ursprünglichen Berechnung des Versuches ergab sich die Wärmeausgabe zu:	Zerlegung des Wassers und Reduktionsvorgänge	19 993 413,4 Cal
	Schmelzen von Roheisen und Schlacke	5 743 730,0 „
	Verdampfen des Wassers der Beschickung . .	2 545 978,8 „
	Durch den Gichtstaub	24 456,3 „
	Durch die Temperatur der Gase	1 799 230,3 „
	Strahlungsverlust	2 081 681,9 „
	Summe	32 188 490,7 Cal

Die Differenz des (aus dem Unterschied Wärmeeinnahme — Wärmeausgaben berechneten) Wärmeverlustes erklärt sich aus obigen Zahlen von selbst.

Die Nutzleistung des Hochofens berechnet sich in beiden Fällen zu	25 737 143,4 Cal
während sich aus dem mit Einrechnung des Heizwertes der vergichteten Holzkohle berechneten Wärmezugang der Gesamtwärmeverlust durch die Gichtgase zu	39 982 187,0 „
ergibt, wovon durch den heißen Wind dem Ofen wieder	3 055 398,2 „
zugeführt wurden.	

Wir kommen somit zu folgenden

Wärmebilanzen.

A. Im Ofen produzierte und eingeführte fühlbare Wärme.

	Cal	Proz.
Wärmeaufnahme:		
Durch den Wind eingeführt	3 055 398,2	9,49
„ den Möller eingeführt	23 254,3	0,07
„ die Holzkohle eingeführt	27 102,4	0,09
Im Ofen produziert	29 082 736,5	90,25
Wärmezugang	32 188 490,7	100,00
Wärmeausgaben:		
Zerlegung des Wassers und Reduktionsvorgänge . . .	19 993 413,4	62,13
Schmelzen von Roheisen und Schlacke	5 743 730,0	17,84
Verdampfen des Wassers der Beschickung	2 545 978,8	7,91
Durch die Temperatur des Gichtstaubes	24 456,3	0,07
Durch die Temperatur der Gichtgase	1 799 230,3	5,59
Strahlungsverlust	2 081 681,9	6,46
Wärmeabgang	32 188 490,7	100,00

B. Bei Berücksichtigung der gesamten in den Ofen gebrachten Energiemengen.

	Cal	Proz.
Wärmeaufnahme:		
Heizwert der Kohlen	66 302 864,0	95,52
Durch den Wind eingeführt	3 055 398,2	4,40
„ den Möller eingeführt	23 254,0	0,04
„ die Holzkohle eingeführt	27 102,0	0,04
Gesamtwärmeaufnahme	69 408 618,0	100.00
Wärmeabgabe:		
Zerlegung des Wassers und Reduktionsvorgänge	19 993 413,4	28,80
Schmelzen von Roheisen und Schlacke	5 743 730,0	8,27
Verdampfen des Wassers der Beschickung	2 545 978,8	3,67
Durch den Gichtstaub	24 456,3	0,03
Durch die Temperatur der Gichtgase	1 799 230,3	2,59
Heizwert der Gichtgase	38 182 956,7	55,03
Strahlungsverlust	1 118 853,6	1,61
Gesamtwärmeverbrauch	69 408,618,0	100,00

Die Nutzleistung des Hochofens berechnet sich

nach Aufstellung A zu . . . . . 79,97 Proz.
nach Aufstellung B zu . . . . . 37,07 „
der Gesamtwärmeverlust durch die Gichtgase beträgt 39 737 143,4 Cal oder 57,62 „
wovon durch den heißen Wind dem Hochofen wieder zugeführt wurden . . . . . 3 055 398,2 Cal oder 4,40 „

In gleicher Weise hat Dr.-Ing. *Max Schlipköter*[1]) zwei Hochofenbilanzen berechnet, die im folgenden angeführt werden mögen. Bei denselben wurden auf 100 kg erzeugtes Roheisen

in Ofen I . . . . 6,64 kg,
in Ofen II aber 51,14 „

Schrott aufgegichtet. Seine Versuche ergaben für die Wärmeausgaben beider Öfen folgende Zahlen:

Ofen I.

	Cal		Proz.	
Zersetzung der Feuchtigkeit des Gebläsewindes	12 470		1,0	
Austreiben der Kohlensäure	36 870		3,1	
Reduktion	180 140		14,9	
Roheisen	25 806		2,1	
Schlacke	46 140		3,8	
Kohlenstoff des Roheisens	27 440	328 860	2,3	27,2
Verdampfen und Überhitzen der Feuchtigkeit		38 380		3,2
Heizwert der Gichtgase		659 320		54,7
Fühlbare Wärme der Gichtgase		41 570		3,4
Verluste		137 850		11,5
Summe		1 205 980		100,0

[1]) Wärmewirtschaft im Eisenhüttenwesen, 1926.

Ofen II.

	Cal		Proz.	
Zersetzung der Feuchtigkeit des Gebläsewindes	7 650		0,9	
Austreiben von Kohlensäure	20 530		2,6	
Reduktion	99 020		12,3	
Roheisen	25 800		3,2	
Schlacke	26 000		3,2	
Kohlenstoff im Roheisen	32 650	211 650	4,1	26,3
Verdampfen und Überhitzen der Feuchtigkeit		22 750		2,8
Heizwert der Gichtgase		441 000		54,9
Fühlbare Wärme der Gichtgase		32 860		4,2
Verluste		94 220		11,8
Summe		802 480		100,0

Vergleicht man obige Versuchsergebnisse, so zeigt sich — in Anbetracht der verschiedenen Verhältnisse — eine befriedigende Übereinstimmung, wie folgende Zusammenstellung lehrt, in welcher die drei oben angeführten Bilanzen der Reihe nach mit a, b und c bezeichnet sind:

Zerlegung des Wassers im Gebläsewind und chemische Vorgänge	28,80 Proz.	21,3 Proz.	19,9 Proz.
Schmelzen von Roheisen und Schlacke	8,27 „	5,9 „	6,4 „
Verdampfen der Feuchtigkeit der Beschickung	3,67 „	3,2 „	2,8 „
Heizwert der Gichtgase	55,03 „	54,7 „	54,9 „
Gesamtverlust durch die Gichtgase	57,62 „	58,1 „	59,1 „
Durch den heißen Wind wieder in den Ofen zurückgeführt	4,40 „	9,77 „	9,75 „
Desgl. in Proz. der Wärme der Gichtgase	7,636 „	17,88 „	17,75 „
Auch diese letzten Zahlen stehen in guter Übereinstimmung, wenn man in allen drei Fällen die Windtemperaturen in Betracht zieht.	350° C	794° C	760° C

Es wurde schon früher erwähnt, daß wir die Verbrennungstemperatur zu erhöhen vermögen, wenn wir die Verbrennungsluft — oder bei gasförmigen Heizstoffen auch diese — vorwärmen, und daß man auf diese Weise eine bessere Wärmeausnutzung erzielen kann.

Dort, wo die Abgase mit hohen Temperaturen aus einer Feuerung entströmen, kann man diese zur Vorwärmung der Luft (oder auch des Heizgases) benutzen; wodurch man noch den weiteren Vorteil erreicht, den Wärmeverlust durch die entweichenden Essengase zu verringern, also eine noch weitere Brennstoffersparnis zu erzielen.

Diese Wiedernutzbarmachung des Wärmeinhaltes der Abgase, indem man sie zur Vorwärmung von Luft und Heizgas benutzt, wird als Rekuperation oder (Wärme-) Regeneration bezeichnet, und zwar versteht man unter Rekuperation ein Verfahren, bei welchem die Wärmeübertragung von den Abgasen auf die vorzuwärmende Luft usw. kontinuierlich in der Weise erfolgt, daß sich letztere in Röhren bewegen, die in einem Raume liegen, der von den Essengasen durchströmt wird[1]), während bei letzteren die Wärme der heißen Abgase zunächst auf ein Gitterwerk von Stein übertragen wird, das — wenn es genügend hoch erhitzt ist — nach Abstellung der Abgaszuleitung von der zu erhitzenden Luft usw. durchströmt wird, so daß letztere erwärmt werden. Der Regeneratorenbetrieb ist also ein diskontinuierlicher. Dort, wo man Abgase hat, die noch viele brennbare Bestandteile enthalten, wie die Hochofengichtgase, kann man die Regeneratoren auch in der Weise anheizen, daß man diese noch brennbaren Abgase innerhalb derselben mit Zufuhr der nötigen Sekundärluft verbrennt, wie dies bei den Winderhitzern der Fall ist.

Zur Beurteilung der so erzielbaren Vorteile wollen wir einige Beispiele anführen, bei welchen wir zur Vereinfachung der Berechnung die Zusammensetzung der Luft mit *H. Le Chatelier* zu $O_2 + 4\,N_2$ annehmen und uns der *Le Chatelier*schen Formeln für die spezifische Wärme der Gase bedienen wollen.

Die Verbrennung

$$C + O_2 + 4\,N_2 = CO_2 + 4\,N_2$$

gibt eine Temperatur von 2040° C und entwickelt an Wärme $L = 97\,600$ Cal pro 1 g-Atom verbrannten Kohlenstoff.

Nehmen wir die Temperatur der abziehenden Gase in einem Ofen für die Leuchtgasfabrikation zu rund 1000° C, in einem Siemens-Martinofen aber zu 1600° C an, so ergibt sich der Wärmeinhalt q der abziehenden Rauchgase für jedes Grammatom verbrannten Kohlenstoff

beim Stahlofen (1600° C)	$q = 72\,100$ Cal	$\frac{q}{L} = 0{,}71$
beim Gasofen (1000° C)	$= 41\,700$ „	$= 0{,}43$.

Der Wärmeverlust durch Essenzug beträgt daher

beim Stahlofen	74 Proz.
beim Leuchtgas-Retortenofen	43 „ .

Wir haben hier eine vollständige Verbrennung mit der theoretischen Luftmenge vorausgesetzt, die wir ja in Wirklichkeit nie erreichen können. Wir müssen daher mit einem Luftüberschusse arbeiten, wodurch sich der Essenzugverlust weiter erhöht.

Hatten wir als Brennmaterial Gaskoks von nachfolgender Zusammensetzung

Kohlenstoff	79 Proz.
Wasserstoff	0,3 „
Sauerstoff	1,6 „
Stickstoff	0,6 „
Asche	9,4 „
Hygroskopisches Wasser	9,1 „
	100,0 Proz.
Heizwert	6500 Cal.

[1]) Manchmal bewegen sich beide in nebeneinander liegenden Kanälen, durch deren Wand die Wärmeübertragung erfolgt.

Wenn die Verbrennung in der Weise erfolgt, daß die Rauchgase 5 Proz. überschüssigen Sauerstoff enthalten, so ist ihre Zusammensetzung

Kohlensäure	0,140 Mole
Wasser	0,011 „
Sauerstoff	0,050 „
Stickstoff	0,790 „
	1,000 Mole.

1 Mol der Rauchgase enthält 0,149 g-Atome Kohlenstoff, was 2,27 g verbranntem Koks entspricht, deren Verbrennung zu CO_2 14 700 Cal und eine Verbrennungstemperatur von 1625° C liefern.

Somit enthält 1 Mol der Rauchgase bei einer Temperatur von

1600° C	13 400 Cal	$\frac{q}{L} = 91,5$ Proz.
1000° C	8 400 „	$= 57,0$ „ .

Der Wärmeverlust durch Essenzug wächst somit mit der Essengastemperatur und mit dem Luftüberschusse. Beim Stahlofen betrüge er beispielsweise nach obigem $^9/_{10}$ der produzierten Wärme, und es wäre daher, wenn man auch die erheblichen Strahlungsverluste in Rechnung zieht, ganz unmöglich, auf diese Weise den Stahlofenbetrieb durchzuführen. Tatsächlich fand der Stahlofen erst praktische Bedeutung, als *Siemens* das Regenerativprinzip ausgearbeitet hatte.

Haben wir es mit nicht vollständig verbrannten Rauchgasen, die also CO enthalten, zu tun, wie es bei hoher Brennstoffschicht am Roste vorkommen kann, so erleiden die Verhältnisse eine gewisse Änderung.

Als Beispiel sei Hochofengichtgas der Clarence-Works (1866) mit 332° C Gichtgastemperatur angeführt. Die Zusammensetzung desselben ist:

Kohlensäure (aus der Verbrennung von 0,37 Kohlenstoff und der Zerlegung von 0,03 $CaCO_3$ stammend)	0,121 Mole
Kohlenoxyd	0,278 „
Stickstoff	0,586 „
Wasserstoff	0,015 „
	1,000 Mole

Bildungswärme von 0,121 Molen CO_2	39 000 Cal
Die Verbrennung von 0,278 Molen CO gibt	19 000 „
Erhitzungswärme aller Gase von 0° C auf 332° C	2 500 „
Somit Wärmeverlust durch die Gichtgase	$\frac{19\,000 + 2500}{39} = 55$ Proz.,

wovon 19 000 Cal durch Verbrennung des CO wieder gewonnen werden können, so daß der nur der fühlbaren Wärme der Gichtgase entsprechende eigentliche Essenzugverlust nur . . . $\frac{2,5}{39} \cdot 100 =$ 6,4 Proz. beträgt.

Um nun zu ermitteln, welchen Nutzen wir durch Verwendung der Abgase zur Rekuperation oder Regeneration erlangen können, müssen wir bedenken, daß wir feste Brennstoffe deshalb nicht vorwärmen können, weil sie sich hierbei entweder entzünden oder zu destillieren beginnen würden. Somit bleibt bei Hochöfen nur die Möglichkeit, die einzublasende Verbrennungsluft (den Gebläsewind) zu erwärmen, für welche Zwecke man mancherlei Rekuperatoren oder Regeneratoren (man nennt sie in diesem Falle Winderhitzer) konstruiert hat.

Verbrennen wir 1 Mol unserer Gichtgase, so liefert es an Wärme 19 + 2,5 = 21,5 Cal, und die hierbei — wenn die Verbrennung mit der theoretischen Luftmenge erfolgt — erzielbare Temperatur berechnet sich mit den *Le Chatelier*schen Werten der spezifischen Wärme zu 1516° C, eine Temperatur, welche wir bei der Winderhitzung allerdings schon deshalb nicht erreichen können, weil wir hierbei die Verbrennungsgase des Regenerators nicht bis auf 0° abkühlen können und zur Verbrennung einen Luftüberschuß benötigen. In Wirklichkeit erhält man Windtemperaturen von etwa 800° C (in steinernen) oder 400° C (in eisernen Winderhitzern).

Die Wärmemenge, welche durch den so erhitzten Wind dem Ofen wieder zugeführt wird, also die hierdurch erzielte tatsächliche Verringerung des Wärmeverlustes, berechnet sich wie folgt:

Um die für den Hochofen erforderliche Windmenge zu berechnen, müssen wir vom Stickstoffgehalte der Gichtgase ausgehen, da ja der Sauerstoffgehalt derselben großenteils aus den Erzen und dem Zuschlagkalke kommt. Somit finden wir die zur Gewinnung von 1 Mol der Gichtgase erforderliche Windmenge zu $0{,}586 \cdot \frac{5}{4} = 0{,}73$ Molen, woraus weiter folgt:

Temperatur des Windes °C	0,73 Mole Luft erfordern zur Erwärmung Cal	Verlust mit den Gasen
1600	9,13	$\frac{21{,}5 - 9{,}13}{39} = 32$ Proz.
1400	7,81	$\frac{21{,}5 - 7{,}81}{39} = 35$ „
800	4,23	$\frac{21{,}5 - 4{,}23}{39} = 44$ „
400	2,04	$\frac{21{,}5 - 2{,}04}{39} = 50$ „
0	0	$\frac{21{,}5}{39} = 55$ „

Würden wir selbst den Wind auf die Verbrennungstemperatur der Gichtgase erhitzen können (1500° C), so würden wir dem Hochofen doch nur 9 Cal statt der 21,5 Cal, welche das Gichtgas mitführt, wieder zubringen können, weil die Masse und die Wärmekapazität der Verbrennungsprodukte des Gichtgases weit größer ist als jene der zu erhitzenden Luft, so daß wir einen Wärmeverlust von etwa 33 Proz. als das Minimum betrachten müssen, unter welches wir auf keine Weise herabkommen können.

Hiergegen ist die durch die Winderhitzung erzielbare **Brennstoffersparnis** weit größer, als der Unterschied zwischen den Wärmeverlusten durch die Gase ohne und mit Winderhitzung, und zwar deshalb, weil der durch Winderhitzung erzielte Wärmegewinn eine Verringerung der Brennstoffmenge gestattet. Hierdurch verringert sich aber auch die Menge der entweichenden Gichtgase und damit auch der Wärmeverlust.

Grundsätzlich muß die Wärmemenge, welche im Ofen notwendig ist, in allen Fällen die gleiche bleiben. Sind nun p, p_1, p_2, p_3 die verbrannten Brennstoffmengen, welche den verschiedenen Windtemperaturen entsprechen, so ist

$$p\,(100 - 55) = p_1\,(100 - 50) = p_2\,(100 - 44) = p_3\,(100 - 35) = p_4\,(100 - 32)$$

und wir erhalten:

Windtemperatur in °C	Wärmeverluste durch die Abgase Proz.	Differenz Proz.	Gewicht des Brennstoffes	Relative Brennstoffersparnis Proz.
0	55	—	p	0
400	50	5	0,909 p	9,1
800	44	11	0,800 p	20,0
1400	35	20	0,636 p	36,4
1600	32	23	0,582 p	41,8

Die durch die Winderhitzung bewirkten relativen Brennstoffersparnisse sind daher etwa 1,8 mal so groß wie die auf die Volumseinheit der Abgase bezogenen Wärmegewinne. Allerdings sind diese Zahlen nicht genau richtig, weil sich ja mit der Verringerung des Brennstoffbedarfes auch die Menge der Abgase und der aus diesen widergewinnbaren Wärme verringert. Die Brennstoffersparnis muß daher eine Grenze haben, die theoretisch dann erreicht ist, wenn die Wärmekapazität der Abgase ebenso groß geworden ist, wie jene des zu erwärmenden Windes.

Bei den vorstehenden Berechnungen blieb der Strahlungsverlust unberücksichtigt; er ist implicite in der berechneten, nutzbar gemachten Wärme enthalten.

Manchmal wird der Nutzen der Rekuperation fehlerhaft in der Weise berechnet, daß man die Temperatur der Verbrennungsgase beim Austritt aus dem Rekuperator oder Regenerator zugrunde legt. Auch auf einen **Arbeitsfehler** bei derartigen Untersuchungen muß noch hingewiesen werden, der darin besteht, daß man die Rauchgasproben zur Analyse nicht an derselben Stelle absaugt, an welcher auch die Temperatur gemessen wird. Er entsteht dadurch, daß die durch die Fugen des Regenerators oder Rekuperators eingesaugte Luft die Verbrennungsgase abkühlt, während doch ihr Wärmeinhalt unverändert bleibt. Nimmt man daher die Gasprobe vor der Stelle, an welcher die Temperatur gemessen wird, so erhält man zu günstige Werte; entnimmt man sie aber hinter dieser Stelle, so erhält man zu ungünstige Resultate.

Während das Vorwärmen von Luft (oder auch gasförmigen Brennstoffen) bei Rostfeuerungen wegen der raschen Abnutzung der Roststäbe schwer durchführbar ist, findet die Rekuperation hauptsächlich bei Gasfeuerungen statt. Es kommen hier besonders Generatorgas und Wassergas in Betracht. Ideales Generatorgas entsteht nach der Gleichung

$$C + \tfrac{1}{2}\,O_2 + 2\,N_2 = CO + 2\,N_2 + 29{,}4\ \text{Cal},$$

ideales Wassergas hingegen nach

$$C + H_2O = CO + H_2 - 28{,}8\ \text{Cal}.$$

Man kann nun entweder die Primärluft, die Sekundärluft, das Generatorgas oder den Wasserdampf (bei der Wassergaserzeugung) jedes für sich oder mehrere derselben gleichzeitig vorwärmen.

Im Folgenden sollen einige der wichtigsten dieser Fälle besprochen werden.

1. Fall: Erwärmung der Sekundärluft allein.

a) Beim Generatorgas:

Die Verbrennung von idealem Generatorgas erfolgt nach der Gleichung:

$$\underbrace{CO + 2\,N_2}_{\text{Generatorgas}} + \underbrace{\tfrac{1}{2}\,O_2 + 2\,N_2}_{\text{Sekundärluft}} = CO_2 + 4\,N_2 + 68{,}2\ \text{Cal}.$$

Erhitzt man die Sekundärluft auf die Temperatur der abziehenden Gase, so haben wir in den beiden früher herausgegriffenen Fällen (Stahlofen und Leuchtgas-Retortenofen):

Temperatur °C	Rekuperierte Wärme Cal	Wärme in den Abgasen (bezogen auf den Heizwert der Kohle) ohne Rekuperation	mit Rekuperation
1600 (Stahlofen)	2,5 · 12,5 = 31,25	$\frac{73,1}{97,6}$ = 75 Proz.	$\frac{73,1 - 31,3}{97,6}$ = 43 Proz.
1000 (Leuchtgasofen)	2,5 · 7,4 = 18,50	$\frac{42,0}{97,6}$ = 43 „	$\frac{42,0 - 18,5}{97,6}$ = 24 „

b) Bei Wassergas:

Die Verbrennung von idealem Wassergas liefert:

$$\underbrace{H_2 + CO}_{\text{Wassergas}} + \underbrace{O_2 + 4\,N_2}_{\text{Sekundärluft}} = CO_2 + H_2O + 4\,N_2 + 137{,}2\ \text{Cal}.$$

In den gleichen Fällen wie oben finden wir für die auf die Ofentemperatur vorgewärmte Sekundärluft:

Temperatur °C	Rekuperierte Wärme Cal	Wärme in den Abgasen (bezogen auf den Heizwert der Kohle) ohne Rekuperation	mit Rekuperation
1600 (Stahlofen)	5,0 · 12,5 = 62,50	$\frac{93,4}{97,6}$ = 96 Proz.	$\frac{93,4 - 62,8}{97,6}$ = 32 Proz.
1000 (Leuchtgasofen)	5,0 · 7,4 = 37,00	$\frac{53,0}{97,6}$ = 54 „	$\frac{53,0 - 37,0}{97,6}$ = 16 „

Hier wirkt die Rekuperation bedeutend günstiger als beim Generatorgas, weil die Sekundärluftmenge doppelt so groß ist wie bei letzterem.

Die im vorstehenden berechneten Werte können in der Praxis allerdings nicht erreicht werden, weil Strahlungs- und Leitungsverluste auftreten und die Gase überdies auch etwas CO_2 und H_2O, die Verbrennungsgase aber stets einen Sauerstoffüberschuß oder unverbranntes CO enthalten; auch wird die disponible Wärme der Verbrennungsgase nicht vollständig auf die Sekundärluft übertragen.

Um von den tatsächlichen Verhältnissen ein Bild zu geben, möge folgendes Beispiel aus der Praxis des Generatorgasbetriebes angeführt werden:

Gaszusammensetzung		Bildungswärme
CO = 0,265 Volumproz.		+ 7,80 Cal
H_2 = 0,075 „	(aus flüssigem Wasser)	— 5,20 „
CO_2 = 0,05 „		+ 4,85 „
H_2O = 0,02 „	(verdampft)	— 0,20 „
N_2 = 0,59 „		— —
1,00 Mol	Summe	+ 7,25 Cal.

Wärmekapazität des Gases bei	800° C	1000° C
von 0,05 CO_2	0,45 Cal	0,62 Cal
„ 0,02 H_2O	0,16 „	0,22 „
„ 0,93 CO + H_2 + N_2	5,39 „	6,88 „
	6,00 Cal	7,72 Cal.

Hieraus berechnete Vergasungstemperatur	945° C[1])
Wirklich gemessene Vergasungstemperatur	740° C
Die Temperaturdifferenz von	205° C

rührt vom Strahlungsverluste des Generators her und beträgt etwa 1,6 Cal.

Die wirklich im Gase enthaltene sensible Wärme beträgt daher 7,25 — 1,60 = 5,65 Cal.

[1]) Hätten wir statt der *Le Chatelier*schen die *Neumann*schen Werte benutzt, so wäre ein etwas anderes Resultat erhalten worden.

Die Verbrennungsgase, deren Austrittstemperatur aus dem Ofen wir mit 1000° C annehmen wollen, enthalten

		welche an Wärme entführen
CO_2	0,315 Mole	3,90 Cal
H_2O	0,095 „	1,05 „
N_2	1,800 „	13,47 „
O_2	0,020 „	
	2,230 Mole	18,42 Cal.

Die 0,315 Mole CO_2 sind aus 3,78 g Kohlenstoff oder (wenn der Koks 90 Proz. Kohlenstoff enthält) aus 4,2 g Koks entstanden und entsprechen, wenn der Heizwert des Koks 7600 Cal beträgt, 32 Cal.

Wenn wir die Sekundärluft mit Hilfe der 1000° warmen Verbrennungsgase auf die Temperatur der aus dem Generator tretenden Gase (740° C) erwärmen können, führen dieselben der Feuerung zu: (2,33 — 1) 6,9 = 8,45 Cal, und wir finden schließlich:

Wärmeverlust durch die Verbrennungsgase:

Ohne Rekuperation . . . . $= \frac{18,42}{32} = 57,5$ Proz.

mit Erwärmung der Sekundärluft auf 740° C $= \frac{18,42 - 8,45}{32} = 31,2$ „ .

2. Fall: Erwärmung der Primärluft allein.

Zur Gewinnung von 1 Mol des obigen Generatorgases benötigen wir $1,25 \cdot 0,6 = 0,75$ Mole Primärluft, und um diese durch die 1000 °C warmen Verbrennungsgase auf 945° C zu erwärmen, sind . . . . 5,25 Cal
erforderlich, wovon durch Leitung und Strahlung (nach obigem) etwa 1,60 „
verlorengehen und . . . . 3,65 Cal
nutzbar gemacht werden.

Somit beträgt der Wärmeverlust durch die Verbrennungsgase:
ohne Rekuperation (wie früher) . . . . 57,5 Proz.
mit Erwärmung der Primärluft auf 945° C . . . $\frac{18,42 - 3,65}{32} = 46$ „ .

3. Fall: Erwärmung von Primär- und Sekundärluft zusammen.

Wir wählen das gleiche Generatorgas wie früher als Beispiel. Dasselbe erfordert

An Primärluft	0,75 Mole
„ Sekundärluft	1,23 „
zusammen	1,98 Mole.

	Wärmeinhalt der Primär- und Sekundärluft	Wärmeinhalt der abziehenden Gase
Bei 1000° C	14,8 Cal	18,42 Cal
„ 800° C	11,6 „	14,22 „
„ 600° C	8,6 „	10,45 „
„ 400° C	5,6 „	6,73 „

Bei einer Abkühlung von 1000° C können daher die Abgase an Wärme abgeben:

Auf 800° C	18,42 — 14,22 =	4,20 Cal
„ 600° C	18,42 — 10,45 =	7,97 „
„ 400° C	18,42 — 6,73 =	11,69 „ .

Unter diesen Umständen werden wir also die Primär- und Sekundärluft zusammen auf etwa 600° C erwärmen können, in welchem Falle sie 8,4 Cal in die Feuerung zurückführen, und wir haben somit:

Wärmeverlust durch die abziehenden Gase ohne Rekuperation (wie früher) . . . . 57,5 Proz.

Wärmeverlust bei Erwärmung der Sekundär- und Primärluft auf etwa 600° C . . . . $\frac{18,42 - 8,4}{32} = 32,0$ „ .

Ja, dieser Betrag würde sich sogar bei Berücksichtigung der Strahlungsverluste im Generator noch etwas (und zwar auf etwa 33 Proz.) erhöhen.

Ein Vergleich der drei letzten angeführten Beispiele zeigt, daß man hier die günstigsten Ergebnisse erhält, wenn man nur die Sekundärluft allein vorwärmt.

In ähnlicher Weise lassen sich auch jene Fälle behandeln, in welchen auch noch die Vorwärmung des Heizgases in Frage kommt. Näheres in der Literatur[1]).

XI. Brennmaterialien.

Einteilung in feste, flüssige und gasförmige, in natürliche und künstliche; natürliche feste, flüssige und gasförmige Brennstoffe.

Unter Brennmaterialien oder Heizmaterialien versteht man ganz allgemein Stoffe, welche bei ihrer Vereinigung mit Sauerstoff beträchtliche Wärmemengen entwickeln und daher von der Praxis als Wärmequellen benutzt werden.

In gewöhnlichem Sinne versteht man unter Brennmaterialien feste und flüssige kohlenstoffhaltige Substanzen (wie Holz, Torf, Kohle, Koks, Petroleum, Teer und Teeröle, Alkohol, Benzol, Benzin usw.), sowie kohlenstoff- und wasserstoffhaltige Gase (Leuchtgas, Acetylen, Naturgas, Generatorgas, Wassergas u. a.), wenn auch die Industrie manche andere Stoffe als Wärmequelle (also als Heizmaterial im weiteren Sinne) verwendet.

So wird im südlichen Italien der Schwefel beim Ausschmelzen des natürlich vorkommenden Schwefels als Heizmaterial benutzt, weil dort Mangel an anderen billigen Brennmaterialien herrscht; beim Rösten von Kiesen

---

[1]) *H. v. Jüptner*, Die Untersuchung von Feuerungsanlagen, Chem. Technologie der Energien I, Beiträge zur Feuerungstechnik II, Heizversuche an Kesselfeuerungen. *Jüptner* und *Toldt*, Chem.-calorische Studien über Generatoren und Martinöfen usw.

finden die Schwefelmetalle (namentlich FeS_2) als Brennstoff nützliche Verwendung, beim Rösten des Kohleneisenteins (*Blackband*) dient der in diesem Erze enthaltene Kohlenstoff als Brennmaterial, ebenso wird bei der Meilerverkohlung bzw. Verkokung ein Teil des Holzes oder der Kohle verbrannt, um die für den Prozeß nötige Wärme zu liefern. Beim Bessemerprozeß dient das im Roheisen enthaltene Silicium (saurer Prozeß) oder der Phosphor (basischer Prozeß) als Wärmequelle.

Bei der von *Hans Goldschmidt* erfundenen Aluminothermie dient metallisches Aluminium als Brennmaterial. Das Verfahren gründet sich darauf, daß ein Gemenge von feinkörnigem Aluminium mit gewissen Oxyden (wie Eisenoxyd), wenn man es an einem Punkte mittels einer Zündkirsche entzündet, von selbst weiter brennt und bedeutende Wärmemengen entwickelt. Bei der gewöhnlichen Thermitmasse z. B. verläuft der Prozeß in folgender Weise:

$$Fe_2O_3 + 2\,Al = Al_2O_3 + 2\,Fe.$$

Bildungswärme von Fe_2O_3	195,6 Cal
Bildungswärme von Al_2O_3	380,2 „
Somit Wärmeentwicklung pro 2 Grammatome Al	184,6 Cal

Das aluminothermische Verfahren findet praktische Verwendung zur Reduktion von Metallen und zur Herstellung kohlenstofffreier Metalle und Legierungen, sowie zum Erhitzen von Gegenständen (beim Schweißen und Nieten), zum Durchschmelzen von Blechen, zum Ausfüllen von Gußfehlern und Lunkern mit geschmolzenem Eisen u. v. a.

Im folgenden sollen nur jene Heizmaterialien besprochen werden, die man allgemein gewohnheitsmäßig als Brennmaterialien bezeichnet und einerseits nach ihrem Aggregatzustande, anderseits nach ihrer Herkunft in feste, flüssige und gasförmige, bzw. in natürliche und künstliche Brennstoffe einteilt.

Einteilung der Brennmaterialien.

Arten der Brennmaterialien	a) natürliche	b) künstliche
A Feste	Holz, Torf, Braunkohle, Steinkohle, Anthrazit	Holzkohle, Koks, Briketts usw.
B Flüssige	Petroleum (Rohöl)	Teer, Teeröle, Alkohol usw.
C Gasförmige	Natur- oder Erdgas	Leuchtgas, Koksofengas, Generatorgas, Wassergas, Misch- oder Dowson-Gas, Hochofengas, Acetylen usw.

A. Feste Brennstoffe.

a) Natürliche feste Brennstoffe.

Die natürlichen festen Brennstoffe sind von besonderer Bedeutung für die menschliche Wirtschaft. Sie enthalten:

1. Asche, die zurückbleibt, wenn man sie verbrennt.

2. Hygroskopisches Wasser, dessen Menge manchmal auch als Nässegehalt bezeichnet wird.

3. Die eigentliche Kohlensubstanz, die hauptsächlich aus Kohlenstoff neben veränderlichen Mengen von Wasserstoff, Sauerstoff und Stickstoff besteht und als wasser- und aschefreie Substanz bezeichnet wird.

Je nach der Zusammensetzung und den Eigenschaften unterscheidet man verschiedene Arten von festen natürlichen Brennstoffen, deren durchschnittliche Zusammensetzung und wichtigsten Eigenschaften in der folgenden Tabelle zusammengestellt sind.

Brennmaterial	Zusammensetzung der wasser- und aschefreien Substanz			Brennwert	Verhalten bei der Verkokung	
	C Proz.	H Proz.	O + N Proz.	Cal	Der Koks ist	flüchtige Stoffe Proz.
Holz	51	6	43	4700	nicht backend	—
Torf	58	6	36	5900	„ „	70
Braunkohle	70	5	25	6500	„ „	50
Steinkohle:						
magere, langflammige	80 bis 84	5,5	12 bis 10	8200	schlecht frittend	35 bis 40
fette, langflammige	84 bis 88	5	9 bis 10	8600	backend	30 bis 35
fette, kurzflammige	86 bis 90	5,0 bis 4,5	7,0 bis 5,5	8700	„	16 bis 23
magere, kurzflammige	90 bis 93	4,5 bis 3,5	5,5 bis 4,5	8600	schlecht backend	6 bis 14
Anthrazit	95	2	3	8200	nicht backend	3

Heute ist man ungeteilt der Ansicht, daß die Kohlen der Hauptsache nach aus Pflanzenstoffen entstanden sind, wenn auch tierische Reste daran beteiligt sein können[1]). Die Behauptung *Beroldingers*, daß der Torf im Laufe der Zeit in Braunkohlen und Steinkohlen übergehe, wurde von *J. T. Hoffmann*[2]) und namentlich von *Donath*[3]) bekämpft, dieselben haben sich aber in einer späteren Arbeit[4]) dem Standpunkt der Forscher genähert. *H. Potonié*[5]) unterscheidet vier Arten der Zersetzung abgestorbener organischer Substanzen, welche die erste Umwandlung von Pflanzen- und Tierstoffen bewerkstelligen.

1. Die Verwesung gibt nur flüchtige Produkte (CO_2, H_2O, etwas CH_4 usw.), aber keine festen oder flüssigen Rückstände. Cellulose und Protoplasma verwesen, während Harze und Wachs nur geringe Veränderung erleiden (Liptobiolithe).

2. Die Vermoderung tritt bei ungenügendem Sauerstoffzutritt ein und gibt einen kohligen Rückstand. Nach *Potonié* spielt sie auch noch in den heutigen Steinkohlenlagern eine Rolle.

---

1) *Strache* und *Lant*, Kohlenchemie behandelt die Entstehung der Kohle sehr ausführlich.

2) Ztschr. f. angew. Chemie **15**, 825 (1902).

3) Ztschr. f. angew. Chemie **19**, 657 (1906); Öst. Chemiker-Ztg. 1912, 131.

4) *Donath* und *Lissner*.

5) Die Entstehung der Steinkohle und der Kaustobilite überhaupt (wie des Torfes, der Braunkohle, des Petroleum usw.), Berlin 1910.

3. Die Vertorfung erfolgt ohne nennenswerten Sauerstoffzutritt und verursacht die Bildung echten Torfes, während der Waldmoder (der auch im Waldtorf auftritt) durch Vermoderung entstanden ist und schlecht zu verarbeitende, leicht verkrümelnde Torfe gibt[1]).

4. Die Fäulnis endlich findet bei völligem Luftabschlusse statt.

Hieran schließen sich als weitere Umwandlungen:

5. Die Inkohlung ist ein natürlicher Kohlenbildungsvorgang, der aber weitergeht als die Vermoderung oder Vertorfung.

6. Die Verkohlung erfolgt unter Einwirkung von Hitze, die durch Selbstentzündung, Blitzschlag, Gebirgsdruck oder vulkanische Massen hervorgerufen sein kann.

7. Als Bituminierung bezeichnet man endlich die Zersetzung tierischer Stoffe (Faulschlamm), wodurch das Bitumen der Kohlen gebildet wird.

Nach *Potonié* entsteht dort, wo Kohlehydrate vorwalten, Humus (Humite), hingegen dort, wo Proteine, Fette usw. überwiegen, Sapropel (Sapropelite) und endlich bei Vorhandensein von Wachs und Harz schwer zersetzliche Verbindungen (Liptobiolithe).

I. Natürliche Brennstoffe.

1. Holz und andere rezente Brennmaterialien[2]).

Man unterscheidet Laub- und Nadelhölzer nach den Pflanzen, von welchen sie stammen, oder nach dem spezifischen Gewichte harte und weiche Hölzer.

Harte Hölzer		Weiche Hölzer	
Spez. Gew. lufttrocken > 0,50 „ „ grün > 0,90	Spez. Gew.	Spez. Gew. lufttrocken < 0,55 „ „ grün < 0,90	Spez. Gew.
Buche	0,77	Weißtanne	0,48
Eiche	0,71	Fichte	0,47
Esche	0,67	Föhre auf trockenem Boden	0,55
Ahorn	0,64	Lärche	0,47
Ulme	0,57	Linde	0,44
Birke	0,55	Weide	0,48
Erle	0,54	Zitterespe	0,43
		Pappel	0,39
		Schwarzpappel	0,39

Obige Angaben beziehen sich auf das spezifische Gewicht des Holzes einschließlich der Poren; das der Holzfaser allein, ohne Poren, ist weit höher (etwa 1,5).

Holz wird gewöhnlich nicht gewogen (weil sein Wassergehalt, je nach Umständen, sehr verschieden sein kann), sondern gemessen, und zwar unterscheidet man den Festmeter, d. i. 1 cbm Holzsubstanz inklusive Poren (sein

---

[1]) *Keppeler*, Ztschr. f. angew. Chemie **34**, 374 (1921).

[2]) Siehe auch *H. v. Jüptner*, Chem. Technologie d. Energien I, 1, S. 149.

Gewicht ist gleich dem 1000fachen spezifischen Gewicht in Kilogramm) und den Raummeter, d. i. ein Kubikmeter geschichtetes Holz, dessen Gewicht von der Dichte der Schichtung und der Form der Holzstücke (Scheitholz, Knüppelholz, Reisholz[1]) abhängt. Das in einem bestimmten Volum Schichtholz enthaltene Volum Holzsubstanz nennt man den Derbgehalt:

Derbgehalte verschiedener Holzarten in Proz.	Minimum	Maximum	Mittel
Scheite von Laubholz, Scheite und Knüppel von Nadelholz, stark, glatt, gerade	73	77	75
Scheite von Laubholz und Nadelholz, schwach, glatt und gerade Scheite von Nadelholz, stark und schwach, knorrig, krumm Knüppel von Laubholz, stark, glatt, gerade	68	72	70
Scheite von Laubholz, stark und schwach, knorrig, krumm Knüppel von Laubholz und Nadelholz, stark und schwach, glatt und knorrig, gerade und krumm	63	67	65
Reisknüppel vom Stamm, Nadelholz	58	62	60
Reisknüppel vom Stamm, Laubholz	53	57	55
Reisknüppel von Ästen und Langreisig vom Stamm, Nadelholz	48	52	50
Reisknüppel von Ästen, Laubholz und Abfallreisig vom Stamm, Nadelholz Stockholz, Laubholz und Nadelholz	42	48	45
Langreisig vom Stamm, Laubholz	33	37	35
Abfallreisig vom Stamm, Laubholz	23	27	25
Abfallreisig und Langreisig von Ästen, Laubholz und Nadelholz	13	17	15

Das Holz besteht hauptsächlich aus Cellulose, $C_6H_{10}O_5$, doch findet sich in derselben noch auf- oder eingelagert:

Cutin bei Baumwolle, eine sehr widerstandsfähige Haut bildend (Cuticula),

Suberin bei Kork, bedingt die Verkorkung,

Lignin in der Zellmembran, weniger elastisch als das Cutin, bewirkt die Verholzung,

Pentosane (Gummisubstanzen) in der Zellmembrane, bewirken eine Volumsvergrößerung und Verschleimung der Zellen, und

Pektine.

Die Zusammensetzung der trockenen und aschefreien Hölzer variiert nur wenig, sie beträgt im Mittel:

Kohlenstoff	49,2 Proz.
Wasserstoff	6,1 „
Sauerstoff und Stickstoff	44,7 „ .

Bei Verwendung des Holzes als Brennmaterial kommt nur ihr Harz-, Wasser- und Aschegehalt in Betracht. Mit wachsendem Harzgehalt steigt die Brennbarkeit, die Flammbarkeit und der Brennwert.

[1]) Scheite sind Spaltstücke vom Stamm, dicker als 14 cm, Knüppel sind ungespaltene Stammstücke, 7 bis 14 cm dick am schwächeren Ende, Reisig hat weniger als 7 cm Stärke, Stockholz ist Wurzelholz. In neuerer Zeit wird das Holz im Kleinhandel allerdings auch gewogen.

Harzgehalte steirischer Hölzer (nach *L. Hampel*, Mitt. d. technol. Mus. Wien, 1882):

Taxus baccata L.	7,514 Proz.
Abies excelsa D. C.	2,734 „
Larix europaea D. C.	1,807 „
Pinus silvestris L.	1,744 „
Acer pseudoplatanus L.	1,69 „
Fraxinus excelsior L.	1,47 „
Fagus silvaticus L.	1,44 „
Betula alba L.	1,167 „ .

Der Aschegehalt des Holzes ist bei ein und demselben Baum recht verschieden, wie folgende Angaben *Violettes* über einen Kirschbaum zeigen.

Teil des Baumes	Kohlenstoff Proz.	Wasserstoff Proz.	Sauerstoff u. Stickstoff Proz.	Asche Proz.
Blätter	45,015	6,971	40,910	7,118
Obere Spitzen der Zweige, Rinde	52,496	7,312	36,637	3,454
Obere Spitzen der Zweige, Holz	48,359	6,605	44,730	0,304
Mittlerer Teil der Zweige, Rinde	48,855	6,342	41,121	3,682
Mittlerer Teil der Zweige, Holz	49,902	6,607	43,356	0,134
Unterer Teil der Zweige, Rinde	46,871	5,570	44,656	2,903
Unterer Teil der Zweige, Holz	48,003	6,472	45,170	0,354
Stamm, Rinde	46,267	5,930	44,755	2,657
Stamm, Holz	48,925	6,460	44,319	0,296
Oberer Teil der Wurzel, Rinde	49,085	6,024	48,761	1,129
Oberer Teil der Wurzel, Holz	49,324	6,286	44,108	0,231
Mittlerer Teil der Wurzel, Rinde	50,367	6,069	41,920	1,643
Mittlerer Teil der Wurzel, Holz	47,399	6,259	46,126	0,223
Unterer Teil der Wurzel	45,063	5,036	43,503	5,007

Selbstverständlich hängt auch der Gehalt an Asche und ihre Zusammensetzung von der Beschaffenheit des Bodens ab, auf welchem der Baum wuchs.

Der Wassergehalt des Holzes ist nach *Schübler* je nach der Jahreszeit verschieden.

Holzart	Zeit des Fällens	H_2O Proz.	Zeit des Fällens	H_2O Proz.
Esche	Ende Januar	28,8	Anfang April	38,6
Ahorn	„ „	33,6	„ „	40,3
Roßkastanie	„ „	40,2	„ „	47,1
Tanne	„ „	52,7	„ „	60,0

Ebenso fand man in

frischem Eschenholz im Januar	28 bis 29 Proz. Wasser
frischem Eschenholz im April	38 „ 39 „ „
Fichtenholz, an der Wurzel, im Januar	52 „ „
Fichtenholz, an der Wurzel, im April	61 „ „

Im Frühjahr ist der Wassergehalt am größten, verringert sich im Herbste stark und wird im Winter am kleinsten.

Der durchschnittliche Wassergehalt von frischgefälltem älteren Holze beträgt:

Hainbuche	20 Proz.
Ahorn, Esche, Birke	25 bis 30 Proz.
Steineiche, Buche, Weißtanne, Kiefer	35 „ 40 „
Erle, Fichte	40 „ 45 „
Linde, Lärche, Schwarzpappel	45 „ 50 „

Beim Liegen verliert das Holz, namentlich entrindetes, allmählich einen Teil seines Wassergehaltes. So fand *Af Uhr* in Schweden, daß in Nadelwaldungen Stämme, die im Juni geschlagen wurden, an Gewicht verloren

	Entrindet	Nicht entrindet
Ende Juli	34 Proz.	0,41 Proz.
„ August	38 „	0,84 „
„ September	39 „	0,92 „
„ Oktober	40 „	1,00 „

Um Scheitholz auf diese Weise auf einen minimalen Wassergehalt zu bringen, braucht man zwei Jahre oder mindestens zwei Sommer; man erreicht so etwa 20 Proz. in sehr trockenen Sommern, wenn das Holz ständig unter Dach ist, sogar 15 bis 16 Proz. Wassergehalt. Eine weitergehende Trocknung läßt sich nur durch Anwendung höherer Temperaturen erreichen.

Unter Umständen kommen auch noch andere pflanzliche Abfälle zur Verwendung, wie

	Heizwert in Cal
Altes Bauholz über der Erde	3974
Altes Bauholz unter der Erde	3729
Anbruchholz, ausgelaugt, getrocknet	4076
Anbruchholz, ausgelaugt, naß	1680
Anbruchholz, ausgelaugt, getrocknet	4021
Anbruchholz, ausgelaugt, naß	1749
Fichtenrinde, ausgelaugt, getrocknet	3880
Fichtenrinde, ausgelaugt, getrocknet	3783
Fichtenrinde, ausgelaugt, naß	1377
Fichtenrinde, ausgelaugt, naß	895
Valonea, ausgelaugt, getrocknet	3452
Valonea, ausgelaugt, naß	380
Lohe, ausgelaugt	1421
Lohe	1099
Lohe	1073
Kaffeschalen	3912

In den afrikanischen Wüsten wird Kamelmist, in den Polarländern auch Tran als Brennmaterial verwendet.

Da Holz nicht gewogen, sondern gemessen wird, hat *Winkler* folgende Verhältniszahlen für den Brennwert gleicher Volumina verschiedener Holzarten aufgestellt:

Holzart (lufttrocken)	Fichte = 100	Rotbuche = 100
Eiche	169	118
Ulme	156	109
Ahorn	153	106
Birke	152	105
Buche	143	100
Tanne	112	78
Weide	110	77
Pappel	109	76
Kiefer	106	74
Fichte	100	70
Linde	92	64

Auf Grund dieser Zusammenstellung wie der Erfahrung hat er für gleiche Derbholzmengen folgende Wertskala aufgestellt, wobei festes Buchenholz = 100 gesetzt ist:

1. Brenngüte = 100: Buche, Hainbuche, Birke, Zerreiche, Krummholzkiefer von höheren Standorten, Akazie, harzreiches altes Kieferkernholz, Schwarzkiefer.
2. Brenngüte = 95 bis 90: Ahorn, Ulme, Esche, harzreiches Lärchenholz, Edelkastanie, gewöhnliches Kiefernholz.
3. Brenngüte = 85 bis 75: Zirbelkiefer, Fichte, Tanne.
4. Brenngüte = 70: Linde.
5. Brenngüte = 65 bis 60: Erle, Eichenanbruchholz, Aspe, Pappel.
6. Brenngüte = 55 bis 50: Weide, Kiefernsplintholz.

Immerhin hängt die Wertschätzung verschiedener Hölzer auch von der Art ihrer Verwendung ab, so benutzt man dort, wo eine rasche Temperatursteigerung erreicht werden soll, weiches Holz. Bei Zimmerheizungen rechnet man 1 Raumteil hartes Holz durchschnittlich $1^1/_2$ Raumteilen weichen Holzes gleichwertig.

Auch die verschiedenen Teile eines Baumes haben verschiedene Brenngüte. Setzt man die Brenngüte des Stammes = 1, so ist jene von

Knüppel (Prügel)	0,90 bis 0,80	
Reisig	0,90 „ 0,75	
Stockholz, ausgekesselt	0,85 „ 0,80	harzreiche Nadelhölzer höher
Wurzelholz	0,65 „ 0,50	harzreiche Nadelhölzer höher
Wurzelholz, ausgefault	0,40	
Raff- und Leseholz	0,85 „ 0,50.	

2. Torf.

Torf ist nach *H. Strache*[1]) ein aus vorwiegend pflanzlichen Resten entstandenes, braun bis schwarz gefärbtes, im grubenfeuchten Zustand weiches, sehr wasserreiches (kolloidales) organisches Gestein mit weniger als 40 Proz. anorganischen Beimengungen (auf wasserfreies Material bezogen), das bedeutende Mengen von alkalilöslichen Huminsäuren enthält.

Stenstrupp teilt die Torflager, auch Torfmoore genannt, in Wald-, Wiesen- und Hochmoore; erstere bestehen hauptsächlich aus vermoderten Bäumen und sonstigen Waldpflanzen, während *Griesebach* für letztere beiden folgende Angaben macht:

Torfart	Hauptbestandteil	Vorkommen
Moostorf . .	Sphagnumarten	In Lagern, Nestern oder Gängen aller Moore
Heide- oder Erikentorf . .	Wurzeln und Stämme von Erica tetralix und Calluna vulgaris	In Hochmooren, deren Hauptbestandteil bildend
Wiesentorf . .	Wurzeln und Stämme von Glumaceen	In Grünlandmooren, den Hauptbestandteil bildend

F. Schwackhöfer unterscheidet Hochmoore (Heide- oder Moosmoore) und Niederungsmoore (Wiesen-, Gras- und Grünlandsmoore auch Brüche genannt).

Karmarsch teilt die Torfarten nach ihren äußeren Eigenschaften in folgende Gruppen ein:

A. Rasentorf (Farbe weiß oder gelb). Seine Bestandteile — wenig vermoderte Moose — deutlich zu erkennen; wenig Wurzeleinschluß.

B. Junger brauner oder schwarzer Torf; seine organischen Grundbestandteile sind noch gut zu unterscheiden.

a) Fasertorf, aus dem Rasentorf entstanden, faserige Struktur, Fasern mürbe und zerreiblich.

b) Wurzeltorf, mit Wurzeln, Halmen und Stengeln verunreinigt.

c) Blättertorf, zahlreiche vertrocknete oder halb vermoderte Blätter enthaltend.

d) Holztorf mit ziemlich dicken, wenig veränderten holzigen Zweigen, ja auch mit ziemlich großen Holzstücken vermengt.

C. Alter Torf. Die ursprüngliche organische Struktur wenig oder nicht erkennbar, Textur erdig, oft so dicht, daß er scharfkantig und mit glatten, wachsglänzenden Flächen bricht. Die Festigkeit ist sehr verschieden.

a) Erdtorf (wozu auch Bagger- und Sumpftorf gehört). Textur erdig, Bruchfläche matt und rauh, ganz oder fast ganz ohne Fasern.

b) Pechtorf, dicht, schwer, fest, mit glatten Bruchflächen und scharfkantigen Bruchstücken.

---

[1]) Brennstoffchemie **3**, 311 (1923).

Weber[1]) teilt die verschiedenen Torfarten zunächst nach ihrem Aschegehalt in:

1. Aschenärmere mit weniger als 40 Proz. Asche in der Trockensubstanz: Torf und Moder.

2. Aschenreichere mit 40 bis 95 Proz. Asche in der Trockensubstanz: Humuserden und Moorerden, und

3. aschenreichste, mit mehr als 95 Proz. Asche: Dammerden, Schlickböden (Kleiböden), Schwarzerden.

Letztere beiden Gruppen haben als Brennmaterial keine Bedeutung, können daher unberücksichtigt bleiben. Die erste Gruppe teilt *Weber* noch weiter in

a) Nährstoffreiche (entrophe) Torfarten:
  α) Schilftorf (Phragmitestorf)
  β) Seggentorf (Carextorf)
  γ) Schneidentorf (Cladiumtorf)
  δ) Astmoostorf (Hypnumtorf)
  ε) Bruchwaldtorf, aus den Überresten sumpfiger Wälder entstanden, bildet die oberste Lage der Niedermoore.

b) Nährstoffärmere (mesotrophe) Torfarten:
  α) Widertonmoostorf (Polytrichumtorf)
  β) Föhrenwaldtorf, aus Wäldern der Rotföhre, gemischt mit Beerenreisern, Bodenmoosen und Weißbirken, gebildet.
  γ) Heidetorf, aus Besenheide, Flechten und Moosen bestehend.

c) Nährstoffärmste (oligotrophe) Torfarten:
  α) Wollgrastorf (Eriophorumtorf)
  β) Beisentorf (Scheuchzeriatorf) in Hochmooren
  γ) Bleichmoostorf (Sphagnumtorf, Weißmoostorf oder Moostorf). Seine obersten Schichten, weißer Torf, sind weniger als Brennmaterial als zur Streu geeignet, während der ältere, schwarze Torf ein gutes Brennmaterial ist.

Der Wassergehalt des Torfes ist sehr bedeutend, in Torfmooren bis 96 Proz., in entwässerten Torfmooren etwa 85 Proz. Zum Lufttrocknen muß der Torf zu Ziegeln (Torfsoden) geformt werden. Beim Lufttrocknen sinkt ihr Wassergehalt nach zwei Wochen auf etwa 50 Proz. Nach zweimaligem Umsetzen und Verlauf von etwa 100 Tagen sinkt der Wassergehalt auf etwa 25 bis 30 Proz. Nach dem Trocknen nimmt der Torf (namentlich Maschinentorf, der auch gleichmäßiger trocknet) Wasser weniger leicht auf.

Der Heizwert des Torfes ist hauptsächlich von seinem Wassergehalt abhängig, weil sein Aschengehalt meist niedrig ist. Der Heizwert der wasser- und aschefreien Masse (Reinkohle) des Torfes schwankt zwischen 5000 und 5700 Cal, bei grubenfeuchtem Torf (mit 90 Proz. H_2O) sinkt er auf 500 bis 570 Cal herab.

Zwecks Torfgewinnung werden die Moore zunächst durch Drainierung, so gut es geht, entwässert, worauf man Torf aushebt, und zwar

---

[1]) Die wichtigsten Humus- und Torfarten und ihre Beteiligung am Aufbau norddeutscher Moore, Festschrift: Die Entwicklung der Moorkultur in den letzten 25 Jahren. Berlin 1908.

1. durch Torfstich (Stichtorf) bei genügender Konsistenz der Torfe, und zwar

a) mit Hand,

b) mit Stechmaschinen.

Der so gewonnene Torf wird in Haufen, Häufeln oder Stellagen, manchmal auch mit künstlicher Wärme (Darren) getrocknet.

2. Modeltorf wird, nachdem der Torf durch Trocknen oder Befeuchten die erforderliche Konsistenz erhalten hat, entweder durch Zerschneiden (Holland, Bayern, Salzburg) oder durch Komprimieren in Formen (Schlagtorf) in Ziegelform gebracht.

3. Maschinentorf wird aus dem Moor mit Stechmaschinen, Schnecken, Baggermaschinen oder Dampfflügen gewonnen, unter Wasser mit Messerwalzen zerrissen, in einem Bassin absitzen gelassen und schließlich in Ziegelform ausgestochen. Durch Trockenpressung gewonnene Torfziegel zerfallen im Feuer und sind wegen der Trocknungskosten teuer.

Analysen von Rohtorf, Sodentorf und Torfbriketts.

	Heizwert	Rohsubstanz Proz.							flüchtige Stoffe
		H_2O	Asche	C	H	O	N	S	
Baggertorf v. Hardt . .	—	80,80	9,49	5,67	0,58	2,07	0,28	0,21	6,11
Lufttrockener Torf:									
Handstich, Regensburg	3440	17,90	21,75	38,50	3,56	17,13	0,30	0,86	37,50
Handst. Buchscheiden	3750	17,50	5,72	43,70	4,34	26,64	1,10	0,10	—
Sodentorf, Oberbayern	3820	21,30	18,96	38,10	3,38	17,24	0,28	0,74	36,00
Sodentorf, Schwazer . .	2790	48,50	1,21	30,59	3,79	15,08	0,80	0,03	33,14
Sodentorf, Admont . .	—	40,50	0,40	32,30	4,00	22,01	0,70	0,09	—
Sodentorf, Primkenau .	—	34,80	11,37	—	—	—	2,23	—	—
Torfbriketts:									
Schwenzler Moor O. P.	—	9,40	6,12	48,84	4,11	29,03	1,81	0,09	—
Aus jungem Torf . . .	—	6,02	4,47	51,32	5,30	31,20	1,08	0,71	—

3. Braunkohle.

Die Braunkohlen sind hauptsächlich aus Pflanzenresten (in den älteren Schichten vorwaltend Nadelhölzer, Palmen und Zypressen, später Laubhölzer) entstanden und enthalten noch alkalilösliche Huminsäure. Die Farbe ist sehr verschieden, der Strich meist braun. An der Luft nehmen sie leicht Sauerstoff auf, geben Kohlensäure ab und verringern dadurch ihren Brennwert. Dabei tritt eine Erwärmung ein, die sogar zur Selbstentzündung führen kann. Sie kommen nicht vor der Tertiärperiode vor; die in ihren Lagern auftretenden Gase enthalten beträchtliche Mengen Kohlensäure.

Während man früher nur

Lignite oder faserige Braunkohlen,

erdige Braunkohlen und

muschelige Braunkohlen unterschied,

hat sie *Zincken* in folgende 12 Hauptarten eingeteilt:

1. Gemeine Braunkohle, derb, mehr oder weniger fest und dicht, hellbraun bis schwarzbraun, mit hellglänzendem Strich, ebenem bis flach muscheligem Bruch.

2. Erdige Braunkohle, mehr oder weniger leicht zerbrechlich, hell- bis dunkelbraun und mit mattem Bruch. Varietäten: Schwelkohle, Schmierkohle (in der Provinz Sachsen auf Kohlenstein verarbeitet), Aschengrund (bei Köln, als Düngemittel verwendet), kölnische Umbra oder kölnische Erde (als Farbe benutzt) und Rußkohle (in Böhmen).

3. Lignit oder faserige Braunkohle, holzartig, gelb bis dunkelbraun, H = 1 bis 2, spezifisches Gewicht = 0,5 bis 1,4, Bruch holzartig; Varietäten: Bastkohle und Nadelkohle.

4. Schieferkohle, schiefrig, dicht, bläulichschwarz bis schwarz.

5. Papierkohle in dünnen, biegsamen Lagen von grauer bis dunkelbrauner Farbe.

6. Blattkohle besteht aus sehr dünnen, übereinanderliegenden Pflanzenblättern.

7. Schilfkohle, schilfartige, längsgestreifte Partien in bandartigen Lagen.

8. Moorkohle, derb, ohne Holztextur, Bruch eben und flach muschelig, zum Teil dickschiefrig; meist locker, schwammig und zerbrechlich; dunkelbraun bis pechschwarz; spezifisches Gewicht 1,2 bis 1,3; gewöhnlich Begleiter der Lignitablagerungen und in ihren unteren Partien oder Zwischenräumen abgesetzt.

9. Pechkohle, derb, zähe bis spröde, selten fest; schwarzbraun bis pechschwarz; pech-, wachs- oder schwach fettglänzend, Strich braun, Bruch unvollkommen bis flach muschelig; H = 2,3, spezifisches Gewicht = 1,2 bis 1,3; tritt in der Nähe eruptiver Gesteinsmassen auf.

10. Glanzkohle, derb, vollkommen muscheliger Bruch, dunkelschwarz und stark glänzend; die härteste und festeste Braunkohlensorte. H = 2,5 bis 3,0; spezifisches Gewicht = 1,2 bis 1,5.

11. Gagat (nach dem Flusse Gages in Lizien benannt). Dicht, Bruch vollkommen muschelig; sammet- oder pechschwarz. Wird wegen seiner großen Festigkeit und geringen Sprödigkeit zu Schmucksachen verarbeitet (Jet oder Jayet).

12. Stengelige Braunkohle mit stengeliger Absonderung, braun, etwas fester als gemeine Braunkohle, sonst aber ähnlich beschaffen.

Kukuk teilt die Braunkohlen in folgender Weise ein[1]):

1. Humuskohlen (Humite).

a) Lignit mit vollständig erhaltener Holzstruktur. In Island Suturbrandur (in Frankreich und England versteht man unter Lignite überhaupt alle Braunkohlen). Beim Liegen an der Luft schwärzt sie sich häufig und wird der Pech-

[1]) *Hinrichsen* und *Taczak*, „Die Chemie der Kohle", 1916, 146; siehe auch *Strache* und *Lant*, „Kohlenchemie", S. 146 (in Anlehnung an *Potonié*).

kohle ähnlich. Bast- oder Nadelkohle stammt von Palmen, Blatt- oder Laubkohle besteht aus Blattresten.

b) Gemeine Braunkohle zeigt nur undeutliche Holzstruktur. Bei der erdigen oder mulmigen Braunkohle ist die organische Struktur ganz verschwunden; pulverförmige Varietäten werden Riesel- oder Klarkohlen genannt; weitere Varietäten sind Rußkohle, Moorkohle und Umbra.

c) Pechkohlen oder Glanzkohlen zeigen keine Holzstruktur, sehen den Steinkohlen ähnlich, sind jedoch nach Zusammensetzung und Verhalten den Braunkohlen zuzuzählen.

Eine übersichtliche Zusammenstellung der Eigenschaften der verschiedenen Humuskohlen gibt *Klein*[1]).

Art	Farbe	Gefüge (Struktur)	Bruch	Bemerkungen
1. Holzartige Braunkohle, fossiles oder bituminöses Holz	gelblichbraun bis schwarz	deutlich holzartig	holzartig	enthält oft in einem Stück erdige und selbst pech- bis glanzkohlenartige Teile
2. Gemeine Braunkohle	hell bis schwarzbraun	derb, mit Spuren von Holzstruktur	dicht bis erdig	Varietäten: Schwelkohle, Schmierkohle, Formkohle, Umbra
3. Erdige Braunkohle	dunkelbraun bis schwärzlich braun oder braunrot, etwas abfärbend	erdig zusammengebacken, amorph, zerreiblich, ohne vegetabilische Struktur	staubartig, matt	
4. Pech- oder Glanzkohle	schwarzbraun bis pechschwarz	fest und hart	muschelig	—

2. *Faulschlammkohlen (Sapropelite).*

Die hierher gehörigen Kohlen sind hauptsächlich aus tierischen Resten und Meerespflanzen (Algen) entstanden. Es gibt zahlreiche Abarten, und ihre Nomenklatur ist ziemlich verworren. *H. Potonié* unterscheidet folgende Arten:

a) Dysodil oder Stückkohle umfaßt nicht nur wirkliche Kohlen, sondern greift schon in das Gebiet der Ölschiefer hinüber. Sie haben gelbe bis braune Farbe, sind zäh und biegsam; solche Kohlen von blättriger Beschaffenheit nennt man Blätterkohle, Blattkohle, Papierkohle, Schilfkohle oder blätteriges Erdpech. Manche solcher Kohlen zeigen noch Reste von Chlorophyll und heißen dann Chlorophyllkohlen. Sehr aschereiche solche Kohlen sind: Kieselkohlen, erdpechhaltiger Polierschiefer, bituminöser Schiefer oder Ölschiefer. Nach den Organismen, welche hauptsächlich an ihrer Bildung beteiligt waren, unterscheidet man Algenkohlen, Fischkohlen, bituminöse Fischschiefer usw.

---

[1]) *Hinrichsen* und *Taczak*, l. c.

Übersicht der Faulschlammkohlen nach *Klein*[1]):

Art	Farbe	Gefüge (Struktur)	Bruch	Bemerkungen
1. Blattkohle	dunkelglänzend	übereinanderliegende dünne Platten	blätterig	—
2. Papierkohle	grau, gelblich, blaß bis dunkelbraun	—	—	—
3. Moorkohle	schwärzlich braun bis schwarz	derb, zerborsten	eben u. schimmernd bis zu schwachem Fettglanz	weit verbreitet
4. Gagat (Jet)	sammet- bis pechschwarz	dicht, fest, politurfähig	muschelig von wachsartigem Glanz	—

3. *Liptobiolithe (Wachskohlen).*

a) Schwelkohle oder Pyropissit ist eine harz- und wachsreiche erdige Braunkohle, die im ursprünglichen bergfeuchten Zustand oft nicht leicht zu erkennen ist, an der Luft aber rasch eine helle, gelbbraune Farbe annimmt. Sie ist reich an Gas, Öl und Paraffin. Da ihr Vorkommen heute in Deutschland schon erschöpft ist, hat man den Namen jetzt auf andere Kohlenarten ausgedehnt.

b) Die Schmierkohle, von schmieriger Beschaffenheit, verdankt ihr Entstehen gleichfalls dem Harzgehalt der Hölzer.

H. Potonié[2]) teilt die Braunkohlen nach ihrer chemischen Beschaffenheit in folgender Weise ein:

a) Braunkohle, aus Humussubstanzen hervorgegangen,

b) Pyropissit, aus harzigen und wachsartigen Stoffen gebildet,

Kohle	Zusammensetzung des rohen Brennstoffes			Zusammensetzung der wasser- und aschefreien (Rein-) Kohle		
	H_2O Proz.	Asche Proz.	Brennwert Cal.	C Proz.	H Proz.	O + N + S Proz.
Erdige Braunkohle und Lignite						
Sachsen	42 bis 56	2 bis 10	2000 bis 3200	63 bis 73	4,7 bis 7,3	32,3 bis 19,7
Niederlausitz	46 bis 58	2 bis 7	1800 bis 2500	64 bis 68	4,5 bis 5,3	31,5 bis 26,7
Böhmische Braunkohle						
Lignite	35 bis 45	3 bis 10	3200 bis 3800	71 bis 73	5,2 bis 6,0	23,8 bis 21,0
Gewöhnl. Sorten	18 bis 36	2 bis 8	4000 bis 5600	71 bis 78	5,4 bis 7,4	23,6 bis 14,6
Bessere Sorten, ferner Pech-, Glanz- und Gaskohle	5 bis 18	3 bis 10	5500 bis 7200	76 bis 78	7,3 bis 8,8	16,7 bis 13,2

[1]) l. c.

[2]) Die Entstehung der Steinkohle, S. 206.

c) pyropissitische Braunkohle, sie bildet den Übergang zwischen den beiden vorigen.

Die durchschnittliche Zusammensetzung der verschiedenen Braunkohlenarten ist aus vorstehender Zusammenstellung (S. 174. unten) ersichtlich[1]).

Zahlreiche Analysen von Braunkohlen enthält die Literatur[2]). Ihre Zusammensetzung, selbst von ein und demselben Fundorte, unterliegt beträchtlichen Schwankungen. So fand der Verfasser[3]) in verschiedenen Proben, von einem etwa faustgroßen Stücke entnommen:

Nr. der Probe	H_2O hygr. Proz.	Gasgiebigkeit Proz.	Kohliger Rückstand Proz.	Asche Proz.
1	8,49	28,57	53,85	9,09
2	8,02	29,07	53,57	9,34
3	7,77	27,95	54,79	9,49
4	7,63	28.41	54,15	9,81
5	6,87	31,67	52,31	9,15
6	9,13	29,67	53,27	9,94
7	8,17	28,81	53,21	9,81
8	7,24	31,90	51,54	9,32
Mittel	7,91	29,52	53,33	9,37

während eine andere Reihe von Proben vom selben Stücke ergaben:

Nr. der Probe	Einwage g	Gewicht des Bleiregulus		Zur Verbrennung von 1 kg der Kohle theoretisch erforderliche Sauerstoffmenge kg
		direkt ermittelt g	per 1 g Kohle g	
1	1,00	21,98	21,98	1,6990
2	1,00	22,31	22,31	1,7245
3	5,00	110,30	22,06	1,7052
4	5,00	109,38	21,88	1,6910
5	5,00	111,59	22,795	1,7252
6	5,00	111,36	22,68	1,7216
7	5,00	111,68	22,34	1,7269
8	5,00	115,42	23,08	1,7841
9	5,00	110,09	22,02	1,7021
10	5,00	112,52	22,50	1,7393
Mittel	—	—	22,3645	1,72189

Der Stickstoffgehalt der Braunkohlen erreicht selten 1 Proz., der Wassergehalt ist sehr verschieden, bei frisch geförderter Kohle 30 bis 40 Proz.
ja manchmal sogar bis 60 „
bei lufttrockener Kohle 10 bis 30 „
während bei 100° C vollständig getrocknete Kohlen an der Luft
rasch etwa 10 bis 18 „
Feuchtigkeit aufnehmen.

[1]) *Hinrichsen* und *Taczak*, „Die Chemie der Kohle 1916, S. 185.
[2]) z. B. *H. v. Jüptner*, „Chem. Technologie der Energien I, 186 bis 192. u. a.
[3]) *H. v. Jüptner*, „Fortschritte im Eisenhüttenlaboratorium“ II, S. 397.

Der Aschegehalt liegt zwischen 1 und 50 Proz.; sie enthalten auch meist 1 bis 2 Proz., manchmal noch mehr an Eisen oder organisch gebundenem, sog. schädlichen oder verbrennlichen Schwefel.

4. Steinkohlen und Anthrazit.

Die Steinkohlen kommen in der Steinkohlenformation, dem Devon, dem Keuper, Jura und Kreide, der Anthracit im krystallinischen Schiefergestein vor. Sie besitzen meist schwarze Farbe und lebhaften Glanz; mit freiem Auge läßt sich keine organische Struktur mehr erkennen, während schon *Gümbel* mittels des Mikroskops eine solche (vorwaltend Tüpfelzellen) nachweisen konnte.

Wenn auch zwischen Braun- und Steinkohlen keine ganz scharfe Grenze zu ziehen ist, so lassen sich doch zwischen beiden eine Reihe von Unterschieden feststellen, welche darauf zurückzuführen sind, daß die Braunkohlen Humine enthalten, welche in den Steinkohlen bereits in alkaliunlösliche Huminsubstanzen (Humuskohle) umgewandelt sind. Diese Unterschiede, wie sie *Donath* und andere festgestellt haben, sind folgende:

1. Braunkohlen geben mit verdünnter Salpetersäure (1 : 9) braune Lösungen, während Steinkohlen nicht reagieren.

2. Mit Salpeter-Schwefelsäure geben beide Kohlenarten, beim Eingießen in Wasser, einen Niederschlag, der, nach dem Trocknen, bei Braunkohlen in Aceton und wässeriger Kalilauge löslich ist, bei Steinkohlen aber nicht.

3. Die Schmelzen mit Ätzkali geben bei Braunkohlen braungefärbte Lösungen, die durch Säuren vollständig gefällt werden (Huminsäuren), Steinkohlen hingegen geben farblose oder grüne Lösungen, aus denen durch Säuren keine oder nur geringe Mengen von Huminsäuren gefällt werden.

4. Braunkohlen geben beim Erwärmen mit Kali- oder Natronlauge braungefärbte Extrakte, während Steinkohlen farblose Lösungen geben.

5. Bromlauge löst alle, selbst die ältesten Braunkohlen schon bei gewöhnlicher Temperatur vollständig, hingegen Steinkohlen, selbst beim Erwärmen, nur zum kleinen Teil.

6. Braunkohlen enthalten (nach *Benedikt* und *Bamberger*) die Methoxylgruppe, Steinkohlen aber nicht.

Karsten teilte die Steinkohlen nach ihrem Verhalten in der Hitze (Tiegelprobe) in Sand-, Sinter- und Backkohlen (1836), eine Einteilung, die *Schondorf* in folgender Weise erweitert hat:

Koks rauh, feinsandig, schwarz	überall, oder doch bis zum Rande locker	I. Sandkohle
	fest gesintert, in der Mitte locker	II. gesinterte Sandkohle
	überall fest gesintert	III. Sinterkohle
Koks grau und fest, knospenartig aufbrechend		IV. backende Sinterkohle
Koks glatt, metallglänzend, fest		V. Backkohle.

Gruner, Professor an der École des Mines in Paris, ein gebürtiger Elsässer[1]) stellte eine noch weitergehende Einteilung auf, die später, im Hinblick auf die Untersuchungsergebnisse über die westfälischen und Saarkohlen, in folgender Weise abgeändert wurde (Einteilung von *E. Muck*):

Kohlensorte	Elementarzusammensetzung C Proz.	H Proz.	O + N Proz.	$\frac{O+N}{H}$	Koks-ausbeute	Koksaussehen	Spez. Gew.	1 kg Kohle verdampft bei 120° C kg Wasser von 0° C
1. Magere Steinkohle mit langer Flamme (Flammkohle)	75 bis 80	5,5 bis 4,5	19,5 bis 15,0	4 bis 3	55 bis 60	pulverförmig oder höchstens zusammengefrittet	1,25	6,7 bis 7,5
2. Fette Steinkohle mit langer Flamme (Gaskohle)	80 „ 85	5,8 „ 5,0	14,2 „ 10,0	3 „ 2	60 „ 68	geschmolzen, aber stark zerklüftet	1,28 bis 1,3	7,6 „ 8,3
3. Eigentliche fette Kohlen (Schmiedekohlen)	84 „ 89	5,0 „ 5,5	11,0 „ 5,5	2 „ 1	68 „ 74	geschmolzen, bis mittelmäßig kompakt,	1,3	8,4 „ 9,2
4. Fette Steinkohle mit kurzer Flamme (Kokskohle)	88 „ 91	5,5 „ 4,5	6,5 „ 5,5	1	74 „ 82	geschmolzen, sehr kompakt wenig zerklüftet	1,3 bis 1,35	9,2 „ 10,0
5. Magere oder anthrazitische Steinkohle	90 „ 93	4,5 „ 4,0	5,5 „ 3,0	1	82 „ 90	gefrittet oder pulverförmig	1,35 bis 1,4	9,0 „ 9,5

Andere Arten der Einteilung wurden von *Hilt* in Kohlscheid[2]), von *Peter*[3]), von *A. Bauer* u. A. aufgestellt.

Wie sich aus obiger Zusammenstellung ergibt, besteht im allgemeinen ein Zusammenhang zwischen den Eigenschaften und der Elementarzusammensetzung der Kohle, doch kommen auch Fälle vor, daß Kohlen von fast gleicher Elementarzusammensetzung ein sehr verschiedenes Verhalten in der Hitze zeigen:

Vorkommen	Zusammensetzung der trocknen und aschefreien Kohle C Proz.	H Proz.	O + N Proz.	Koks aus der aschefreien Kohle Proz.	Art des Koks
Niederwürschnitz, Sachsen . .	82,34	4,73	12,93	66,43	sandig
Zwickau, Sachsen	82,59	4,76	12,65	77,29	gebacken
Zeche Alma, Flöz 4, Westfalen .	87,47	5,03	7,50	75,80	schwach gesintert
Zeche Präsident, Dickebank, Westfalen	87,79	4,78	7,24	77,60	gebacken und stark gebläht

[1]) Ann. des Mines 1873, 169; Dingl. pol. J. **213**, 244; siehe auch *H. v. Jüptner*, Chem. Technologie der Energien I, 1, 195.

[2]) *H. v. Jüptner*, Chem. Technol. der Energien I/1, 197, 198.

[3]) Beiträge zur Chemie der trockenen Destillation der Steinkohlen. Rostock 1908, S. 27.

In den Kohlenlagern lassen sich folgende verschiedene Gemengteile unterscheiden, die sich in folgender Weise charakterisieren:

Kohlenart	Farbe	Glanz	Sprödigkeit Spaltbarkeit	Gefüge	Bruch	Bemerkungen
			I. Humuskohlen			
a) Glanzkohle	tiefschwarz, färbt nicht ab	Glanz lebhaft	sehr spröde, leicht spaltbar	—	muschelig	findet sich in der ausgebildetsten Form im Anthrazit
b) Faserkohle	grauschwarz, färbt stark ab	samtglänzend	weich	pflanzlich	nadelig	auch Rußkohle genannt, findet sich in fast allen Kohlen auf den Schichtflächen; gibt hohe Koksausbeute
			II. Faulschlammkohlen			
a) Mattkohle	grauschwarz bis graubraun, färbt nicht ab	matt glänzend	fest bis zäh, geringere Spaltbarkeit	—	muschelig bis uneben	auch Kannel oder Bogheadkohle genannt; geringere Backfähigkeit und Koksausbeute, als Glanzkohle
			III. Mischkohlen			
a) Streifenkohle	—	—	—	—	—	Mischung von Glanz- und Mattkohle; die meisten Steinkohlen gehören hierher
b) Pseudokannelkohle	der Kannelkohle sehr ähnlich	—	spröde	feinschichtig	—	brennt nicht selbständig weiter wie die Kannelkohle

Die **Brandschiefer** endlich sind von Kohlensubstanz durchdrungener Tonschiefer und sehen oft Matt- oder Kannelkohle zum Verwechseln ähnlich; ihre Kohlensubstanz ist meist sehr reich an Wasserstoff.

Anthracite sind das letzte Glied des Kohlungsprozesses. Sie haben eine rein schwarze Farbe, meist große Härte und Festigkeit und muscheligen Bruch; doch kommen auch schiefrige und zerreibliche Sorten vor. Spezifisches Gewicht = 1,4 bis 1,80. Sie brennen ohne Rauch mit kurzer, rötlicher Flamme. Die Destillation gibt nur wenig Wasser und Bitumen; der Rückstand frittet nicht und behält auch seinen Glanz.

Zusammensetzung des organischen Anteiles:

Kohlenstoff	93 bis 95 Proz.
Wasserstoff	4 „ 2 „
Sauerstoff und Stickstoff	3 „

Die Destillation liefert ungefähr:

Pulverförmigen Koks	90 bis 92 Proz.
Gas	10 „ 8 „

Der Wassergehalt der frisch geförderten Kohle (die Grubenfeuchtigkeit) ist sehr verschieden, aber geringer als jener von Braunkohle und Torf; in lufttrockenem Zustand enthalten sie 2 bis 4 Proz., höchstens 8 Proz. Wasser; ihr Aschegehalt schwankt zwischen etwa 2 Proz. und mehr als 20 Proz. Für manche Zwecke kann ein hoher Schwefel- und Phosphorgehalt schädlich sein.

Zahlreiche Analysen in der Literatur[1]).

B. Flüssige Brennstoffe.

Als natürliche flüssige Brennstoffe seien erwähnt.

	Zusammensetzung in Proz.				Brennwert Cal.
	C	H_2	O_2	Asche	
Rohpetroleum aus Amerika	83,0	14,0	3,0	—	11 100
Rohpetroleum vom Kaukasus	85,0	11,5	3,5	—	10 300
Rapsöl	77,2	11,7	11,1	—	9 620
Butter	—	—	—	—	9 231
Tierfett (Mittel)	—	—	—	—	9 500

Im Jahre 1877 hat der russische Chemiker *Mendelejeff* die Ansicht ausgesprochen, daß im Innern der Erde vorhandene Carbide, namentlich Eisencarbid, durch eindringendes Wasser zerlegt werden, die hierbei sich bildenden Kohlenwasserstoffe später sich polymerisieren und als Erdöl an die Oberfläche gelangen[2]). Diese Ansicht ist seither aufgegeben, da sich so weder das Auftreten von Stickstoffbasen, Pyridin usw., noch die optische Aktivität des Steinöles erklären lassen. Seit es *C. Engler*[3]) gelang, Petroleum auf synthetischem Wege herzustellen, ist die Ansicht, daß es organischen, besonders tierischen, Stoffen seine Entstehung verdanke (Theorie von *Engler-Höfer*), allgemein angenommen worden, und *Pontié* hat auf die engen Beziehungen zwischen Faulschlamm und Petroleum aufmerksam gemacht. *Engler* erhielt, als er Fischfett unter starkem Überdruck bei 300 bis 400° destillierte, 75 Proz. eines Gemisches flüssiger Kohlenwasserstoffe, und *Marcusson*[4]) wies nach, daß die optische Aktivität des Erdöles vom Cholesterin stamme, und daß er bei der Destillation von natürlichem, linksdrehendem Cholesterin rechtsdrehende Destillate erhielt, deren Siedepunkt mit jenem der stärkstdrehenden Petroleumfraktion gut übereinstimmt.

[1]) *H. v. Jüptner*, „Chem. Technologie der Energien" I/1; *Hinrichsen* und *Taczak* „Die Chemie der Kohlen", *Schwackhöfer-Claus-Schmidt*, „Die Kohlen" u. A.

[2]) Siehe auch *Charitschkoff*, Chem. Revue **4**, 28, 256 (1897); **5**, 94 (1898) und *Sabatier* und *Senderens*, Compt. Rend. **122**, 1173 (1899); **131**, 187 (1900); **132**, 506 (1901); **134**, 1185 (1902).

[3]) Ber. d. Dtsch. Chem. Ges. **21**, 1816 (1888).

[4]) Chem. Revue **12**, 1 (1905); Chem. Centralbl. 1905, **1**, 400; Chem. Ztg. 1906, 788.

Im Jahr 1907 stellte *Engler*[1]) für die Erdölbildung folgende Sätze auf:

1. „Das Petroleum ist in der Hauptsache aus den Fettstoffen (feste und flüssige Fette, Fettwachse und Wachse) untergegangener tierischer und pflanzlicher Lebewesen entstanden, nachdem die übrigen organischen Bestandteile durch Fäulnis und Verwesung sich zersetzt hatten. Indirekt können daran auch — doch nur in geringem Maße — die Eiweißstoffe durch Abspaltung von Fettsäuren beteiligt sein."

2. „Die Umwandlung der Fettstoffe in Petroleum hat sich unter sehr verschiedenen Bedingungen des Druckes, der Temperatur und in langen Zeitperioden von verschiedener Dauer vollzogen."

3. „Die Verschiedenheit der natürlichen Erdöle ist in der Hauptsache durch die verschiedenen Bildungsbedingungen (Druck, Temperatur, Zeit) verursacht und erst in zweiter Linie durch die Natur der Fettstoffe verschiedener Abstammung."

4. „Soweit es sich um gewöhnliche Fette (Glyceride) handelt, bestand der erste Vorgang des Abbaues wahrscheinlich in der Abspaltung des Glycerins durch Wirkung von Wasser oder von Fermenten, oder von beiden, und also der Ausscheidung freier Fettsäuren. Der Abbau des Wachses kann auch — muß aber nicht — ohne vorherige Verseifung vor sich gegangen sein."

5. „Die Möglichkeit der Bildung weiterer Abbauzwischenprodukte durch Abspaltung von Kohlensäure und Wasser ist anzunehmen."

6. „Der endgültige Übergang dieser Fett-, Wachs- und Harzreste in Erdöl vollzog sich in zwei Stadien; 1. primär: in einer wahrscheinlich langsam verlaufenden gewaltsamen Zersetzung derselben, entweder nach Analogie der Druckdestillation oder unter Wärme-Druckwirkung ohne Destillation in gesättigte und ungesättigte Spaltstücke (Kohlenwasserstoffe); 2. sekundär: in einem darauf ganz allmählich vor sich gehenden Wiederaufbau komplexer Moleküle (Schmieröle) durch Polymerisation und Addition, sowie der Bildung von Naphthenen durch Umlagerung aus ungesättigten Spaltstücken der primären Zersetzung, eventuell auch nach der Bildung asphaltartiger Produkte durch Anlagerung von Sauerstoff und von Schwefel."

7. „Die optische Aktivität der Erdöle ist auf die Beimischung ganz geringer Mengen einer stark aktiven Ölfraktion zurückzuführen, deren Hauptbestandteil wahrscheinlich aus Cholesterinen (inkl. Phytosterinen) entstanden ist. Geringe Beimischungen von aktiven Substanzen stammen vielleicht auch von Spaltprodukten der Proteine, von Harzen, Gerbsäuren usw."

Das Rohöl wird entweder unmittelbar verheizt oder — wenn es genügend viele wertvolle Produkte, wie Benzin und Leuchtöl, enthält — destilliert. Bis 150° geht Benzin über, zwischen 150 und 300° Leuchtöl, bei noch höheren Temperaturen Gasöl; aus den Rückständen wird Schmieröl, Paraffin usw. gewonnen, oder sie werden verheizt. In Rußland werden nur die flüchtigen Bestandteile, einschließlich Leuchtpetroleum, gewonnen, alles übrige wird als Masut oder Astatki verheizt.

---

[1]) Internat. Petroleumkongreß, Bukarest 1907.

In Deutschland werden folgende Produkte gewonnen:

1. Destillat: Benzine:

	Spez. Gewicht	Siedegrenze °
Gasolin I (Petroläther)	0,65 bis 0,66	30 bis 80
Gasolin II (Leuchtbenzin)	0,66 „ 0,68	30 „ 90
Autoluxusbenzin	0,69 „ 0,70	50 „ 105
Automobilbenzin I	0,700 „ 0,705	50 „ 100
Motorbenzin I	0,715 „ 0,720	50 „ 115
Handelsbenzin	0,725 „ 0,735	70 „ 115
Waschbenzin (Ligroin)	0,74 „ 0,75	80 „ 120
Schwerbenzin (Lackbenzin, Mineralterpentin)	0,75 „ 0,76	80 „ 130

2. Destillat: Petroleum (Leuchtöl).

	Spez. Gewicht	Flammpunkt °C	Siedeanalyse Proz. 150°	200°	250°	275°	300°
Deutsches Petroleum der hannoverschen Erdölraffinerie	0,8145	33	5,2	58,4	90,7	94,7	97,1
Galizisches Petroleum	0,809	25	11,8	40,1	67,5	81,2	91,7
Rumänisches Petroleum	0,806	30	12,7	60,5	88,3	—	97
Russisches Petroleum	0,807	30	8,4	42,4	73,2	86,2	95,8
Pennsylvanisches Petroleum der Pure Oil Company	0,709	26	23	43	66	—	92
Deutsch-amerik. Petroleum-Gesellschaft	0,792	25,5	13,2	31,7	49,1	61,6	77,3

Mittlere Zusammensetzung	85,2	Proz. C		Unterer Heizwert	10 500 Cal
	14,2	„ H_2		Theoretischer Luftbedarf	11,3 cbm/kg
	0,60	„ $O_2 + N_2$			
	0,02	„ S			
	0,0002	„ Asche.			

3. Petroleumrückstände (Naphthaline), meist aus Rumänien stammend, kommen nur für Italien in Frage.

Spez. Gew.	Flammpunkt	Viscosität (Engler)	Siedeanalyse	Zusammensetzung Proz. C	H	O + N	Unterer Heizwert
0,896	113°	20° = 11,9	Beginn 258°	82,02	12,6	4,82	10 077 Cal
		50° = 3,1	bis 300° — 20 Proz.				
		80° = 1,6					

4. Gasöl wird zur Karburation des Wassergases, zur Ölgasbereitung und zum Motorbetriebe verwendet.

Gasöl	Spez. Gew.	Flammpunkt °C	Siedeanalyse Proz. bis 150° C	bis 200° C	bis 250° C	bis 300° C	Zusammensetzung Proz. C	H	O + N	S	Unterer Heizwert Cal
Aus schwerem Wietzer Rohöl	0,849	95	—	—	11	73,5	86,64	12,88	0,02	0,26	9 994
Aus leichtem Wietzer Rohöl	0,882	—	1,7	7	16	22,1	—	—	—	—	—
Pechelbronn	0,853	67	—	11	32	73	85,96	12,07	0,14	0,56	10 186
Aus galizischem Treiböl der amerik. Petroleum-Ges.	0,861	53	—	—	10	70	87,0	12,98	0,13	0,42	9 834
Dziaditz der d. Vacuum Oil Cy	0,863	109	—	—	16	76	—	—	—	—	—
Rumänisches Gasöl:											
A	0,879	77	—	—	37,2	80	85,03	12,22	—	—	9 896
B	0,886	66,5	—	1,1	24,6	68,7	—	—	—	—	—

5. Erdölrückstände (Masut, Pakura), für Feuerungszwecke verwendet.

	Spez. Gew. bei 15° C	Flammpunkt ° C	Viscosität ° Engler	Zusammensetzung C Proz.	H Proz.	O+N Proz.	Unterer Heizwert Cal	Theoret. Luftbedarf kg
Russisches Masut	0,84 bis 0,95	>70	6,10	87,1	11,7	1,2	10 700	10,5
Galizisches Masut (Boryslaw)	0,925	109	—	85,23	13,24	1,5	—	—
Galizisches Masut (Harklowa)	0,91 bis 0,93	141	—	86,56	12,54	0,9	—	—
Rumänische Pakura	0,90 „ 0,98	140	—	—	—	—	—	—
			Mittel	86,29	12,50	1,2		

C. Naturgas oder Erdgas.

Das an manchen Orten aus dem Boden strömende brennbare Gas wird Naturgas oder Erdgas genannt und hat vielfache industrielle Verwendung gefunden. Schon im Altertum waren die heiligen Feuer von Baku bekannt und berühmt. Die amerikanischen Gasquellen im Bezirk Pittsburg in Pennsylvanien lieferten schon 1890 täglich etwa 10 000 000 cbm Naturgas zur Heizung und Beleuchtung von Wohnräumen, für Kesselfeuerungen und andere industrielle Gasfeuerungen, während 2 000 000 cbm nutzlos verlorengingen. Außer für Heizzwecke findet dieses Gas wegen des bedeutenden Druckes, unter welchem es den Bohrlöchern entströmt, nach entsprechender Druckregelung auch für Triebzwecke Verwendung. Als mittlere Zusammensetzung des Pittsburger Gases wird angegeben:

Methan, CH_4	67	Proz.
Wasserstoff H_2	22	„
Stickstoff, N_2	3	„
Äthan, C_2H_6	5	„
Äthylen, C_2H_4	1	„
Kohlensäure, CO_2	0,6	„
Kohlenoxyd, CO	0,6	„

Seine Leuchtkraft ist etwa halb so groß wie jene von Steinkohlenleuchtgas. Das Gas, das in 300 bis 900 m Teufe erbohrt wurde, findet sich unter den dortigen Kohlenlagern, scheint aber jetzt der Erschöpfung entgegenzugehen. Seither hat man jedoch neue reiche Erdgasquellen in West-Virginia, Ohio, Kansas, Oklahama, New York, Indiana usw. erbohrt.

Seit 1910 werden in Amerika aus dem Erdgase Kondensationsprodukte nach folgenden Methoden gewonnen:

1. Kompression bei gewöhnlicher Temperatur,
2. Kompression unter gleichzeitiger Abkühlung,
3. Kühlung allein (wobei höchstens mäßige Drucke zur Anwendung kommen),
4. Expansion der komprimierten Gase, (wobei sie sich abkühlen),
5. teilweise Absorption in geeigneten Lösungsmitteln.

Gewöhnlich kombiniert man die Methoden 3 und 4, wodurch man erhält: Naturgasolin, leichtes (als Lösungs- und Extraktionsmittel benutzt).

Naturgasolin, mittleres (als Betriebsmittel für Gasolinmaschinen verwendet),

Naturgasolin, schweres (wie Petroläther verwendet).

Gasol (verflüssigtes Gas) für Gasolmaschinen und

Flüssiges Gas für Gasolmaschinen und Gasbrenner aller Art.

Hierher gehören auch die von den Kohlen eingeschlossenen Gase (Grubengas) bei welchen in Braunkohlenbergbauen die Kohlensäure (schwere Wetter), in Steinkohlengruben Methan die Hauptbestandteile sind (Analysen in *H. v. Jüptner*, „Die Heizgase der Technik" S. 16 bis 20).

Über mitteleuropäische Gasquellen macht *Czáko* folgende Mitteilungen[1]):

Gasquelle	H_2S Proz.	CO_2 Proz.	C_xH_y Proz.	O_2 Proz.	CH_4 Proz.	C_2H_6 Proz.	N_2 und Edelgase Proz.
Neuengamme bei Hamburg	—	—	—	—	95,40	1,26	3,32
Kissármás, Bohrloch 2	—	—	—	0,15	99,12	—	0,73
Wels, Bohrloch bei Scharf	—	—	0,20	2,60	86,50		10,70
Pechelbronn, Bohrloch 220	—	—	0,40	0,50	76,58	16,18	6,36
Pechelbronn, Bohrloch 1261	—	0,26	0,62	0,46	96,17		2,48
Pechelbronn, Bohrloch 1266	Spur	47,45	—	0,10	5,65		46,55
Grubengas der Zeche Gneisenau . .	—	0,80	—	3,14	76,25	—	19,75

XII. Veredlung der natürlichen Brennstoffe

durch Aufbereitung, Trocknen, Brikettieren und Entgasung (Destillation über 500° und unter 500° C; Urdestillation).

Manche der natürlich vorkommenden Brennstoffe sind minderwertig und lassen keine günstige Ausnutzung zu, andere wieder sind zwar, so wie sie vorkommen, gut verwendbar, aber es ist möglich, sie noch besser auszunutzen oder wertvolle Nebenprodukte aus ihnen zu gewinnen, wenn man sie einer entsprechenden Bearbeitung unterzieht. Alle die hierher gehörigen Methoden faßt man als Umwandlungs- oder Veredelungsverfahren zusammen. Sie lassen sich in folgende Gruppen von Verfahren teilen:

1. Aufbereitung,
2. Trocknung,
3. Brikettierung,
4. Destillation,
5. Vergasung.
6. Extraktion,
7. Verflüssigung.

[1]) Beiträge zur Kenntnis natürlicher Gasausströmungen.

I. Aufbereitung.

An unseren festen Brennmaterialien ist für Zwecke der Wärmeentwicklung nur die aschen- und wasserfreie reine Kohlensubstanz von Wert, während der Aschen- und Wassergehalt derselben einen Ballast darstellt, der nicht nur die Transportkosten verteuert, sondern auch die rationelle Ausnutzung der Brennstoffe erschwert.

Die Aufbereitung will nun eine Veredelung der rohen Brennstoffe auf mechanischem Wege erzielen und verfolgt hierbei folgende verschiedene Zwecke:

1. Ein Sortieren derselben nach der Korngröße und
2. die Abscheidung aschenreicher, mehr oder minder wertloser Teile von den hochwertigen.

Die Sortierung nach der Korngröße erfolgt mit Sieben oder Rättern (schwingenden Sieben).

Die Trennung in aschenreiche und hochwertige Bestandteile erfolgt:

a) von Hand (Handscheidung), die Abfälle (Klaubberge) enthalten immer noch 30 bis 40 Proz. brennbare Bestandteile, wenn die reinen Berge beim Ausklauben getrennt werden.

b) Durch Setz- oder Waschprozesse, wobei die Trennung durch Wasser nach dem spezifischen Gewicht erfolgt. Zu diesem Zwecke müssen die Kohlenstücke annähernd gleiche Korngröße besitzen; das Waschwasser schwemmt die reinen Kohlenstücke mit 1,4 spez. Gew. weg, aus welchem sie sich, wenn das Wasser gestaut wird, wieder absetzen. Bei ungleicher Korngröße verwendet man mehrere Setzkästen und erhält so gewaschene Kohle und Zwischenprodukte. Solche Zwischenprodukte mit etwa 60 Proz. brennbaren Bestandteilen fallen gewöhnlich nur in geringer Menge und werden meist auf den Gruben selbst als Beimischung bei Kesselfeuerungen verwertet; die Abfallsprodukte aber (Waschberge), die noch immer 20 bis 30 Proz. brennbare Bestandteile enthalten, gehen auf die Halden, könnten aber wohl auch noch durch Vergasung ausgenutzt werden.

II. Trocknen der Brennmaterialien.

Der Wassergehalt der einzelnen Brennstoffsorten ist sehr verschieden und liegt zwischen etwa 2 Proz. (bei guten lufttrockenen Steinkohlen) und etwa 96 Proz. (bei Torfmooren); pflanzliche Abfallstoffe und Holz enthalten 40 bis 60 Proz., entwässerte Moore im Mittel 85 Proz. und erdige und mulmige Braunkohlen 40 bis 55 Proz. hygroskopisches Wasser. Ein Wassergehalt bis 10 oder 15 Proz. wirkt eher nützlich als störend, während Brennmaterialien mit 90 Proz. Nässegehalt praktisch als wertlos bezeichnet werden können.

Die billigste Art des Trocknens, die Lufttrocknung, kann nur bei stückigem Brennmaterial angewendet werden. So sinkt der Wassergehalt des Holzes nach 2 bis 3 Monate langem Ablagern auf 20 bis 15 Proz. und nimmt dann auch nicht mehr leicht wieder zu. Nicht entrindetes Holz trocknet allerdings viel langsamer (S. 167). Torf und Braunkohle müssen vor der Lufttrocknung zu Ziegeln (Naßpreßsteine und Torfsoden) geformt werden, um dann auf

Trockengestellen unter Flugdächern oder auf Trockenfeldern (der Torf hochkant) aufgestellt und der Luft ausgesetzt zu werden. Bei Braunkohlen-Naßpreßsteinen mit anfänglich 65 Proz. Wasser, sinkt der Wassergehalt in zwei bis drei Wochen auf etwa 25 Proz., bei rohem Torf mit 85 Proz. Feuchtigkeit nach zwei Wochen auf ungefähr 50 Proz., nach etwa 100 Tagen auf 25 bis 30 Proz. Getrockneter Torf (besonders Maschinentorf mit dichterer Oberfläche) nimmt Wasser weniger leicht auf. Maschinentorf trocknet auch rascher und gleichmäßiger, als Handtorf. Während Handstichtorf beim Trocknen keine erhebliche Schwindung erleidet, tritt eine solche bei Naßpreßsteinen auf.

de Grahl[1]) gibt folgende vergleichende Zusammenstellung der Arbeit bei Braunkohle und Torf:

Braunkohle	Torf
Abbaggern der Deckschicht.	Entwässern des Moores und Vorbereitungsarbeiten. Abbunkern des wertlosen Fasertorfes.
Gewinnung der Kohle im Tagbau durch Handbetrieb oder Bagger	Handstich oder Baggerung.
Transport der Rohkohle zur Aufbereitung	—
Sieben, Vermahlen, Pressen	Mischen und Pressen in der Torfmaschine an Ort und Stelle.
Aufsetzen der Steine in Schuppen.	Ablegen der Soden am Trockenfeld.
—	Häufeln.
—	Unter Umständen ein zweites Häufeln.
—	Abfahren der Soden zum Stapel.
Betrieb mindestens 250 Tage im Jahr.	Betrieb 100 Tage im Jahr.

Die Torfgewinnung ist daher teurer als die von Braunkohlennaßpreßsteinen; ein Formen und Trocknen des Torfes an der Verbrauchs- oder Verladestelle, wie dies bei der Rohbraunkohle geschieht, ist wegen der hohen Transportkosten (für 1 t Trockentorf müssen 5 t nasse Torfmasse befördert werden) untunlich.

Die Versuche einer künstlichen Trocknung der Naßpreßsteine, durch Abdampfung, vorgewärmte Luft oder Abhitze von Kesseln, scheinen nicht günstig ausgefallen zu sein. Nur über die Naßpreßsteintrockenanlage auf Ludwigshoffnung bei Wolfersheim liegt ein Bericht vor[2]), nach welchem zum Trocknen der Tagesleistung einer Presse (60 000 Steine) stündlich 3200 kg Dampf oder 1 kg Rohkohle für 1 kg Preßsteine erforderlich waren. Allerdings läßt sich durch Benutzung von Abdampf, der aber nur zeitweise zur Verfügung steht, etwas ersparen.

Hingegen hat die Trocknung mit Abgasen selbst dann günstigere Erfolge erzielt, wenn solche von Kesseln nicht zur Verfügung stehen. Es dürfen jedoch diese Abgase, um Destillation und Entzündung der Kohle zu vermeiden, nicht mit mehr als höchstens 350° in den Kanalofen eintreten, aus welchem sie mit etwa 80 bis 100° C entweichen.

[1]) Wirtschaftliche Verwertung der Brennstoffe, 1923.

[2]) „Braunkohle" III, Nr. 84.

Für die Brikettfabrikation wird die Rohkohle erfolgreich mit Feuergasen auf 12 bis 15 Proz. Wassergehalt getrocknet[1]). Die Trocknung im Feuertellerofen von *Riebeck*, die etwa 1 Stunde beansprucht, erfordert große Aufmerksamkeit, um Brände und Explosionen zu vermeiden, da man, um gleichmäßige und rasche Trocknung zu erzielen, die Feuergase mit etwa 400° C in den Ofen eintreten läßt. Aus diesem Grunde bedient man sich manchmal des mit Heißluft arbeitenden *Rowoldt*-Verfahrens und bedient sich niedrigerer Temperaturen, wodurch aber der Wirkungsgrad stark vermindert wird. Der Wärmeverbrauch beträgt nach *Richter* und *Horn*:

Zu erwärmen:	kg	Verbrauchte Wärme bei		
		45° C	60° C	80° C
Verdampftes Wasser	1	605 200	609 795	615 895
Trockenkohlensubstanz	0,756	5 478	8 257	11 869
Wasser in der getrockneten Kohle	0,133	3 998	6 002	8 682
Luft, bei einem Sättigungsgrade von 73 Proz.	27	160 448	—	—
Luft, bei einem Sättigungsgrade von 70 Proz.	12,7	—	120 767	—
Luft, bei einem Sättigungsgrade von 65 Proz.	5,3	—	—	75 589
	Summe	775 144	744 766	712 035

Jetzt wird fast allgemein mit Dampftrocknern, und zwar hauptsächlich mit Dampftelleröfen, aber auch mit Röhrentrocknern[2]) gearbeitet. Man versucht auch in Brikettfabriken die entweichenden Schwaden zu diesem Zweck auszunutzen, doch liegen Taupunkt und die Temperatur der Schwaden zu nahe, um große wärmetechnische Vorteile zu erreichen, und die Einrichtung ist teuer.

Nach den Versuchen von Dr. *Eckart*[3]) ergeben sich günstigere Resultate als nach denen von *Richter* und *Horn*. Er kommt zu einem Dampfverbrauch von 1,5 kg, während er in der Literatur mit 1,75 bis 2 kg angegeben wird, was im Hinblick auf die Leitungsverluste auch ziemlich zutreffen wird. Bei einem Dampfverbrauch von 1,75 kg ergibt sich beim Trocknen ein Wirkungsgrad von 51,7 Proz., bei 2 kg Dampfverbrauch von nur selten mehr als 45 Proz.[4]).

Vorschläge von *Crossley* und *Rigby*[5]) und von Dr.-Ing. *A. Eckardt*[6]) zur Verwertung gesättigter Schwaden erscheinen wärmetechnisch wenig vorteilhaft[7]).

Noch schwieriger stellen sich die Verhältnisse bei der künstlichen Trocknung des Torfes, worüber zahlreiche Versuche vorliegen.

Das Abpressen des Wassers ist nach *Hausding* so lange aussichtslos, als man nicht sein Wasserzurückhaltungsvermögen zerstören kann. Selbst bei Drucken bis 2000 Atm. konnte man den Wassergehalt desselben nicht unter

[1]) *Richter* und *Horn*, „Die mechanische Aufbereitung der Braunkohle“, 1910.

[2]) Letztere benötigen für eine, in der Stunde zu trocknende Tonne Rohkohle eine Heizfläche von 120 bis 130 qm mit Röhren von 7 m Länge und 80 mm Durchmesser.

[3]) Das Trocknen der Braunkohle und seine Wirtschaftlichkeit, 1913.

[4]) *Trenkler*, „Gewinnung und Verwertung der Brennstoffe“, Glasers Ann., 1910, 41.

[5]) *Gwosdz*, „Ein Verfahren zur Nutzbarmachung der beim Trocknen von Braunkohle entstehenden Dämpfe“, Braunkohle XII. Jahrg., 595.

[6]) D.R.P. 302 827.

[7]) *de Grahl*, „Wirtschaftliche Verwertung der Brennstoffe.“

70 Proz herabmindern, wozu noch der Umstand kommt, daß Pressen, Filtertücher und Siebe in kürzester Zeit ausgewechselt werden müssen, aber auch die Beimischung von trockenen Materialien (Naßpreßverfahren) oder Ausschleudern des nassen Torfes sind nicht mehr versprechend.

Die Fähigkeit des Torfes, Wasser mit großer Kraft zurückzuhalten, beruht nicht nur, wie bei jüngerem Moostorf, auf Capillarwirkungen, sondern rührt, wie *Ekenberg*[1]) gezeigt hat, von der Gegenwart kolloidaler Hydrocellulose (im mulmigen Torf) her, die jedoch durch Erhitzen auf 150° bei Gegenwart von Wasser zerstört wird. Sein patentiertes Naßverkohlungsverfahren (wet carburising) hat jedoch wegen ungenügender Apparatur noch keinen Erfolg gehabt, während das ähnliche Verfahren von *ten Bosch*[2]) günstige Versuchsergebnisse lieferte, so daß sich erwarten läßt, mit einem Selbstverbrauch von nur 26 Proz. der gewonnenen Trockensubstanz und bei einem Druck von höchstens 50 Atm. eine Entwässerung bis auf 35 bis 40 Proz., sowie die Brikettierung erzielen zu können. Derartige Briketts sind sowohl zum Hausbrand, wie zur Vergasung sehr gut geeignet. Überdies dürfte auf einem gegebenen Torffelde, durch dieses Verfahren, bei gleicher Gewinnungseinrichtung für die Torfgewinnung, sich die Erzeugung mindestens verdreifachen lassen, wozu auch der Umstand kommt, daß das Trockenfeld wegfällt, wodurch der Abbau des Moores begünstigt wird.

Beim Elektroosmoseverfahren des Grafen *Schwerin* geht die Entwässerung anfänglich sehr schnell und mit geringem Stromverbrauche vor sich; allein mit sinkendem Wassergehalt sinkt die Leitfähigkeit, und der Stromverbrauch wächst schnell, so daß bei einem Wassergehalt von 60 Proz. die wirtschaftliche Grenze erreicht ist. Der Stromverbrauch pro Tonne von 90 Proz. auf 65 Proz. entwässerten Torfes beträgt nämlich 53 kW-St., was einem Aufwande von 280 bis 300 kg des entwässerten Torfes für die Stromerzeugung entspricht. Dort wo der Torf unter Wasser gebaggert werden muß (Rohtorf mit 94 bis 96 Proz. Wasser), dürfte sich das Verfahren empfehlen, um den Torf auf 85 Proz. zu entwässern, weil dazu der Stromverbrauch verschwindend klein ist. Das geschieht beispielsweise bei der Wet Carburizating Co. in Dufried. Ebenso wird sich die Elektroosmose bei dem in Canada üblichen Abspritzungsverfahren des Torfes empfehlen; bei welchen der erhaltene Torf 98 Proz. Wasser enthält. Das Verfahren wird in Canada zur Trennung des mulmigen Torfes von den Torffasern benutzt, welch letztere zur Papierfabrikation verwendet werden.

Auch die Reinigung von Gasen, welche die Abscheidung von Staub und Wasser bezweckt, bildet eine eigene Art von Aufbereitung[3]). Hierbei sind folgende Methoden üblich:

a) Statische Gasreinigung durch große Staubsäcke, wobei entweder auf- und absteigende Röhren oder weite Kammern in Anwendung kommen.

---

[1]) Journ. Iron Steel Inst. 1909; Dingl. polyt. Journ. 1910, 151.

[2]) D.R.P. 316 347.

[3]) Siehe auch *Ledebur*, Handb. d. Eisenhüttenkunde II, 6. Aufl., bearb. von *H. v. Jüptner*.

Ihre Wirkung beruht teils auf häufigen Richtungsänderungen des Gasstromes, teils auf seiner — durch Erweiterung des Gasweges hervorgerufenen — Verlangsamung, welche den mitgerissenen Staubteilchen ihre Abscheidung ermöglicht.

b) Statische Kühlung durch Hordenkühler.

c) Dynamische Naß-, Vor- und Nachreinigung durch Zentrifugieren mit Wasser in Ventilatoren und nachherige Trocknung in Wasserabscheidern.

d) Die Desintegratoren bezwecken gleichzeitig die Wirkungen a) und b) in einem Apparat zu erzielen. Sie sind im Prinzip große Schleudergebläse (Ventilatoren), durch welche neben dem Gasstrome auch Wasser fließt. Die rasche Bewegung der Flügel schleudert die Staubteilchen an den Umfang, von wo sie durch das Wasser abgespült und am Boden abgeführt werden. Hierher gehören der *Theisen*-Wäscher, die Gasreiniger von *Schwarz-Bayer*, *Dingler* und viele andere.

e) Reinigung der Gase durch Filtrieren auf trockenem Wege wie die Beth-Filter. Man verwendet Sackfilter, die anfangs aus Baumwolle hergestellt waren, während man jetzt rohe Wolle benutzt, die sich trotz ihres hohen Preises zufolge ihrer großen Haltbarkeit (3 Jahre gegen 17 Monate) rentiert. Die *Beth*-Filter bestehen aus etwa 3 m langen Schläuchen von ungefähr 20 cm Durchmesser, deren unteres, offenes Ende in entsprechend durchlochten Platten fixiert ist, während ihr oberes Ende so aufgehängt ist, daß sie — zur Abscheidung des Staubes — in rüttelnde Bewegung versetzt werden können.

f) Die elektrische Reinigung wurde schon vor etwa 100 Jahren zuerst versucht[1]). In der zweiten Hälfte des 19. Jahrhunderts versuchte man die Verwendung dieses Verfahrens in der industriellen Praxis[2]), konnte jedoch, teils wegen zu großer Gasgeschwindigkeit, teils wegen des schädlichen Einflusses von Temperatur und Feuchtigkeitsgehalt, keine günstigen Erfolge erzielen. Für die Entwicklung des elektrischen Gasreinigungsverfahrens bahnbrechend waren die gleichzeitig und unabhängig voneinander durchgeführten Versuche von Dr. *Frederik Cottrell*[3]), sowie von *E. Möller* in Brackwede[4]), und im Jahre 1911, nach Verschmelzung der beiden Verfahren durch einen Vertrag, verbreitete sich die elektrische Gasreinigung rasch in weiten Kreisen.

III. Brikettierung.

Während man den Torf schon lange zu Ziegeln formte, geschah dies bei den Braunkohlen erst verhältnismäßig spät, obwohl man schon im 18. Jahr-

---

[1]) Anziehung von Sonnenstäubchen durch schwach elektrische Körper (Siegellack) auf beträchtliche Entfernung (*C. S. Rafinisque*, Am. Journ. of Science 1819,397); Rauchabscheidung durch Funkenentladung (*M. Hohlfeld*, Arch. d. ges. Naturwissensch. 1829, II, 205).

[2]) *Alfred O. Walker*, Anwendung der Elektrizität zur Kondensation des Hüttenrauches (Berg- u. Hüttenmänn. Ztg. 1885, 19. Juni, S. 253).

[3]) The electrical precipitation of suspended particles (Journ. Ind. and Engg. Chem. 1910, 355).

[4]) 1907 bis 1910.

hundert erdige Rohbraunkohle im breiigen Zustande mit den Füßen knetete und zu Ziegeln formte. Die Ursache, warum die Braunkohlenbrikettierung erst später einen so großen Aufschwung genommen, liegt in erster Linie in der durch ihren niederen Brennwert, meist größeren Wasser- und oft auch hohen Aschengehalt, sowie ihr geringes spezifisches Gewicht verminderten Transportfähigkeit bzw. den hohen auf 1 Wärmeeinheit entfallenden Transportkosten der Braunkohle, anderseits aber auch in dem Wunsche, die Verwendungsmöglichkeit derselben zu erweitern. Hierbei kam hauptsächlich in Betracht, daß die Braunkohlen nicht viel Flugasche geben, oft im Feuer zerfallen oder an und für sich mulmiger Beschaffenheit sind, während sie anderseits sehr wünschenswerte Eigenschaften besitzen (*Wiesenthal*), wie Vermeidung einer starken örtlichen Hitze, Verbrennung mit langer Flamme, Bildung einer meist lockeren, also leicht zu entfernenden Schlacke, und die Möglichkeit, sie bei sehr beschränktem Luftzutritt vollkommen verbrennen zu können.

Die Formgebung erfolgt nun:

1. aus nassen, plastischen Brennstoffen (Naßpreßsteine und Soden, Brikettierung von rohem Torf). Meist sind die verwendeten rohen Brennstoffe von Natur genügend plastisch oder werden es durch entsprechenden Wasserzusatz; der zu ihrer Herstellung erforderliche Druck ist ein geringer (für Naßpreßsteine 5 bis 10 Atm), bei den Verfahren von *Eckenberg* und *ten Bosch* höchstens 50 Atm.
2. Formsteine aus trockenem Brennstoff (Briketts), und zwar
   a) ohne Zusatz von Bindemitteln und
   b) mit Zusatz von Bindemitteln.

Nicht alle Braunkohlen lassen sich ohne Zusätze brikettieren; um dies möglich zu machen, müssen sie einen genügenden Bitumengehalt besitzen, worunter man Stoffe versteht, die wir mit Benzol (aber wohl auch durch andere Lösungsmittel, wie Pyridin) aus der Kohle extrahieren können, wobei es[1]) gleichgültig ist, ob diese Extraktion in siedendem Lösungsmittel bei Atmosphärendruck oder bei höheren Drucken stattfindet. Es handelt sich hierbei hauptsächlich um harz- und wachsartige Körper, bei Steinkohle um gesättigte und ungesättigte Kohlenwasserstoffe. Der Bitumengehalt macht die Kohlen plastisch, so daß sie bei genügend hohem Druck (bei mitteldeutscher Braunkohle 1200 bis 1500 Atm.) brikettiert werden können, doch müssen sie aber bis auf 12 bis 18 Proz. Wassergehalt getrocknet werden. Immerhin lassen sich nicht alle, selbst bitumenreiche, Braunkohlen auf diese Weise brikettieren, so daß das Bitumen offenbar ein Gemenge verschiedener Stoffe mit verschiedenen Eigenschaften darstellt; wahrscheinlich ist es bei den mitteldeutschen Braunkohlen ihr Paraffin- und Erdwachsgehalt, der ihnen die Bindefähigkeit verleiht. Setzt man der Rohbraunkohle Grudekoks zu, so verringert sich ihre Plastizität und Bindekraft, sowie die Güte der Briketts, so daß man mit diesen Zusätzen eine gewisse Grenze nicht überschreiten darf.

Wo man Bindemittel anwenden muß, wird der möglichst fein zerkleinerte Brennstoff mit diesen gemischt und dann brikettiert. Als Bindemittel ver-

[1]) *Schneider* und *Tropsch*, Ges. Abhandl. zur Kenntnis der Kohle II, 58.

wendet man Pech, Harz, besonders aber das sog. Zellpech von der Cellulosefabrikation und die Hartpeche des Steinkohlenteers. Die Menge des Zusatzes ist nach der Natur des Brennstoffes verschieden und beträgt etwa von Zellpech 5 bis 6 Proz., von Hartpech 6 bis 7 Proz. Während man früher das Gemisch in Trommeln erwärmte, setzt man heute entweder Ölgasteer zu (Verfahren von *Alexander*), oder man zerstäubt das vorher erwärmte Pech im luftverdünnten Raum, wobei man $^1/_6$ des angewendeten Bindemittels erspart (Verfahren von *Behr*); beides hat sich besonders bei mageren Steinkohlen und bei Koksabfall vorteilhaft erwiesen. Um die Plastizität zu vergrößern, brikettiert man gewöhnlich bei höheren Temperaturen.

Wegen ihres Harzgehaltes bedürfen pflanzliche Abfälle und Sägespäne gewöhnlich keines Bindemittels.

IV. Destillation.

Je nach der Temperatur, bei welcher die trockene Destillation durchgeführt wird, unterscheidet man:

a) Destillation bei Temperaturen über 500° C (Kokerei und Leuchtgasfabrikation) und

b) Destillation bei Temperaturen unter 500° C (Schwelverfahren).

a) Destillation bei mehr als 500° C.

Hierbei entstehen im allgemeinen folgende Zersetzungsprodukte:

1. Gas,
2. Teer,
3. ein wässeriges Destillat (Teerwasser) und
4. ein kohliger Rückstand.

Mit steigender Temperatur wächst die Gasausbeute, dem Gewichte wie dem Volumen nach, aber ihr Gehalt an schweren Kohlenwasserstoffen, und damit ihre Leuchtkraft, sinkt. Ebenso ist auch der Druck, unter welchem die Destillation erfolgt, von Einfluß auf die gebildeten Destillationsprodukte.

Man erreicht hierdurch folgende Vorteile:

1. Da der Kohlenstoffgehalt der verkohlten Brennstoffe größer ist als jener der rohen, aber auch deshalb, weil die im rohen Brennmaterial enthaltenen flüchtigen Stoffe, obwohl sie selbst teilweise brennbar sind, ja oft auch einen hohen Heizwert besitzen, bei ihrer unmittelbaren Verfeuerung erst in den Gaszustand übergeführt werden müssen, wozu erhebliche Wärmemengen verbraucht werden, ist der Brennwert der verkohlten Heizmaterialien größer als jener der rohen. Hierdurch werden auch, wo es sich um den Absatz der Brennmaterialien auf größere Entfernungen handelt, die Transportkosten pro disponible Wärmeeinheit verringert.
2. Die verkohlten Brennstoffe verbrennen ohne Rauchentwicklung,
3. sie sind nicht schmelzbar,
4. der Schwefelgehalt der Rohkohle verringert sich bei der Verkokung, und
5. es bietet sich die Möglichkeit, wertvolle Nebenprodukte zu gewinnen.

Hingegen sind an Nachteilen zu erwähnen:

1. Erfordert die Verkohlung der rohen Brennstoffe einen Aufwand an Wärme, also an Brennmaterial, an Zeit, Arbeitslöhnen und Apparaten,

2. die verkohlten Brennstoffe geben keine lange Flamme, was für manche Feuerungszwecke erforderlich ist, und

3. der Aschengehalt wächst bei der Verkohlung.

Die Entgasungswärme der Brennmaterialien wurde zuerst vom Verf. berechnet[1]) (damals als „Vergasungswärme" bezeichnet). Ebenso, wie man einen oberen und unteren Heizwert unterscheidet, kann man auch zwischen oberer und unterer Entgasungswärme einen Unterschied machen[2]).

Im Allgemeinen versteht man unter Entgasungswärme jene Wärmemenge, (Zersetzungswärme), welche aufgewendet werden muß, die Entgasung (Destillation) durchzuführen, vermehrt um jene Wärmemenge, welche auf die bei der Gasbildung zu leistende äußere Arbeit aufzuwenden ist. Bezieht man sich hierbei auf flüssiges Wasser und flüssigen Teer, so erhält man die obere, bezieht man sich hingegen auf Wasser und Teer in dampfförmigem Zustande, so hat man die untere Entgasungswärme.

Am einfachsten findet man erstere aus dem Unterschied zwischen den Verbrennungswärmen des rohen Brennstoffes und seiner Destillationsprodukte, wozu die auf äußere Arbeit verbrauchte Wärme hinzuzurechnen ist. Diese, vom Verfasser zuerst betretenen Wege mögen durch ein paar Beispiele erläutert werden[3]):

Schwackhöfer fand für Ostrauer Nußkohle

Kohlenstoff	73,55 Proz.
Wasserstoff	4,54 „
Sauerstoff	11,38 „
Stickstoff	0,46 „
Hygroskopisches Wasser	2,44 „
Asche	5,63 „
Verbrennlicher Schwefel	0,60 „

Brennwert im Calorimeter bestimmt . . . . 7433 Cal.

Verbrennungswärme der Elementarbestandteile dieser Kohle (Wasser als Dampf berechnet).

Kohlenstoff	$0{,}7355 \cdot 8\,080 = 5942{,}84$ Cal
Wasserstoff	$0{,}0454 \cdot 29\,600 = 1343{,}84$ „
Schwefel	$0{,}0060 \cdot 2\,500 = 15{,}00$ „
	Summe 7301,68 Cal.
Ab Verbrennungswärme d. Kohle	7433,00 „
Bildungswärme von 1 kg Kohle	— 131,32 Cal.

---

[1]) *H. v. Jüptner*, „Chemiker-Ztg". 1887 (Generatorstudien); *H. v. Jüptner* und *Fr. Toldt*, „Chem.-calor. Studien an Generatoren und Martinöfen" und „Chem.-calor. Untersuchungen über Generatoren und Martinöfen", *H. v. Jüptner*, Chem. Technologie der Energien I/1, 215, sowie „Die Heizgase" (1920).

[2]) *Strache* und *Lant*, „Kohlenchemie", 514.

[3]) *H. v. Jüptner*, l. c.

Nehmen wir an, daß bei der Verbrennung flüssiges Wasser gebildet worden sei, so finden wir für die Verbrennungswärme der Elementarbestandteile von 1 kg Kohle:

Kohlenstoff	$0{,}7355 \cdot 8\,080 =$	5942,84 Cal
Wasserstoff	$0{,}0454 \cdot 34\,600 =$	1868,40 „
Schwefel	$0{,}0060 \cdot 2\,500 =$	15,00 „
	Summe	7826,24 Cal.
Ab Verbrennungswärme der Kohle		7433,00 „
Bildungswärme von 1 kg Kohle aus den Elementen		— 393,28 Cal.

Das ist allerdings nur die Bildungswärme und nicht die Entgasungswärme der Kohle, für welche wir entweder die Bildungswärme der Destillationsprodukte oder deren Verbrennungswärme kennen müßten.

Da hier der Heizwert im *Schwackhöfer*schen Calorimeter, also unter konstantem Druck, bestimmt wurde, ist hierin die Wärmeleistung für äußere Arbeit bereits inbegriffen.

In ähnlicher Weise ergibt sich aus einer gleichfalls von *Schwackhöfer* ausgeführten Elementaranalyse von Leobner Stückkohle:

Kohlenstoff	60,91 Proz.
Wasserstoff	4,22 „
Sauerstoff	17,99 „
Stickstoff	0,71 „
Hygroskopisches Wasser	9,92 „
Asche	6,25 „
Verbrennlicher Schwefel	0,52 „

Brennwert, im Calorimeter bestimmt . . . . 6013 Cal.

Verbrennungswärme der Elementarbestandteile (dampfförmiges Wasser angenommen)

Kohlenstoff	$0{,}6091 \cdot 8\,080 =$	4921,53 Cal
Wasserstoff	$0{,}0422 \cdot 29\,600 =$	1249,12 „
Schwefel	$0{,}0052 \cdot 2\,500 =$	13,00 „
	Summe	6183,65 Cal.
Ab Verbrennungswärme der Kohle		6013,00 „
Bildungswärme von 1 kg Kohle		—170,65 Cal.

Nehmen wir die Bildung von flüssigem Wasser an, so erhalten wir:

Kohlenstoff	$0{,}6091 \cdot 8\,080 =$	4921,53 Cal
Wasserstoff	$0{,}0422 \cdot 34\,600 =$	1460,12 „
Schwefel	$0{,}0052 \cdot 2\,500 =$	13,00 „
	Summe	6394,65 Cal.
Ab Verbrennungswärme der Kohle mit		6013,00 „
Bildungswärme von 1 kg Kohle aus den Elementen		—381,65 Cal.

Im übrigen gilt hier dasselbe wie früher.

Man kann die Entgasungswärme aber auch in der Art berechnen, daß man von der Verbrennungswärme der Kohle, wie sie sich im Calorimeter ergibt, jene der Destillationsprodukte abzieht. So stellt *P. Mahler* für die trockene Destillation der Steinkohle von Commentry folgende Daten zusammen:

	Elementarzusammensetzung						Heizwert	100 kg Steinkohle geben Destillationsprodukte	Verbrennungswärme dieser Produkte
	C	H	O	N	Asche	H_2O			
	Proz.						Cal	kg	Cal
Steinkohle von Commentry	75,182	5,176	8,202	0,94	7,05	3,45	7423,2	100	742 326,0
Steinkohlenkoks	85,773	0,414	2,043	0,62	10,27	0,88	7019,4	65,66	460 893,8
Teer aus der Vorlage	90,186	4,848	4,966		—	—	8887,0	3,59	31 904,3
Teer aus dem Teersammler	89,910	4,945	5,145		—	—	8942,8	0,87	7 780,2
Teer aus dem Kühlapparat	87,222	5,499	7,279		—	—	8831,0	1,46	10 243,9
Teer aus dem Kondensator	85,183	5,599	9,218		—	—	8538,4	1,89	16 137,6
Steinkohlengas	55,086	21,460	23,454		—	—	11111,0	17,09	189 887,0
NH_3-Wasser	—	—	—		—	—	—	9,36	—
							Summe	99,62	716 846,8
Bei der trockenen Destillation verlorene Wärme									25 479,2

Hieraus ergibt sich die Entgasungswärme der Kohle pro 1 kg zu 254,792 Cal.

Auch hier kann man sich die Bildungswärme der Kohle in gleicher Art wie früher berechnen und erhält bei

Wasserdampfbildung . . . . $-75\,903 + 7423{,}3 = -167{,}0$ Cal
Bildung von flüssigem Wasser $-78\,503 + 7423{,}3 = -429{,}0$ Cal.

Da die Heizwertbestimmungen in der *Mahler*schen Bombe, also bei konstantem Volumen, erfolgten, sind die äußeren Arbeiten bei Verbrennung der Kohle und seiner Destillationsprodukte gleich, kompensieren sich also gegenseitig.

In gleicher Weise geht *C. Otto*[1]) vor. Er fand die Verkokungswärme einer Steinkohle bei 940° zu 710 Cal, wovon er noch die Differenz der Wärmeinhalte von Koks, Gas, Wasser und Teer zwischen der Verkokungstemperatur und 0° C im Betrage von 486 Cal abzieht und für die obere Vergasungswärme dieser Kohle findet: —260 Cal.

Methoden bzw. Apparate zur direkten Bestimmung der oberen Vergasungswärme wurden von *G. Weymann*[2]) sowie von *H. Strache* und *H. Grau*[3]) mitgeteilt. Sie fanden folgende Werte, welche auch die Abhängigkeit derselben vom Sauerstoffgehalt der Steinkohlensubstanz erkennen lassen.

Brennstoff	Sauerstoffgehalt der Steinkohle Proz.	Obere Entgasungswärme Cal/kg
Steinkohle I	9,81	— 9
„ II	10,70	— 9
Braunkohle I	19,52	+ 80
„ II	22,36	+104
Lignit	30,07	+210
Buchenspäne	45,19	+270
Cellulose (Baumwolle)	49,67	+263

[1]) Theoretische und praktische Ermittlung von Koksofenwärmebilanzen. Diss., Berlin 1914.

[2]) Vortrag in der Soc. of chem. Ind.; J. f. Gasbel. **63**, 748 (1920).

[3]) Brennstoffchemie **2**, 97 (1921).

Strache und *Frohn*[1]) ermittelten die untere Entgasungswärme einiger Brennstoffe wie folgt:

	Sauerstoffgehalt der Steinkohle Proz.	Untere Entgasungswärme Cal/kg
Steinkohle	8,37	—42
Braunkohle.	15,62	— 7
Cellulose (Baumwolle)	52,17	+ 39

Dolch[2]) gibt die Entgasungswärme von 1 kg Zillingsdorfer Braunkohle mit 316 Cal an.

b) Verschwelung (Destillation unter 500° C).

Heute bezeichnet man als Schwelerei solche Prozesse, bei denen die Destillation langsam und schonend, also bei niederen Temperaturen erfolgt, so daß tiefer greifende Zersetzungen oder pyrogene Umwandlungen vermieden werden.

Schon im Jahre 1788 wurde die Braunkohlenschwelerei geübt, sie gewann aber erst durch die Entdeckung des Paraffin im Holzteer (*Reichenbach* 1830) industrielle Bedeutung. Frankreich begann mit dem Schwelen von bituminösem Schiefer, England (1850, *Young*) mit schottischer Bogheadkohle, griff aber später, als diese rasch abnahmen, zu dem schottischen Ölschiefer westlich von Edinbourgh. Die in Deutschland Mitte des vorigen Jahrhunderts einsetzende Schwelerei wurde durch das gleichzeitige Auftreten von Leuchtöl aus Petroleum gehemmt. Seit 1855 die erste größere Schwelerei in Gerstewitz entstanden war, entwickelte sich die Schwelerei in Sachsen rasch. Die in den sechziger Jahren des vorigen Jahrhunderts entstandene Unternehmung zum Verschwelen württembergischen Liasschiefers konnte sich erst während des Weltkrieges beleben; seit 1885 verschwelt die *Gewerkschaft Messel* bei Darmstadt bituminöse, aschereiche Kohle, und während des Weltkrieges begann man, die braunschweigischen Ölschiefer der Schandelaher Mulde zu verwerten.

Während die trockene Destillation bei $> 500°$ C, je nach der Natur des destillierten Brennstoffes, neben Holzkohle, Torfkohle oder Koks, noch Gas, Teer und sauer oder alkalisch reagierendes Teerwasser liefert, gibt die Schwelerei eine größere Ausbeute an Halbkoks und sehr wertvollem Teer sowie ein besonders heizkräftiges Gas, allerdings in verminderter Menge.

Die Ergebnisse der bahnbrechenden Arbeit von Dr. *E. Börnstein*[3]) sind in der Tabelle S. 196 und 197 oben mitgeteilt.

Die Brennstoffrückstände hatten in allen Fällen nahezu gleiche Zusammensetzung und waren schaumig und gebläht. Die klaren, braunen und dickflüssi-

[1]) Brennstoffchemie **3**, 1922, Heft 22.

[2]) Mont. Rundschau **13**, 170 (1921).

[3]) „Über die Zersetzung fester Heizstoffe bei langsam gesteigerter Temperatur", J. f. G. 1906, 627ff.

gen Teere enthielten keinen freien Kohlenstoff und nur geringe krystallinische Ausscheidungen[1]). Im Zusammenhange mit dem Gehalt an flüchtigen Bestandteilen schwankte die Teerausbeute zwischen 1 und 10 Proz. Es liegt die Vermutung nahe, daß in dem Teer Stoffe enthalten seien, die in den Kohlen schon vorgebildet waren[2]).

Schon in den achtziger Jahren des vorigen Jahrhunderts hat *Friedrich C. G. Müller* bei der Destillation der Steinkohlen zwei Perioden unterschieden. In der ersten, der eigentlichen Destillationsperiode, entwickelten sich bei niedrigeren Temperaturen (500 bis 600° C) stark leuchtende Gase, Wasserdampf und Teer, wobei sich die Steinkohle aufbläht und Koks bildet. In der zweiten Periode, in welcher die Temperatur bis zur hellen Rotglut steigt, gibt der Koks unter Volumsverminderung abermals Gase ab, deren Volum nahezu $^1/_3$ des Gesamtgasvolums beträgt, die aber nur mit schwach leuchtender Flamme brennen und nicht von Teerbildung begleitet sind. Der Koks der ersten Periode enthält keinen freien Kohlenstoff, sondern ist ein Gemenge fester Kohlenstoffverbindungen, deren mittlere Zusammensetzung ungefähr der Formel $C_{15}H_4O$ entspricht. Wenn diese Zusammensetzung des Koks

Kohlenstoff	90 Proz.,
Wasserstoff	2 „ ,
Sauerstoff	8 „ ,

auch weniger Wasserstoff und mehr Sauerstoff enthält als die Destillationsrückstände *Börnsteins*, so ist das Ergebnis der *Müller*schen Untersuchungen ein überraschend ähnliches.

Pictet stellte 1911 fest, daß der bei der Vakuumdestillation bis 450° C entstehende Teer gewisse Verbindungen (darunter Hexahydrofluoren) enthält, die er früher durch Extraktion aus Steinkohle gewonnen hatte, und die auch in vielen Erdölen vorkommen. Ebenso zeigten *Whealer* und seine Mitarbeiter[3]), daß die Kohle bei niederer Destillationstemperatur Kohlenwasserstoffe der Fett- und Naphthenreihe sowie Phenole gibt, während sie bei hohen Temperaturen aromatische Kohlenwasserstoffe liefert. Sie bewiesen, daß die Zersetzung der Wasserstoffbildner erst über 400° C erfolgte. Naphthalin und Anthracen, welche für Kokereiteer charakteristisch sind, erschienen daher erst als sekundäre Produkte.

Ganz ähnliche Ergebnisse wie die Vakuumdestillation liefert auch die Destillation bei niederer Temperatur oder mit Wasserdampf.

Weitere wichtige Studien über die Tieftemperaturdestillation sind von *F. Fischer* und seinen Mitarbeitern in den Mitteilungen des Kohlenforschungsinstitutes veröffentlicht worden.

---

[1]) Paraffin, Schmelzpunkt 55 bis 60° C.

[2]) Kaiser-Wilhelm-Institut, „Kenntnis der Kohle“ Bd. 1, 2, 3.

[3]) J. Chem. Soc. **104**, 131 (1914); **104**, 140 (1914); **105**, 2562 (1914); und frühere Arbeiten in derselben Zeitschrift: **97**, 1917 (1910), **99**, 649 (1911); **103**, 1714, 1715 (1914); **105**, 2562 (1914).

Nr.	Benutztes Material	Zusammensetzung der ursprünglichen Reinsubstanz Proz.					Flüchtige Bestandteile	Die Destillation von 1 kg liefert				Zusammensetzung der restlichen Reinsubstanz Proz.		
		C	H	N	S	O	Proz.	Wasser g	Teer g	Gas l	Rückstand g	C	H	N
1	Lufttrockenes Kiefernstammholz	50,43	6,70	0,65	0,08	42,15	—	366,6	81,8	116,6	—	92,13	3,88	0,39
2	Fasertorf von Linum, lufttrocken	58,32	5,54	3,06	0,32	32,76	—	168,8	43,3	94,2	—	75,19	4,21	3,49
3	Märkische Braunkohle von Grube Blitz bei Herzborn	55,11	4,23	0,94	3,23	36,49	—	212,9	20,5	48,8	—	83,96	4,31	0,97
4	Böhmische Braunkohle	69,53	5,49	0,90	0,49	23,59	—	232,1	44,1	59,5	—	84,32	3,97	1,35
5	Oberschlesische Fettflammkohle der Hohenzollerngrube	80,00	4,67	1,13	0,95	12,26	37,57	69,4	81,0	28,6	828,5	87,84	3,69	0,94
6	Niederschlesische Gaskohle der Glückshilfsgrube	86,70	5,35	0,81	1,56	5,58	29,23	23,4	60,4	30,5	878,0	87,97	4,43	1,17
7	WestfälischeGaskohle der Zeche Zollverein I/II	85,08	4,82	1,08	1,06	7,95	32,63	43,0	75,3	23,4	842,8	87,74	3,83	1,07
8	Westfälische Gasflammkohle der Zeche Bismarck	84,90	4,44	0,98	1,55	8,13	36,51	47,8	95,8	17,6	815,8	87,60	3,95	1,15
9	Westfälische Flammkohle der Gewerkschaft General Blumenthal I/II	86,04	5,18	0,88	1,65	6,25	28,60	31,8	49,3	14,4	914,5	87,45	4,29	1,05
10	Westfälische Flammkohle des Schachtes Heinrich, der Bergbaugesellschaft Neu-Essen	82,87	5,06	0,70	1,73	9,64	30,21	43,8	52,3	13,1	875,0	86,82	4,09	0,33
11	Westfälische Fettkohle der Zeche Shamrock I/II	88,02	5,20	0,93	1,06	4,79	23,00	16,0	29,8	16,7	929,0	89,97	4,57	1,15
12	Westfälische Fettkohle der Zeche Altendorf	89,25	4,46	0,95	2,28	3,06	16,91	14,7	9,0	8,2	959,5	90,21	4,44	1,08

Betrachten wir nun die Destillationsergebnisse bei verschiedenen Rohmaterialien[1]), so haben wir zunächst beim

Holz

als Destillationsprodukte:

a) Leuchtgas (Holzgas), welches hauptsächlich Acetylen, C_2H_2, Äthylen, C_2H_4, Benzol, C_6H_6, Naphthalin[2]) $C_{10}H_8$, Kohlenoxyd CO, Kohlensäure CO_2 und Wasser H_2O enthält.

[1]) Hierher gehört auch die Destillation von flüssigen Brennstoffen (wie Ölgaserzeugung), die aber nur erwähnt werden kann.

[2]) Nicht sicher nachgewiesen.

Zusammensetzung der restlichen Reinsubstanz Proz.		Zusammensetzung des gewonnenen Teeres Proz.					Teer		Destillation des Teeres, Proz.[1]					Beschaffenheit des Rückstandes
									bis 200°	200 bis 300°	> 300°	—	Rückstand und Verlust	
S	O	C	H	N	S	O	Spez. Gew.	Paraffingehalt	bis 150°	150 bis 250°	250 bis 350°	> 350°		
—	3,00	68,61	8,13	1,84	—	21,42	1,106	—	24,8	31,4	14,8	—	29,0	—
0,32	16,88	75,35	10,34	5,14	0,27	8,90	1,02	6,37	12,9	48,0	21,7	—	17,4	—
4,00	6,16	78,95	9,98	4,53	1,51	5,03	1,009	12,24	3,2	33,8	38,3	—	24,7	—
0,73	9,63	73,47	9,58	1,94	0,26	14,75	0,97	5,04	17,0	41,0	34,2	—	7,8	—
0,97	6,56	81,74	9,20	1,35	0,62	7,05	0,96	1,7	6,3	27,3	29,0	30,0	7,4	Schwach rissig, zerbrechlich
1,36	5,06	84,60	8,85	1,03	0,55	4,97	0,97	0,5	7,9	30,1	26,6	25,9	9,5	Stark porös und aufgebläht, leicht zerreiblich
1,07	6,28	84,91	9,65	1,60	0,34	3,50	0,96	1,5	5,5	31,5	34,5	19,5	9,0	Stark rissig und sehr zerbrechlich, gebläht
0,81	6,49	84,01	9,81	0,94	0,88	4,36	0,95	2,1	6,5	28,1	36,3	20,5	8,6	Schwach koksartig, gebläht, zerreiblich, teilweise geschmolzen
1,47	5,74	84,56	9,43	0,81	0,72	4,48	0,97	1,2	5,5	27,2	32,8	21,3	13,2	Äußerlich koksartig, gebläht, sehr weich und zerreiblich
1,40	7,36	84,02	9,34	0,94	0,71	4,99	0,98	1,4	6,5	27,6	30,6	22,1	13,2	Stark aufgebläht und leicht zerreiblich, unhomogen
1,35	2,96	86,25	9,25	1,27	0,56	2,67	0,97	0,3	7,5	27,2	34,6	21,6	9,1	Stark schaumig, gebläht
1,53	2,74	88,32	7,84	1,05	0,59	2,21	1,03	0,0	8,8	21,3	31,0	26,5	12,4	Bröckelig, schichtweise stark gebläht

b) Teer mit Benzol C_6H_6, Naphthalin[2]), Paraffin $C_{20}H_{42}$ — $C_{22}H_{46}$, Reten $C_{18}H_{18}$, Phenol C_6H_6O, Oxyphensäure $C_6H_6O_2$, Creosylsäure C_7H_8O, Kreosote $C_7H_8O_2$, $C_8H_{10}O_2$ und $C_9H_{12}O_2$, sowie Brandharze.

c) Holzessig (wässeriges Destillat) mit Essigsäure $C_2H_4O_2$, Propionsäure $C_3H_6O_2$, Aceton C_3H_6O, Holzgeist CH_4O usw.

Nach *Violette*[3]) erleidet das Holz bis 200° C noch keine Veränderung, bei

[1]) Die Temperaturen über dem Strich beziehen sich auf die ersten vier, die unter dem Strich auf die übrigen Proben.

[2]) Nicht sicher nachgewiesen.

[3]) Polytechn. Journ. **123**, 117; **185**, 291, siehe auch *H. v. Jüptner*, Technologie der Energien I/1, 219 bis 225.

232° C bräunt es sich, zwischen 270° und 350° entsteht aus demselben **Rotkohle**, und über 400° C endlich Schwarzkohle; das Produkt zwischen Rot- und Schwarzkohle nennt man **Rotholz**. Die eben besprochenen Veränderungen gehören zum größten Teile in das Gebiet des Schwelens, erst bei der Bildung von Schwarzkohle beginnt die eigentliche Trockendestillation.

Bei rascher Verkohlung erhält man viel weniger Holzkohle als bei langsamer, aber weit mehr flüchtige Bestandteile. So erhielt *Violette* in einem, schon auf 432° vorgewärmten Gefäß nur 8,96 Proz., hingegen bei langsamerem Erwärmen des Holzes (in 6 Stunden) auf die gleiche Temperatur 18,87 Proz. Holzkohle. Holz liefert um so weniger Kohle, bei je höherer Temperatur die Verkohlung erfolgt; so fand er bei der gleichen Holzart:

Bei 250° C	50 Gewichtsproz.
„ 300° C	33 „
„ 400° C	20 „
„ 1500° C bis	15 „

Der Kohlenstoffgehalt der Holzkohle ist der Verkohlungstemperatur annähernd proportional:

Bei 250° C	65 Proz. C
„ 300° C	73 „ C
„ 400° C	80 „ C
„ 1500° C	96 „ C.

In vollkommen geschlossenen Gefäßen vergast weniger Kohlenstoff, weil derselbe infolge des gesteigerten Druckes und der Teerzersetzung zurückgehalten wird. Bei 280° C erhält man in vollkommen geschlossenen Gefäßen eine Ausbeute von 80 Proz. rote Kohle, mit überhitztem Dampf 40 Proz. und in Zylindern nur ungefähr 15 Proz.

Bei 300° bis 400° C schmilzt das Holz in vollkommen geschlossenen Gefäßen vollständig zu einer schwarzen, glänzenden, erhitzter Pechkohle ähnlichen Masse.

In der Praxis erfolgt die Verkohlung des Holzes in Meilern (heute schon ziemlich selten), in Gruben (Teerschwelerei), Meileröfen (in welchen Fällen ein Teil des Holzes verbrennt und die erforderliche Wärme liefert) und in Retorten, und zwar mit überhitztem Wasserdampf oder mit eigenen Feuerungen; die Zukunft der Holzverkohlung liegt wohl in der Anwendung rotierender Retorten.

Zusammensetzung von Meilergasen nach *Ebelmen:*

Zeit der Aufsammlung des Gases nach Anstecken des Meilers Stunden	Äußere Beschaffenheit des Gases	Gaszusammensetzung in Volumproz.			
		CO_2	CO	H_2	N_2
48	Weiß und fast undurchsichtig	25,57	8,68	9,13	56,62
72	Weiß und undurchsichtig	26,68	9,25	10,97	53,40
96	Weiß und undurchsichtig	27,23	7,67	11,64	53,46
66	Weiß und durchsichtig	23,51	5,00	4,89	66,60
71	beinahe durchsichtig	23,28	5,88	13,53	57,31
95	Bläulich, fast durchsichtig	23,08	6,04	14,11	55,77

Nach *Pettenkofer* beträgt die Gasausbeute von 100 kg Holz

Von Weiden	37,4 cbm	Von Eichen	34,0 cbm
„ Tannen	35,8 „	„ Buchen	33,4 „
„ Linden	35,7 „	„ Fichten	32,5 „
„ Birken	35,1 „	„ Lärchen	31,2 „

Zusammensetzung verschiedener Destillationsgase des Holzes.

Volumprozent	Schwere Kohlenwasserstoffe	CH_4	H_2	CO_2	CO	Leichte Kohlenwasserstoffe	N_2
Ungereinigtes Gas	—	—	—	54,5	33,8	6,6	—
Gereinigtes Gas aus dem vorigen	—	—	—	18 bis 25	40 bis 50	8 bis 12	—
Ungereinigtes Gas aus möglichst harzfreiem Fichtenholz (*Pettenkofer*)	6,91	11,06	15,07	25,72	40,59	—	—
Gereinigtes Gas aus der Bayreuther Fabrik	7,70	—	18,43	2,21	61,79	9,45	0,42
Gas aus Espenholz (*Reissig*)	7,27	—	31,84	—	25,62	35,30	—
Gas aus Lindenholz	7,86	—	48,76	—	22,30	21,17	—
Gas aus Lärchenholz	9,00	—	29,76	—	40,28	20,96	—
Gas aus Weidenholz	7,34	—	29,60	—	39,04	24,02	—
Mittel aus 14 Analysen (*Knapp*)	10,6 bis 6,5	—	48,7 bis 18,4	—	61,8 bis 21,3	35,3 bis 9,4	—

Bantlin (pyrogene Zersetzung von Cellulose, Stärke, Zucker und Sulfatcellulose[1]) erhielt bei der trockenen Destillation:

		Cellulose Proz.	Stärke Proz.	Zucker Proz.
Ausbeute an	Koks	32,9	28,6	12,2
	H_2O	31,7	29,7	6,29
	Teer	3,25	2,69	55,04
	Essigsäure	3,28	5,29	8,78
	Aldehyd	5,82	5,66	6,15
	Keton	0,11	1,11	0,34
	Gas	17,33	22,70	5,96
Verlust		5,23	4,20	5,38
Zusammensetzung des Teeres	C	52,20	45,02	38,91
	H	6,86	6,31	6,10
	O	40,94	48,67	54,90
Zusammensetzung des Koks	C	85,98	84,26	88,84
	H	3,31	3,22	3,79
	O	5,22	4,43	5,19
	H_2O	4,57	3,71	1,70
	Asche	0,92	4,38	0,48
Beschaffenheit des Koks		In ursprünglicher Struktur, aber bröckelig	In ursprünglicher Struktur, hart, metallglänzend	Leicht und aufgebläht

[1]) J. f. G. 1914, 32.

Schieferverschwelung.

Die Schiefer enthalten meist nur so geringe Mengen brennbarer Bestandteile, daß hier wohl nur die Teergewinnung und als Nebenerzeugnis die Ammoniakgewinnung in Frage kommt.

Guter schottischer Schiefer gibt etwa	24	Proz.	Teer
Im Durchschnitt aber nur	8 bis 13	„	„
Kohlenschiefer von Meißen	7 „ 8	„	„
Schiefer der Schauderlahn-Mulde	4 „ 5	„	„
Württembergischer Liasschiefer	2 „ 4	„	„
Höchstens	5 „ 7	„	„
Der Australische Schiefer (nach *Potonié*), eine Alpenkohle mit gibt die höchste Teerausbeute.	60	„	„

Die Destillation erfolgt in Tiegeln, Retorten oder Öfen mit Außenheizung (am einfachsten mit Außenfeuerung). Bei Heizung mit den Destillationsgasen erspart man nicht nur Brennstoff, sondern erhält auch einen besseren Teer. Auch kommen in Verwendung die Retorten von *Young* und *Beilby* (auch Pentland-Retorten genannt)[1]), das noch günstigere Verfahren der *Gewerkschaft Messel*[2]); während die Versuche, Schiefer in Generatoren zu verschwelen, keine günstigen Resultate ergaben[3]). Ältere, wagerechte drehbare Schwelöfen in Schottland hatten keinen Erfolg. *Thyssen & Co.* haben derartige drehbare Schwelöfen für Steinkohlen gebaut, die auch für die Schieferschwelung Beachtung verdienen.

Von der Raffination des rohen Petroleums kann hier abgesehen werden.

Torf.

Die trockene Destillation von Torf gibt nach *H. Vohl:* 100 Teile eines Torfes von einem Hochmoore im Kanton Zürich gab bei der trockenen Destillation:

17,625	Teile	Gas (schwere Kohlenwasserstoffe C_nH_m, Methan CH_4, Wasserstoff H_2, Kohlenoxyd CO).
5,375	„	Teer (Turfol von 0,82 spez. Gew., schweres Öl — Schmieröl — von 0,855 spez. Gew. und Paraffin).
25,000	„	wässeriges Destillat (Ammoniak, Methylamin, Picolin, Lutidin, Anilin, Cäspidin; CO_2, H_2S, C_xH_y, Essigsäure, Propionsäure, Buttersäure, Valeriansäure, Phenol und Wasser).
52,000	„	Torfkohle.
100,000	Teile	

Untersuchungen von *Sir Robert Kane* und Professor *Sullivan* über die Torfverkohlung in Gasretorten ergaben:

---

[1]) *Scheithauer*, „Die Schwelteere". Leipzig 1911. Otto Spamer.

[2]) D.R.P. 200 602.

[3]) *Beyschlag*, Journ. f. Berg-, Hütten- u. S.-Wesen 1919, 185.

Nr.	Art und Fundort des Torfes	Wasser	Teer	Kohle	Gas
1	Leichte und dichte Torfe vom Mount Lucas Bog bei Phillips, dieselben ungefähr zu gleichen Teilen gemischt	23,600	2,000	37,500	36,900
2	Leichter Torf, obere Lage, vom Wood of Allen	32,273	3,577	39,132	25,018
3	Schwerer, dichter Torf vom Wood of Allen	38,102	2,767	32,642	26,489
4	Obere Lage von Ticknevin	38,628	2,916	31,110	32,346
5	Derselbe, bei Rotglut destilliert	32,098	2,344	23,437	42,121
6	Obere Lage von Shannon	38,127	4,417	21,873	35,693
7	Dichter Torf	21,189	1,462	18,973	57,746
	Durchschnitt	31,378	2,787	29,222	36,606

Die Untersuchung des Teerwassers und Teers obiger Versuchsreihe ergab:

Nr.	Teerwasser					Teer		
	Ammoniak		Essigsäure					
	NH_3	entsprechende Menge Ammonsulfat	$C_2H_4O_2$	entsprechende Menge essigsaurer Kalk	Holzgeist	Paraffin	Brennöl	Schmieröl
1	0,302	1,171	0,076	0,111	0,092	0,024	0,684	0,469
2	0,187	0,725	0,206	0,302	0,171	0,179	0,721	0,760
3	0,393	1,524	0,286	0,419	0,197	0,075	0,571	0,565
4	0,210	0,814	0,196	0,287	0,147	0,170	0,262	0,617
5	0,195	0,756	0,208	0,305	0,161	0,196	0,816	0,493
6	0,404	1,576	0,205	0,299	0,132	0,181	0,829	0,680
7	0,181	0,702	0,161	0,236	0,119	0,112	0,647	0,266
Durchschnitt	0,268	1,037	0,191	0,280	0,146	0,134	0,790	0,550

Bei einer zweiten Versuchsreihe wurde ein Teil des Torfes mittels eines Gebläses verbrannt, wobei man folgende Resultate erhielt:

Art und Fundort des Torfes	H_2O	Teer	Asche	Gase	Teerwasser			Teer	
					NH_3	Essigsäure	Holzgeist CH_4O	Paraffin	Öl
Leichter Torf, obere Lage, vom Wood of Allen	30,678	2,510	2,493	63,319	0,322	0,179	0,158	0,169	1,220
Schwerer Torf, obere Lage, vom Wood of Allen	30,663	2,395	7,226	59,716	0,344	0,268	0,156	0,086	0,946
Dichter Torf von Shannon	29,818	2,270	2,871	65,041	0,194	0,174	0,106	0,119	1,012
				Mittel	0,287	0,207	0,140	0,125	1,059

Über die Ausbeute an Nebenprodukten bei der Torfdestillation gibt *Muspratts* Chemie folgende Zahlen:

Größe der Ausbeute in Proz. nach	*Kane* und *Sullivan* Proz.	*Hodges* Proz.	dem Prospekt der Irish Reat Company Proz.
Ammonsulfat	1,110	1,000	1,000
Essigsäure	0,207	0,328	—
oder essigsaurer Kalk	0,305	—	0,700
Holzgeist	0,140	0,232	0,185
Teer	2,390	4,440	—
Teerprodukte: Paraffin	0,125	—	0,104
Teerprodukte: Öl	1,059	—	0,701

Folgende Angaben über verschiedene deutsche Torfarten machen *Wagenmann* und *Vohl*:

Destillationsprodukt	Torf von Neumarkt nach *Wagenmann* A Proz.		B Proz.		Oldenburger Torf nach *Vohl* Proz.	
Wassergehalt des Torfes	33,58		36,26		lufttrocken	
Aschengehalt des Torfes	6,76		5,49		—	
Koks	27,70		25,77		35,3120	
Ammoniakwasser	50,01		58,03		40,0000	
darin Ammoniak		0,32		0,25	—	
Teer: Leichtes Öl	0,435		0,380		1,7633	
Teer: Schweres Öl, Schmieröl	1,103		1,124		1,7715	
Teer: Paraffinmasse	1,943		2,389		—	
Teer: Asphalt	—		—		1,5582	
Teer: Paraffin	—	4,89		5,190	0,3005	9,063[1]
Teer: Kreosot	—		—		3,6695	
Teer: Kohlige Rückstände	1,105		0,663		—	
Teer: Verlust	0,304		0,634		—	
Gase		17,400		11,11	15,6250	
Dämpfe					—	
Summe	100,000		100,000		100,0000	

Die Torfkohle ist sehr leicht (spez. Gew. 0,23 bis 0,38) und porös, absorbiert Farb- und Riechstoffe (Verwendung zum Entfuseln von Branntwein, Desinfektion und — weil sie NH_3 absorbiert — als Dünger). Leicht entzündlich, glimmt sie selbst bei schwachem Luftzutritt fort. Ihr Heizwert schwankt zwischen 6500 und 7000 Cal. Mittlere Zusammensetzung nach *F. Schwackhöfer*:

Kohlenstoff	75 bis 85 Proz.
Wasserstoff	2 „ 4 „
Sauerstoff	10 „ 15 „
Asche	5 „ 10 „

[1]) Nach *Stohmann* ist die Teerausbeute, wahrscheinlich wegen des Wassergehaltes, viel zu hoch.

Die Torfverschwelung in einem stehenden Ofen ergab nach *Hoering*[1]) folgende Resultate:

Torf von	Triangel 1	Triangel 2	Triangel 3	schwedische Triangel 4a	Schwedisch (berechnet) 4b	Schwedisch 5	Schwaneburg 6
H_2O . . . . Proz.	33	33	35	24	29	20	19
Mittlere Temperatur . °C	440	421	325 (?)	475	475	450 (?)	450 (?)
Tagesleistung . . . . . t	1,22	1,08	1,28	0,99	0,99	0,88	0,79
Koks . . . . Proz.	30	34	34	33	33	32	33
Teer . . . . „	4,9	4,9	5,2	6,7	7,1	7,2	7,2
Wasser . . . . . . „	38	41	37	33	34	29	29
Torfgas . . . . . . „	27,1	20,1	23,8	27,3	25,8	31,8	30,8
NH_3 . . . . „	0,084	0,077	0,130	0,157	0,167	0,203	0,206
Essigsäure . . . . „	0,532	0,630	0,591	0,676	0,585	0,539	0,536

Mittlere Zusammensetzung obiger sechs Torfteere (wasserfrei berechnet):

Saure Öle	13,9 bis 20,4,	Mittel 15,6 Proz.	
Solaröl	2,8 „ 6,6	„ 4,8 „	
Leichtes Gasöl	12,2 „ 18,4,	„ 15,2 „	
Paraffin	2,6 „ 7,4,	„ 5,3 „	
Schweres Gasöl	26,2 „ 44,0,	„ 36,5 „	
Pech	14,5 „ 20,6,	„ 17,5 „	
Verlust	3,4 „ 6,7,	„ 5,0 „	

Torfteer aus Elisabethfehn in Oldenburg enthielt nach *Follmann*[2]):

Benzin unlöslich . . . . 13 Proz.
Phenole . . . . 18 „
Flüchtige Neutralöle . . . . 18 „
Viscose Öle . . . . 33 „
Paraffin . . . . 13 „

und *Löbel*[3]):

Olefine . . . . 40 bis 45 Proz.
Aromatische Bestandteile . . . . 30 „ 35 „
Paraffin-Kohlenwasserstoffe . . . . 25 „ 30 „

Das Bertzitieren oder Bertinieren des Torfes bezweckt, durch schwache Erhitzung nicht nur das hygroskopische Wasser, sondern auch CO_2 und Konstitutionswasser auszutreiben, es dürfte heute noch an der Schwierigkeit scheitern, den Torf genügend vorzutrocknen.

[1]) Moornutzung und Torfverwertung, 277.
[2]) Ztschr. f. angew. Chemie **34**, 328 (1921).
[3]) Dissertation, Hannover 1911.

Braunkohle.

Die erdigen und muscheligen Braunkohlen zerfallen beim Glühen in kleine Stücke und eignen sich daher nicht zur Verkokung. Nur die Lignite, welche einen der Holzkohle ähnlichen Koks liefern, und die Pechkohlen geben festen Koks. Als Mittelwerte der trockenen Destillation von Braunkohlen kann man annehmen:

Koks	40 bis 50 Proz.
Teerwasser	12 „ 20 „
Teer	14 „ 35 „
Gase	15 „ 25 „

Hingegen hat gerade bei Braunkohlen das Verschwelen große Bedeutung. Hierbei wird die Destillation im Gegensatze zur Urdestillation so geleitet, daß die Wachse der Kohlen in Paraffin umgewandelt werden, aber keine großen Mengen von Gas und aromatischen Kohlenwasserstoffen entstehen. Das fordert langsame gleichmäßige Erhitzung und genaue Einhaltung der Temperatur.

Ursprünglich benutzte man[1]), in Mitteldeutschland bei mulmiger Braunkohle, liegende Retorten, ging aber bald zu Schachtöfen über, die anfangs für Innen-, bald aber für Außenheizung eingerichtet waren.

Die Beheizung erfolgte anfangs mit dem abfallenden Koks (Grude), später mit Schwelgas [*Wernecke*[2])], wodurch die Leistung eines Ofens um 20 bis 30 Proz. erhöht wurde, die Ofentemperatur wird in den Feuerzügen auf 400 bis 600° C gehalten, die Schweldämpfe entweichen mit 120 bis 150° C. Da die früher benutzte, vorzügliche Schwelkohle nicht mehr vorhanden ist, beträgt die Teerausbeute heute nur noch 3 bis 6 kg pro Hektoliter Kohle (= 70 bis 75 kg).

In Messel, wo man keine mulmige, sondern stückige Braunkohle hat, die reich an Wasser und Asche ist, aber kein extrahierbares Bitumen enthält, wird im Wasserdampfstrom verschwelt. Die in ziemlich großen Stücken gebrochene Kohle wird bis zu 6 Proz. Wassergehalt getrocknet und in stehenden Retorten verschwelt, die mit aus dem abfallenden Koks (Halbkoks) erzeugtem Wassergas geheizt werden. Der Vorgang gliedert sich in drei Stufen:

1. Trocknen der Kohle und Dampferzeugung,
2. Verschwelen und
3. Vergasung des gewonnenen Halbkoks mit dem bei 1. gewonnenen Dampfe, wobei wegen der großen angewendeten Dampfmenge viel Ammoniak gewonnen wird.

Über die Verschwelung in Gaserzeugern siehe *Beyschlag*, Ztschr. f. d. Berg-, Hütten- u. Salinenwesen 1913, 67, Heft 3.

Erfolgt die Destillation bei noch niedrigeren Temperaturen als das Schwelen, so hat man einerseits das Bertinieren oder (früher so genannt) Bertzitieren, anderseits die sog. Urdestillation. *F. Fischer*[3]) sagt darüber:

---

[1]) *Scheithauer*, Die Schwelteere usw. 2. Aufl. Leipzig 1922. Otto Spamer.
[2]) Jahrb. d. techn. Ver. d. sächs.-thüring. Mineralölindustrie 1890/91.
[3]) Ziele und Ergebnisse der Kohlenforschung: Brennstoff-Chemie **2**, 225 (1921).

„Wenn man mit der Temperatur beim Erhitzen der Kohle von der zur Trocknung nötigen Temperatur aber höher geht, so kommt man bei 330° zu einer Einwirkung, die man ‚künstliche Inkohlung' nennen kann. Dabei ist starke Abspaltung von Kohlensäure und Schwefelwasserstoff bemerkbar. Für die künstliche Inkohlung, für welche auch der Ausdruck Bertinierung gebraucht wird, ist die Zunahme des Heizwertes des Kohlenrückstandes charakteristisch, doch wird noch kein Teer und auch praktisch noch kein brennbares Gas entwickelt. Zwischen 350° und 500° vollzieht sich die eigentliche Zersetzung der Kohle; man erhält den Urteer und das Urgas. Als Rückstand bleibt Halbkoks, der noch fast allen Stickstoff der Kohle und bis zu 10 Proz. flüchtige Bestandteile enthält. Bei ca. 800° werden diese flüchtigen Bestandteile in Form von Wasserstoff abgespalten, desgleichen ein Teil des Kohlenstoffes, und es hinterbleibt Koks, der über 1000° immer noch kleine Mengen Wasserstoff abgibt."

Beim Bertinieren wird die Braunkohle nach vorherigem etwa ebenso weitgehendem Trocknen, wie bei der Fabrikation von Braunkohlenbriketts, auf 200 bis 340° C erhitzt, wobei die oben geschilderten Veränderungen eintreten, gleichzeitig entweichen auch geringe Mengen CH_4, doch ist das Gas nicht brennbar. Dabei verstopfen sich die Poren des Bertzites mit Teerbestandteilen und werden wohl auch etwa vorhandene Kolloide zerstört, so daß die Kohle ihre Wasseraufnahmefähigkeit (die bei Braunkohlen groß ist) verliert. Ihr Heizwert ist — bei geringem Aschengehalt — etwa 5000 Cal. Nach *Dolch*[1]) betragen die Verluste 5 bis 10 Proz., während nach Angabe der Bertzit-Gesellschaft der Gesamtwärmeverbrauch 826 kg/Cal beträgt. Für Zillingsdorfer Lignit berechnet *Dolch* den Energieverbrauch auf etwa die Hälfte des gewonnenen Bertzites.

Wie schon erwähnt, verläuft die Braunkohlenschwelerei bei etwas höherer Temperatur als das Bertinieren (zwischen etwa 250 und 500° C).

Über die Ausbeute der Braunkohlenschwelerei gibt *de Grahl*[2]) folgende Zusammenstellung:

Art der Kohle	Herkunft	Zusammensetzung der Trockensubstanz Proz.					Destillation der grubenfeuchten Kohle Proz.		
		C	H	O + N	S	Asche	Teer	Koks	Gas
Pyropissit	Köpsen b. Weißenfels	71,12	11,63	9,43	0,10	7,72	32,61	10,33	7,06
Schwelkohle	Walden b. Osterfeld	64,83	7,62	19.18	0,48	7,80	18,75	20,83	10,42
Erdige Feuerkohle	do.	62,15	6,42	22,11	0,46	8,86	8,88	28,88	12,24
do.	Greppin	58,36	4,88	23,95	1,41	11,40	—	—	—

Reiner Pyropissit gibt nach *Gräfe* 65 Proz. Teerausbeute.

---

[1]) Mont. Rundschau **13**, 170 (1921) und Braunkohlen- und Brikett-Industrie 1920, S. 41.

[2]) l. c.

Schließlich mögen noch einige Angaben über die Zusammensetzung von Ur- und Generatorgas-Teeren aus Braunkohle angeführt werden:

Art des Urteers	Autor	Benzin	Nicht viscose Öle	Rohparaffin	Schmieröle	Neutrales Harz	Pech	Phenole und Kresole	Basen
Rheinische Braunkohle (Union-Briketts)	*Fischer* u. *Schneider*	3,4	15,9	14,5	16,5	2,6	9,5	26,6	1,0
Mitteldeutsche Schwelkohle	*Fischer* u. *Schneider*	6,1	25,5	32,2	18,8	2,4	3,5	10,5	1,0
Techn. Schwelteere	*Fischer* u. *Schneider*	6,0	53,0	19,2	14,3	—	2,0	5,0	0,5
Braunkohle von:									
Kakany	*Strache* u. *Dolch*	—	15,0	6,4	24,4	—	31,2	20,4	2,1
Breze	*Strache* u. *Dolch*	—	10,2	8,2	32,1	—	17,7	25,3	2,7
Zeniza	*Strache* u. *Dolch*	—	14,9	7,2	20,0	—	37,2	18,0	2,8
Komotau	*Strache* u. *Dolch*	—	19,7	6,5	26,8	—	20,2	25,1	1,7
Nordböhmen	*Strache* u. *Dolch*	—	22,3	15,3	22,3	—	20,4	17,5	0,9
Wolfsegg	*Strache* u. *Dolch*	—	29,5	8,8	26,3	—	20,5	13,9	1,0
Trifail	*Strache* u. *Dolch*	—	26,3	3,7	16,4	—	34,4	17,2	2,0
Ellischacht, Nordböhmen	*Strache* u. *Dolch*	—	15,9	11,9	36,8	—	13,1	20,6	1,8

Schneider und *Tropsch*[1]) fanden bei Untersuchung eines Braunkohlen-Generatorteers aus Generatoren von *Erhardt & Sehmer*, daß er mehr dem Urteer als dem technischen Schwelteer ähnele, wie folgende Vergleichung zeigt:

Destillationstemperatur	Generatorgasteer	Technischer Schwelteer
Bis 185°	25,0 Proz.	69,0 Proz. (Bis 240°)
185 bis 240°	50,0 „	
Über 240°	18,5 „	25,0 „
Verlust Gas	6,5 „	6,0 „
	100,0 Proz.	100,0 Proz.

Die wichtigsten Produkte der Braunkohlenschwelerei bzw. Urdestillation sind der Teer, aus welchem sehr wertvolle Produkte gewonnen werden können, der Halbkoks, der sich wegen seiner leichteren Zerkleinerbarkeit selbst bei ziemlich hohen Aschegehalten für Kohlenstaubfeuerungen gut verwenden läßt, und die allerdings geringen Mengen eines sehr heizkräftigen Gases.

Steinkohlen.

Am frühesten wurden die Steinkohlen durch Verkokung, sowie bei der Leuchtgasfabrikation der trockenen Destillation unterworfen. Beide Arten der Destillation erfolgten bei höheren Temperaturen und lieferten einen an aromatischen Verbindungen reichen Teer.

Die Verkokung der Steinkohlen erfolgte anfangs in gleicher Weise wie die Holzverkohlung in Meilern, später in Bienenkorböfen, welch letztere noch heute in Amerika und England vielfach in Betrieb stehen. Der erste geschlossene Koksofen wurde 1856 von *Knab* in Commentry (Frankreich) auf-

[1]) Ges. Abhandlungen z. Kenntnis d. Kohle 2, 128 (1918).

gestellt und bald von verschiedenen Seiten verbessert (*Carvés, Bauer, Collin, Copée, Smet-Solvay* usw.). Die beste für die Verkokung verwendbare Kohle (eigentliche Kokskohle) hat eine Zusammensetzung von

Kohlenstoff	88	bis	91	Proz.
Wasserstoff	4,5	„	5,5	„
Sauerstoff	4,5	„	6,5	„
Koksausbeute	74	„	82	„

doch werden heute zur Erzeugung von Hüttenkoks auch Kohlen mit 15 bis 35 Proz. flüchtigen Bestandteilen verwendet.

Ein guter Koksofen soll

1. in kürzester Zeit und mit geringstem Aufwande eine möglichst große Koksausbeute geben,

2. möglichst viele Nebenprodukte (Teer, Ammoniak, Benzol und wohl auch Schwefel) liefern,

3. einen tunlichst großen, nicht im Kokereibetriebe selbst verbrauchten Energieüberschuß liefern (Koks und Gas),

4. zu seinem Bau möglichst wenig, aber sehr haltbares, feuerfestes Material erfordern.

Die Heizung der Koksöfen erfolgte ursprünglich mit dem selbsterzeugten Koks, später mit den eigenen Koksofengasen, doch wird gegenwärtig zu diesem Zweck oft schwaches Heizgas (z. B. von benachbarten Hochöfen) benutzt, während die hohen, heizkräftigen Koksofengase anderen Verwendungszwecken zugeführt werden. Sehr vorteilhaft hat sich die Einführung von Regeneratoröfen erwiesen.

Heute geht man bei der Kokerei immer mehr auf Großraumöfen über.

Die Leuchtgasfabrikation hat erst im Anfang des vorigen Jahrhunderts eingesetzt, und 1810 wurde in London die erste Gasgesellschaft (Light and Coke Company) gegründet. Am Festlande gab es 1849 erst 35 Gasanstalten, und seit 1923 existieren etwa 1400 Steinkohlengaswerke mit einer Jahresproduktion von rund 3200 Millionen cbm. Während man früher die Leuchtkraft des Gases in erster Linie in Betracht zog, wurde später der Heizwert desselben als Hauptpunkt ins Auge gefaßt und seit 1896 ein oberer Heizwert von 5000 Cal/cbm als normaler betrachtet. Während des Weltkrieges mußte man zufolge des Kohlenmangels zu minderwertigen Kohlen greifen und setzte dem Steinkohlengas auch noch uncarburiertes Wassergas zu, so daß der Heizwert auf 4000 Cal und noch weniger sank.

Die gasreichen, langflammigen Kohlen (Gaskohlen genannt) eignen sich am besten zur Leuchtgasfabrikation und enthalten

Kohlenstoff	60	bis	75	Proz.
flüchtige Bestandteile	30	„	35	„ .

Anfangs benutzte man zur Leuchtgasfabrikation eiserne Tiegel oder Röhren (Retorten), griff aber schon in den fünfziger Jahren zu Schamotteretorten, und zwar zuerst zu stehenden, dann zu horizontalliegenden und schrägen, deren 7 bis 9 in einem Ofen mit Rostfeuerungen untergebracht waren, wobei 25 bis 50 Proz. des eingesetzten Kohlengewichtes zur Unterfeuerung verbrannt wurden. Später benutzte man zum Heizen der Retorten Generatorgas und erhitzte die zu dessen Verbrennung nötige Sekundärluft in Rekuperatoren, wodurch die für Unterfeuerung erforderliche Koksmenge auf 16 bis 20 Proz. der eingesetzten Kohle sank. Um den Betrieb zu verbilligen, konstruierte man dann Lade- und Entlademaschinen und vergrößerte die Retorten bis zu 600 kg Fassungsgewicht, sowie die Destillationsdauer von 6 bis 8 Stunden auf 8 bis 9 Stunden. Einblasen von Wasserdampf in der zweiten Gasungsperiode vergrößerte die Gasausbeute (von 30 bis 34 cbm pro 100 kg Kohle ohne Wasserdampf auf 38 bis 43 cbm), wodurch allerdings das Gas verschlechtert, aber an Kohlen gespart wurde, so daß die Gaspreise auf die Hälfte herabgesetzt werden konnten. Heute sind die Gasretorten fast überall verschwunden und werden durch Großraumöfen (ähnlich wie die Koksöfen gebaut) ersetzt, wodurch wesentlich an Brennmaterial zum Unterfeuern gespart wird, weil bei den Retortenöfen mit $4^1/_2$stündiger Gasungszeit und 5 Minuten Ladezeit jeder Ofen täglich 26,7 Minuten geheizt werden muß, ohne Gas zu geben, während bei Kammeröfen in 24 Stunden nur 15 Minuten Ladezeit entfallen[1]. Weitere Vorteile wurden dadurch erreicht, daß man die Kammeröfen mit Generatorgas (in selbständig stehenden Generatoren erzeugt) heizte und die Rekuperatoren durch Regeneratoren ersetzte[2].

Heute hat sich die Leuchtgasfabrikation ganz den Betriebsmethoden der Kokereien genähert, so daß zwischen beiden kein prinzipieller Unterschied mehr besteht.

Der aus Steinkohlen erhaltene Koks hat meist dunkelgraue Farbe, doch kommen auch silbergraue, hellgraue und fast schwarze Sorten vor. Der im Kammerofen gewonnene Koks ist gewöhnlich weniger dicht als jener aus Gasretorten, weshalb er für metallurgische und sonstige Feuerungszwecke vorgezogen und als Hüttenkoks bezeichnet wird. Sein spezifisches Gewicht schwankt zwischen 1,2 und 1,9; 1 cbm Koks wiegt (einschließlich der Zwischenräume) 350 bis 400 kg.

Koks ist schwer entzündlich, brennt mit kurzer blauer Flamme und erfordert einen kräftigen Luftzug. Sein absoluter Heizwert liegt zwischen 7000 und 7800 Cal.

Manchmal finden sich auf dem Koks haarförmige Gebilde (Kokshaare), die aschefrei und die Verkokungsrückstände teerartiger Destillationsprodukte sind. *Platz* gibt ihre Zusammensetzung nach Trocknen bei 110° C wie folgt an:

Kohlenstoff	95,729 Proz.
Wasserstoff	0,384 „
Sauerstoff	3,887 „
Asche	—
Summe	100,000 Proz.

[1]) *de Grahl*, l. c.

[2]) *Litinsky*, Ztschr. d. Ver. f. Gas- u. Wasser-Fachm. in Österr.-Ungarn 1918, 161.

Über die Beziehungen zwischen der Zusammensetzung der Kohlen und der Menge sowie Zusammensetzung ihrer Destillationsprodukte gibt die folgende Zusammenstellung *Buntes* ein Bild:

Kohlensorte	Westfälische Kohle, Konsolidation	Saarkohle, Steinitz I	Böhmische Schwarzkohle, Thurn und Taxis	Sächsische Kohle, Bürgergewerkschaft, Zwickau	Plattenkohle, Pankrazzeche, Pilsen
Zusammensetzung der Rohkohle					
Kohlenstoff	78,94	77,18	71,97	68,75	67,41
Wasserstoff	5,22	4,97	5,36	4,91	5,98
Sauerstoff, Stickstoff, Schwefel	7,59	9,27	10,18	11,05	8,87
Wasser	1,64	2,00	5,61	7,79	3,33
Asche	6,62	6,48	6,88	7,50	14,43
Gehalt der Rohkohle an Kohlensubstanz	91,74	91,52	87,51	84,71	82,25
Zusammensetzung der Kohlensubstanz					
Kohlenstoff	86,04	84,44	82,24	81,16	81,95
Wasserstoff	5,69	5,43	6,12	5,80	7,27
Sauerstoff, Stickstoff, Schwefel	8,27	10,13	11,64	13,04	10,78
100 kg Kohle gaben Gas . . . cbm	30,33	30,18	28,47	25,46	30,38
Gas . . . kg	16,95	17,71	18,52	15,81	25,72
Koks . . . „	71,4	68,30	63,30	62,70	56,30
Teer . . . „	4,09	5,33	5,79	5,22	8,81
Gaswasser . . . „	4,44	6,90	9,06	11,89	6,45
Verlust . . . „	3,12	1,76	3,33	4,38	2,72
Zusammensetzung des Gases, Volumproz.					
Kohlensäure	1,2	2,0	3,0	2,2	3,2
Kohlenoxyd	7,2	8,6	10,0	9,5	8,3
Wasserstoff	48,9	45,2	45,2	45,3	39,6
Methan	35,8	35,0	33,0	35,9	37,1
Schwere Kohlenwasserstoffe	3,2	4,4	4,4	4,0	9,9
Stickstoff	3,7	4,8	4,4	3,1	1,9
Leuchtkraft des Gases, Vereinskerzen, bei Gasverbrauch 127,5 l im Schnittbrenner	11,15	10,27	10,20	10,59	18,17
Ofentemperatur . . . °C	1360 bis 1385	1205 bis 1290	1240 bis 1350	1180 bis 1240	1180 bis 1350

Welchen Einfluß die Destillationstemperatur auf die Ergebnisse der Destillation ausübt, zeigen folgende, mit Kohle von Newcastle vorgenommenen Untersuchungen *L. T. Wrights*:

		Dunkle Rotglut	Hitze gesteigert	noch mehr gesteigert	Helle Orangeglut
1 t Kohle gibt cbm Gas		233,6	274,5	306,4	339,5
Leuchtkraft in engl. Kerzen	Consum 5 cbf in 1 St.	20,5	17,8	16,75	15,60
	pro 1 t Kohle	33 950	34 510	36 140	37 460
Gaszusammensetzung, Volumproz.	Wasserstoff	38,09	43,77	n. best.	48,02
	Kohlenoxyd	8,72	12,50	n. best.	13,96
	Methan	42,72	54,50	n. best.	30,70
	Schwere Kohlenwasserstoffe	7,55	5,83	n. best.	4,51
	Stickstoff	2,92	3,40	n. best.	2,81

Eine zweite Versuchsreihe mit von I bis V gesteigerter Temperatur (deren Höhe nicht näher angegeben) lieferte folgende Resultate:

	I	II	III	IV	V
Gasausbeute pro t Kohle in cbm	186,88	202,78	250,64	286,18	329,49
Teer, spez. Gew.	1,086	1,102	1,140	1,154	1,206
Zusammensetzung des Teeres in Proz.:					
Ammoniakwasser	1,20	1,03	1,04	1,05	0,383
Rohnaphtha	9,17	9,05	3,73	3,45	0,995
Leichte Öle	10,50	7,46	4,47	2,59	0,567
Kreosot	26,45	25,83	27,29	27,33	19,440
Anthracenöl	20,32	15,57	18,13	13,77	12,280
Pech	28,89	36,80	41,80	47,67	64,080

Mit der Dauer der Destillation verringert sich die Gasausbeute, wie beispielsweise folgende Untersuchungen *Buntes*, die sich auf westfälische Kohle (Konsolidation) beziehen, zeigen.

Gaszusammensetzung, Volumproz. nach der	2.	4.	9.	13.	16.	Mischprobe
	Viertelstunde					
Kohlensäure	1,8	2,0	1,1	0,7	0,7	1,2
Schwere Kohlenwasserstoffe	6,0	4,2	2,4	1,4	1,2	3,2
Kohlenoxyd	8,3	7,4	6,8	6,6	6,7	7,2
Wasserstoff	37,1	48,9	53,5	58,2	61,1	48,9
Methan	45,4	36,9	34,2	29,6	27,6	35,8
Stickstoff	1,4	0,6	2,0	3,5	2,7	3,7

Es muß hier erwähnt werden, daß auch die Steinkohlen bei längerem Lagern an der Luft Sauerstoff aufnehmen, wodurch anfangs das Gewicht derselben wächst, später aber — weil dann CO_2 und H_2O abgegeben werden — wieder abnimmt.

So erlitt schlesische Kohle (in kleinen Stücken) nach 6 monatlichem Liegen an der Luft folgende Veränderungen:

Steinkohle	Frisch	Nach 6 Monaten
Kohlenstoff	70,0 Proz.	58,0 Proz.
Wasserstoff	4,20 „	1,64 „
Sauerstoff	9,00 „	4,10 „
Stickstoff	0,60 „	0,32 „
Schwefel	0,50 „	0,28 „
Asche	15,7 „	15,7 „
Gewicht der Kohle	100,00 Proz.	80,00 Proz

Wie groß die Veränderung durch die Sauerstoffaufnahme bis zum Maximum[1]) werden kann, zeigen folgende Angaben *P. Mahlers* über Kohlen von Commentry:

Kohle von Commentry		Im frischen Zustande	Nach maximaler Sauerstoffaufnahme
Kohlenstoff	Proz.	85,664	72,652
Wasserstoff	„	5,604	3,437
Sauerstoff und Stickstoff	„	8,732	23,911
Verbrennungswärme	Cal	8400	6384

Das Verschwelen von Steinkohlen gibt hochwertigen Teer, sehr wenig, aber heizkräftiges Gas und Halbkoks von geringer Festigkeit.

Das ältere Verfahren der Steinkohlenschwelerei, das Coalite-Verfahren[2]), lieferte einen Halbkoks (Coalite) mit sehr ungleichmäßigem Gehalt an flüchtigen Stoffen, der sehr zerreiblich und schwer transportfähig war.

Folgende Vergleichsdaten zwischen den Ergebnissen des neuen Verfahrens und jenen des Gasanstaltbetriebes seien hier mitgeteilt[3]).

		Coalitegas	Gasanstaltgas
Lichtstärke, Hefner-Kerzen		15 bis 18	14 bis 15
Oberer Heizwert	Cal	6237 „ 6682	4900 „ 5340
Ungesättigte Kohlenwasserstoffe	Proz.	4 „ 5	3,5 „ 4
Gesättigte Kohlenwasserstoffe	„	43 „ 46	37 „ 39
Wasserstoff	„	41 „ 48	48 „ 50
Kohlenoxyd	„	6 „ 8	6 „ 7
Stickstoff	„	0,5 „ 1,5	1,5 „ 2
Kohlensäure	„	0,5 „ 1	2 „ 5

Die Zusammensetzung des Coalite liegt zwischen jener der Kohle und des Gaskoks.

	Kohle Proz.	Coalite Proz.	Koks Proz.
Freier Kohlenstoff	50 bis 60	80 bis 82	89 bis 91
Flüchtige Bestandteile	29 „ 30	8 „ 9	1 „ 1,5
Wasser	4 „ 6	—	—
Asche	5 „ 6	7 „ 9	8 „ 12

[1]) Die Kohle hatte sich auf 120° C erwärmt.

[2]) *Parker*, D.R.P. 195 316.

[3]) *de Grahl*, „Wirtschaftliche Verwertung der Brennstoffe".

		Coaliteteer	Gasanstaltteer
Spez. Gew.		1,080	1,180
Wasser	Proz.	3 bis 4	4 bis 6
Leichtöle (170°)	„	6 „ 8	3 „ 4
Autoöle (235°)	„	14 „ 16	5 „ 7
Kreosolite (275°)	„	16 „ 20	12 „ 14
Anthracenöl (310°)	„	16 „ 18	8 „ 10
Pech	„	40 „ 42	60 „ 62

Um besseren Halbkoks zu erhalten, destilliert die *Premier Tarless Fuel Ltd.* die Kohle in dünnen Schichten (65 bis 75 mm dick) bei niederer Temperatur und vermindertem Druck (660 mm Quecksilbersäule Unterdruck). Der Halbkoks (tarless fuel) ist stückig und fester als Coalite, die 3 bis 4 Proz. flüchtigen Bestandteile sind gleichmäßig in demselben verteilt. Von weiteren Verfahren seien noch jene von *Del Monte*[1]), von *Del Monte-Everett, Simpson, Mac Laurin*[2]) erwähnt. Auf Vorschlag Prof. Dr. *Fischers*[3]) werden in Deutschland Versuche mit Drehtrommelöfen angestellt, welche mancherlei Vorteile bieten. Eine von *Thyssen & Co.* gebaute Schwelanlage mit rotierenden Öfen hat sich bewährt.

XIII. Veredlung der natürlichen Brennstoffe durch Vergasung[4]).

Arten derselben; Vergasung mit Luft, mit Wasserdampf, mit Wasserdampf und Luft, mit dem Sauerstoff von Metalloxyden, mit Luft und dem Sauerstoff von Metalloxyden, Regenerieren von Gichtgasen.

Die Vergasung der natürlichen Brennmaterialien beruht darauf, daß sie unvollständig, d. h. in der Art verbrannt werden, daß ihre Verbrennungsprodukte selbst noch brennbar sind und hierbei noch eine genügende Wärmemenge geben, um technisch mit Vorteil verwertet werden zu können. Das ist natürlich nicht ohne einen Aufwand von Wärme zu erreichen, und der Vorteil der vergasten Brennmaterialien liegt hauptsächlich darin, daß man zu ihrer vollständigen Verbrennung mit einem weit kleineren Luftüberschuß auskommt als bei festen Brennstoffen (Kohlenstaubfeuerungen ausgenommen).

Gehen wir von reinem Kohlenstoff aus, so können wir diese unvollständige Verbrennung durchführen

---

[1]) Braunkohle XI, S. 607.

[2]) Feuerungstechnik V, 198.

[3]) Kaiser-Wilhelm-Institut f. Kohlenforschung und „Zur Kenntnis der Kohlen", Bd. 1, 2, 3.

[4]) Es würde zuviel Raum erfordern, auf die Theorie der Vergasungsprozesse ausführlicher einzugehen, weshalb hier auf *H. v. Jüptner*, „Die Heizgase der Technik", *Haber*, „Thermodynamik techn. Gasreaktionen" und *Menzel*, „Die Theorie der Verbrennung" verwiesen werden möge.

a) mit freiem Sauerstoff (also mit atmosphärischer Luft)

$$2\,C + O_2 = 2\,CO \quad \text{(Generatorgas)},$$

b) mit gebundenem Sauerstoff, und zwar mit Wasser,

$$C + H_2O = CO + H_2 \quad \text{(Wassergas)},$$

oder mit Metalloxyden:

$$\left.\begin{array}{l} 3\,C + Fe_2O_3 = 2\,Fe + 3\,CO, \text{ bzw.} \\ 4\,C + Fe_3O_4 = 3\,Fe + 4\,CO \text{ oder} \\ C + FeO = CO + Fe. \end{array}\right\} \text{Gichtgase.}$$

Der erste Prozeß verläuft unter Freiwerden von Wärme (29 300 Cal pro 1 Kilogrammol = 12 kg C), während die letzteren Prozesse unter Wärmebindung vor sich gehen.

Ebenso können wir auch zwei dieser Prozesse (den Generator- und den Wassergasprozeß) gleichzeitig nebeneinander verlaufen lassen, wobei die Wärmeentwicklung des ersten den Wärmebedarf des zweiten Prozesses deckt.

Alle diese Reaktionen sind aber umkehrbar und führen zu Gleichgewichten, die vom Druck und von der Temperatur abhängen.

1. Bei der Verbrennung des Kohlenstoffes mit freiem (oder Luft-) Sauerstoff können nun zwei Reaktionen stattfinden:

$$2\,C + O_2 = 2\,CO + 53\,400 \text{ Cal} \tag{1}$$

$$C + O_2 = CO_2 + 94\,310 \text{ Cal} \tag{2}$$

und zwar tritt unter allen Umständen in erster Linie die zweite Reaktion ein, und die so primär gebildete CO_2 reagiert dann weiter mit Kohlenstoff:

$$C + CO_2 \rightleftarrows 2\,CO - 40\,910 \text{ Cal.} \tag{3}$$

Von dieser Gleichung hängt das Generatorgasgleichgewicht ab, weshalb sie auch als Generatorgasgleichung bezeichnet wird. Da die von links nach rechts verlaufende Reaktion unter Wärmebindung erfolgt, wird das Gleichgewicht um so höherem CO-Gehalte entsprechen, je höher die Vergasungstemperatur ist, und umgekehrt. Anderseits entstehen aus 1 Vol CO_2 2 Vol CO, d. h. bei konstantem Volum wird sich der Druck erhöhen, je mehr CO gebildet wird, oder mit anderen Worten: Drucksteigerung begünstigt nach dem *Le Chatelier*schen Gesetze die CO_2-Bildung, und umgekehrt. Die von der Temperatur abhängige Gleichgewichtskonstante der Reaktion 3 ist

$$K = \frac{k_1}{k_2} = \frac{(C_{CO})^2}{(C_{CO_2})} = \frac{[CO]^2}{[CO_2]},$$

worin k_1 und k_2 die Reaktionsgeschwindigkeitskoeffizienten beim Verlauf der Reaktion von links nach rechts, bzw. umgekehrt, C_{CO} und C_{CO_2} die Konzentration, [CO] und [CO_2] aber die Partialdrucke beider Gase bedeuten.

Wie aus obiger Gleichung hervorgeht, spielen beim Werte von k die Reaktionsgeschwindigkeiten eine Rolle, die nach dem im IX. Kapitel Gesagten für die einzelnen Kohlenstofformen verschieden sind.

So fanden *Klement*, *Adams* und *Haskins*[1]) folgende Werte von k_1:

$t°$ C	Holzkohle	Koks	Anthracit
800	0,021	—	—
850	0,064	—	—
900	0,159	0,0023	—
925	0,237	—	—
1000	0,629	0,023	—
1100	1,53	0,134	0,119
1200	—	0,410	0,237
1300	—	1,48	0,579

Hingegen hat k_2, das sich auf den Zerfall von CO in CO_2 und C bezieht, deshalb immer den gleichen Wert, weil sich aus CO der Kohlenstoff stets in derselben (amorphen) Form abscheidet. Für die Abhängigkeit der Gleichgewichtskonstanten von der (absoluten) Temperatur T stellt *H. v. Jüptner* folgende Gleichungen auf:

Holzkohle.

$$\log \frac{[CO]^2}{[CO_2]} = -\frac{9037,34}{T} - 1,88 \log T + 0,00108\, T + 13,68 - \log P.$$

Amorpher Kohlenstoff.

$$\log \frac{[CO]^2}{[CO_2]} = -\frac{9037,34}{T} - 1,88 \log T - 0,0030\, T + 17,915 - \log P.$$

Zuckerkohle[2]).

$$\log \frac{[CO]^2}{[CO_2]} = -\frac{9037,34}{T} - 1,88 \log T + 15,365 - \log P.$$

Graphit[2]).

$$\log \frac{[CO]^2}{[CO_2]} = -\frac{9037,34}{T} - 1,88 \log T - 0,0030\, T + 17,360 - \log P.$$

Man erhält so für das Gleichgewicht zwischen $CO_2 + CO$ und amorphem Kohlenstoff (wenn man die Vergasung mit reinem Sauerstoff vornimmt) folgende Gaszusammensetzungen[3]):

[1]) Essential factors in the formation of producer Gas. Dep. of interr. Bulletin 7, Washington 1911.

[2]) Auf Grund der *Schenk*schen Daten.

[3]) *H. v. Jüptner*, „Feuerungstechnik" XIII, Heft 3, S. 22.

Windpressg.	1 Atm		2 Atm		4 Atm	
	CO	CO_2	CO	CO_2	CO	CO_2
Temperatur T° abs.	Volumproz.					
500	0,004	99,996	0,0028	99,9972	0,002	99,998
600	0,123	99,877	0,0870	99,9130	0,001	99,939
700	1,427	98,573	1,0110	98,9890	0,716	99,284
800	8,794	91,206	6,3030	96,6970	4,499	95,595
900	32,542	67,458	28,8090	79,1910	17,945	82,055
1000	70,350	29,650	58,7050	42,2950	47,017	52,983
1100	92,750	7,250	87,1980	12,8020	78,987	21,013
1200	98,445	1,555	97,0001	3,0000	94,315	5,685
1300	99,500	0,500	99,0000	1,0000	98,67	1,330

Hieraus ergibt sich, daß recht beträchtliche Druckunterschiede nur in den mittleren Lagen der Vergasungstemperatur (etwa 300 bis 800° C) erhebliche Unterschiede im CO-Gehalte bedingen; aber auch, daß sich die Gleichgewichtszusammensetzung mit wachsenden Temperaturen, sobald einmal 900° C überschritten ist, nur mehr unbedeutend ändert.

Weniger einfach gestalten sich die Verhältnisse, wenn wir die Kohle statt mit reinem Sauerstoff mit **atmosphärischer Luft** vergasen, weil sich unser Gesamtdruck P nur auf das System $CO + CO_2$ und nicht auf den unter diesen Umständen vorhandenen Stickstoff bezieht. Bezeichnen wir die Pressung der dem Generator zugeführten Primärluft mit Π, so ist der Partialdruck des darin enthaltenen Sauerstoffes $[O_2] = 0{,}21\,\Pi$, und wenn nur CO_2 gebildet würde, müßte der Partialdruck desselben den gleichen Wert erreichen. Da aber neben CO_2 (und zwar als beabsichtigtes Hauptptodukt) auch CO entsteht, muß der Gesamtdruck unseres Systems bei konstantem Volum $P > 0{,}21\,\Pi$ werden. Gehen wir von 1 Atm Windpressung aus, so wäre, wenn nur CO_2 gebildet wird, nach obigem $P = 0{,}21\,\Pi$; würde hingegen nur CO entstehen, so geben 21 Vol O_2 42 Vol CO, neben welchen noch 79 Vol Stickstoff vorhanden sein müssen. Da nun der Gesamtdruck des Generatorgases $\Pi = 1$ Atm. sein soll, finden wir für den Druck unseres $CO_2 + CO$-Gemisches (wenn alles CO_2 in CO übergeführt ist) $P = \frac{42}{42 + 79} = 0{,}3471$ Atm. Die Summe des Partialdrucks von $CO_2 + CO$ wird daher zwischen 0,21 und 0,3971 Atm. schwanken.

Um die Gleichgewichtszusammensetzung für jeden beliebigen Wert von P zu berechnen, gehen wir wieder von trockener Luft (21 Volumproz. O_2 und 79 Volumproz. N_2) aus. Werden von 100 Volumen Luft mit der glühenden Kohle x Vol CO_2 gebildet, so bleiben noch $0{,}21 - x$ Vol Sauerstoff übrig, die mit Kohle $2\,(0{,}21 - x) = 0{,}42 - 2\,x$ Vol CO geben. Somit haben wir nach Eintritt des Gleichgewichtes

Kohlensäure	x	Vol.
Kohlenoxyd	$0{,}42 - 2x$	„
Stickstoff	$0{,}79$	„
Zusammen	$1{,}21 - x$	Vol.

und daher, wenn der Gesamtdruck im Generator — wie vorausgesetzt — $\Pi = 1$ Atm sein soll,

$$P = \frac{x + 0{,}42 - 2x}{1{,}21 - x} = \frac{0{,}42 - x}{1{,}21 - x}$$

oder

$$x = \frac{0{,}42 - 1{,}21\,P}{1 - P}.$$

Hieraus ergibt sich die volumprozentische Zusammensetzung dieses Gases zu

$$\text{Gehalt an } CO_2 = \frac{x}{1{,}21 - x} = \frac{0{,}42 - 1{,}21\,P}{0{,}79},$$

$$\text{Gehalt an } CO = P - \frac{x}{1{,}21 - x} = \frac{2P - 0{,}42}{0{,}79}.$$

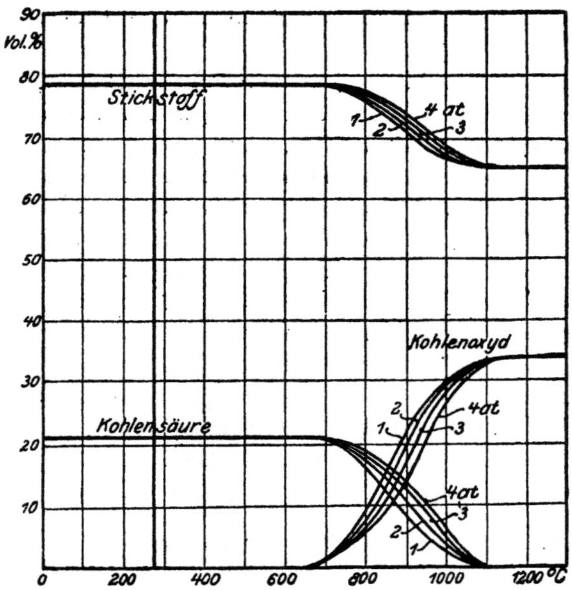

Fig. 22. Ideales Generatorgas aus trockener Luft von 1 bis 4 Atm Druck.

Mittels dieser Gleichungen ergeben sich die in Fig. 22 verzeichneten Gleichgewichtszusammensetzungen unseres Generatorgases bei verschiedenen Drucken und Temperaturen[1]).

Im praktischen Betriebe ist man allerdings nicht imstande, den auf die Temperatur der obersten Kohlenschichten bezüglichen Gleichgewichtszustand wirklich zu erreichen, was sowohl von der Stückgröße und Oberfläche der zu vergasenden Kohle, der Größe der Hohlräume im Kohlenbette, der Schütthöhe, als auch von der Windgeschwindigkeit abhängt.

Wir wollen hierauf noch etwas näher eingehen[2]). *Boudoird* leitete Luft mit verschiedener Geschwindigkeit durch ein 27 cm langes, mit Holzkohle gefülltes Glasrohr bei einer Temperatur von 800° C und erhielt hierbei folgende Gaszusammensetzungen:

---

[1]) Dieselbe ist in Tabellenform gegeben in *H. v. Jüptner*, „Die Heizgase der Technik" und Beiträge zur Theorie des Generator- und Wassergases" (*Ahrens*' Sammlung 1904, Heft 11/12).

[2]) *H. v. Jüptner*, „Die Heizgase der Technik", Leipzig 1920, S. 123 bis 131.

Volumproz.	Luftgeschwindigkeit pro Minute in Liter					
	0	0,10	0,27	1,30	1,465	3,20
CO_2	0,42	18,2	18,43	18,92	19,90	19,40
CO	33,92	5,2	3,8	1,88	1,83	0,93
O_2	—	—	0,47	0,94	—	0,93
N_2 (Differenz)	64,76	76,6	77,30	78,26	78,27	78,74

Da anfangs nur CO_2 gebildet wird, müssen wir den ganzen in der Gasprobe nachgewiesenen Sauerstoffgehalt von $CO + CO_2$ als CO_2 in Rechnung setzen und auf die Volumseinheit Luft beziehen, um zu erfahren, wieviel CO_2 von dieser bei verschiedenen Windgeschwindigkeiten auf einem Wege von 27 cm Länge gebildet wird. Man erhält so:

v. Liter Luft in 1 Minute	Luft-geschwindigkeit cm/Minute.	$CO_2 + \frac{CO}{2} =$ ursprünglich gebildete CO_2.	N_2	Luft	$\frac{\text{urspr. geb. } CO_2}{\text{Luft}}$
0	0	17,38	65,66	83,114	0,210
0,10	24,57	20,50	76,60	97,469	0,210
0,27	66,34	20,33	77,30	97,848	0,208[1])
1,30	319,41	19,86	78,26	99,063	0,200[1])
1.465	359,95	20,82	78,27	99,078	0,210
3,20	786,24	19,87	78,70	99,620	0,199[1])

Das Verhältnis $\left(CO_2 + \frac{CO}{2}\right)$: Luft weicht nur sehr wenig von 0,21 ab, was durch das gleichzeitige Auftreten von freiem Sauerstoff bedingt ist. Da die Menge dieses freien Sauerstoffes weniger als 1 Proz. beträgt und sowohl bei 0,1 wie bei 1,468 l pro Minute kein freier Sauerstoff nachgewiesen wurde, dürfte bei den angewendeten Geschwindigkeiten (vielleicht die größte ausgenommen) die Länge der Kohlenschicht zur vollständigen Aufzehrung des Luftsauerstoffes hinreichen[2]).

Die primär gebildete CO_2 geht nun teilweise unter Oxydation von Kohlenstoff in CO über, wie folgende Zusammenstellung zeigt:

v. Liter pro Minute	CO Proz.	Abnahme von CO_2 in Proz.	CO pro 1 Volum Luft	CO_2 Abnahme pro 1 Volum Luft	$\frac{CO}{2} : \left(CO_2 + \frac{CO}{2}\right)$
0	33,98	19,96	0,4082	0,2041	0,975
0,10	5,20	2,60	0,0533	0,0267	0,125
0,27	3,80	1,90	0,0194	0,0097	0,094
1,30	1,88	0,94	0,0095	0,0048	0,047
1,465	1,83	0,92	0,0093	0,0047	0,044
3,20	0,93	0,47	0,0047	0,0024	0,024

[1]) Die Gase enthielten freien Sauerstoff.

[2]) Der in einigen Fällen gefundene freie Sauerstoff dürfte auf eine Lockerung der Kohlenschicht zurückzuführen sein.

Die Menge der zur CO-Bildung verbrauchten CO_2 nimmt mit wachsender Geschwindigkeit — anfangs sehr rasch, später recht allmählich — ab. Das Schaubild (Fig. 23) stellt die Abhängigkeit von $x = \frac{CO}{CO_2 + \frac{CO}{2}}$, bzw. von $\frac{x}{2}$ von der Windgeschwindigkeit dar und zeigt, daß diese Abnahme bei hohen Luftgeschwindigkeiten (bis etwa 2,5 Liter/Min.) fast geradlinig verläuft, sowie daß bei einer Geschwindigkeit von 6,2 Liter/Min. der CO-Gehalt des Gases praktisch = Null ist. Zwischen 2,8 und 0,1 Liter/Min. krümmen sich die Kurven ziemlich stark, um bei noch kleineren Geschwindigkeiten abermals fast geradlinig zu verlaufen.

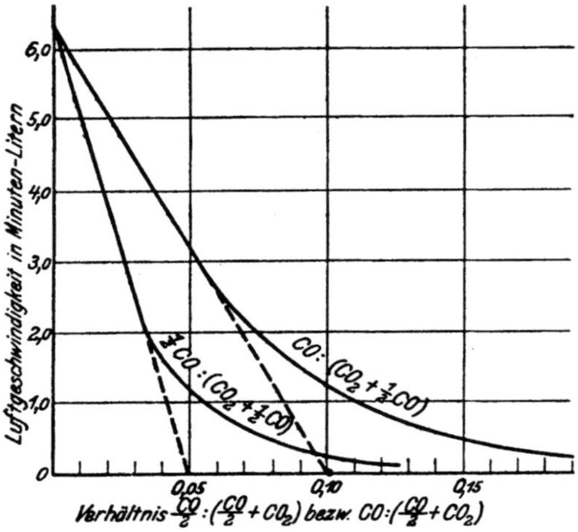

Fig. 23.

Da bei den von *Boudoird* benutzten Windgeschwindigkeiten der Sauerstoff des Windes auf seinem 27 cm langen Wege durch die Kohlenschicht schon ganz oder doch fast ganz aufgezehrt worden war, kann bei Geschwindigkeiten unter 2,5 Liter/Min. kein neues CO_2 mehr gebildet worden sein, sondern nur das primär gebildete sich mit C zu CO umgesetzt haben, während bei größeren Windgeschwindigkeiten freier Sauerstoff auftreten muß. Somit haben wir in bezug auf *Boudoirds* Beobachtungen und die Kurven der Fig. 23:

Geschwindigkeit Minuten/Liter	$\frac{CO}{2} : \left(\frac{CO}{2} + CO_2\right)$	–	Abweichung der Kurve von der Tangente (aus der Fig. 23 abzulesen)	=	Differenz
3,20	0,024	—	0,024	=	0
1,465	0,044	—	0,038	=	0,006
1,30	0,047	—	0,040	=	0,007
0,27	0,094	—	0,048	=	0,046
0,10	0,125	—	0,049	=	0,076
0,00	0,975	—	0,050	=	0,925

Bei 950° C mit 3,20 Liter/Min. Luftgeschwindigkeit und der nämlichen Versuchsanordnung erhielt *Boudoird* ein Gas aus

CO_2	18,0 Proz.
CO	5,6 „
N_2 (aus der Differenz)	76,4 „

$$\text{Verhältnis: } \frac{CO}{2} : \left(\frac{CO}{2} + CO_2\right) = 0{,}50 .$$

Mit steigender Temperatur verschiebt sich also die Menge des bei gleicher Geschwindigkeit gebildeten CO zu bedeutend höheren Werten, weil sich eben die Reaktionsgeschwindigkeit vergrößert. Dieser Temperatur entspricht bei 1 Atm Druck eine Gleichgewichtszusammensetzung des Gases von

0,11	Volumproz.	CO_2
34,5	„	CO
65,39	„	N_2

$$\text{Verhältnis: } \frac{CO}{2} : \left(\frac{CO}{2} + CO_2\right) = 0{,}9936\,.$$

Unsere Kurve wird also mit steigender Temperatur immer flacher verlaufen, und jedenfalls wird auch die Windgeschwindigkeit, bei welcher kein freier Sauerstoff mehr auftritt, beträchtlich größer sein als bei 800° C.

Für die Bildungsgeschwindigkeit der Kohlensäure ($C + O_2 = CO_2$) gilt

$$-\frac{d\,C_{O_2}}{d\,\tau} = k_1 \cdot C_{O_2}\,,$$

während für jene des Kohlenoxydes (nach Gleichung $C + CO_2 = 2\,CO$) gilt

$$-\frac{d\,C_{CO_2}}{d\,\tau} = k_2 \cdot (C_{CO_2})\,.$$

Da nun die Abnahme der Sauerstoffkonzentration ebenso groß ist wie die Zunahme der Kohlensäurekonzentration bei ersterem Vorgange, muß auch die Kohlenoxydbildung proportional der Kohlensäurebildung erfolgen:

$$-\frac{d\,C_{CO_2}}{d\,\tau} = k_1 \cdot k_2 \cdot C_{O_2}\,.$$

Damit erklärt sich der geradlinige Verlauf unserer Kurve, solange noch freier Sauerstoff vorhanden ist. Allerdings verzögert sich die CO_2-Bildung durch Sauerstoff mit der Länge des Weges, welchen die Luft bereits in der Kohlenschicht zurückgelegt hat, was aber dadurch einigermaßen kompensiert wird, daß mit wachsender Geschwindigkeit konzentrierterer Sauerstoff an die fragliche Stelle der Kohlenschüttung gelangt, so daß innerhalb gewisser Geschwindigkeitsgrenzen die in der Zeiteinheit zu CO_2 verbrannte Kohlenstoffmenge annähernd gleich bleiben wird.

Ist sämtlicher Sauerstoff verbraucht, so tritt nur mehr die zweite Reaktion allein auf, wodurch sich die bei geringeren Windgeschwindigkeiten immer stärker werdende Krümmung der Kurve erklärt.

2. Die Vergasung mit Wasserdampf (Wassergas) kann auch nach zwei verschiedenen Reaktionen verlaufen:

$$C + H_2O = CO + H_2$$

und

$$C + 2\,H_2O = CO_2 + 2\,H_2\,,$$

von welchen die erstere bei hohen, letztere aber bei niedrigen Temperaturen vorwaltet. Man erhält so ein Gas, das in ersterem Falle 50 Volumproz. CO und 50 Volumproz. H_2 (also 100 Proz. brennbare Gase), im zweiten aber 33,33 Volumproz. CO_2 und 66,67 Proz. H_2 (also nur 66,67 Proz. brennbare Gase) enthält, und dessen Heizwert pro Mol (22,42 l bei 0° und 1 Atm Druck) 68 bzw. 45,4 Cal beträgt.

Ein Vergleich dieser beiden Grenzzusammensetzungen untereinander und mit jener des idealen Luftgases (wenn nur CO gebildet wird) ergibt:

Nr.	Prozeß	Zusammensetzung des Gases Volumenproz.				Heizwert in Cal von 1 Mol des Gases bei konstantem	
		H_2	CO	CO_2	N_2	Volumen	Druck
1	$C + \frac{1}{2} O_2 + 2 N_2 = CO + 2 N_2$	—	$33^1/_3$	—	$66^2/_3$	22,6	22,9
2	$C + 2 H_2O = CO_2 + 2 H_2$. . .	$66^2/_3$	—	$33^1/_3$	—	46,4	46,5
3	$C + H_2O = CO + H_2$	50	50	—	—	68,0	68,5

Während sich vorstehende Zusammenstellung zum Vergleich der Gasqualitäten besonders eignet, weil sich dieselben auf gleiche Gasvolumen beziehen, müssen wir uns, wenn wir die Ausnutzung der Kohle beurteilen wollen, auf gleiche Mengen vergaster Kohle (also auf gleiche Volumen $CO + CO_2$) beziehen und erhalten:

Nr.	12 g Kohlenstoff geben Liter Gas	Brennwert des Gases bei konstantem	
		Volumen, Cal	Druck, Cal
1	67,26	67,8	68,7
2	67,26	136,2	139,5
3	44,84	136,0	137,9

Das Wassergas hat also, selbst im ungünstigsten Falle, einen weit höheren Heizwert als das ideale Luftgas, wozu noch der weitere Vorteil kommt, daß es weniger nicht brennbare Bestandteile enthält als letzteres[1]).

Um den Vergleich noch vollständiger zu machen, wollen wir für diese drei Gase auch noch die theoretische Luftmenge für je 22,42 l Gas und den pyrometrischen Heizwert, d. i. die bei der vollständigen Verbrennung mit dieser erzielbare Temperatur, zusammenstellen:

[1]) Allerdings darf nicht vergessen werden, daß wir bei Erzeugung von Wassergas Dampf sowie zur Zerlegung des Dampfes Wärme benötigen, zu dessen Gewinnung auch Kohle verbraucht wird.

Nr.		1	2	3
Gaszusammensetzung in Volumproz.:	H_2	—	$66^2/_3$	50
	CO	$33^1/_3$	—	50
	CO_2	—	$33^1/_3$	—
	N_2	$66^2/_3$	—	—
Theoretische Luftmenge:	O_2	$16^1/_3$	$33^1/_3$	50
	N_2	$64^2/_3$	$133^2/_3$	200
	Summe	71	167	250
Brennbare Gase		$33^1/_3$	$66^2/_3$	100
Indifferente Gase		$131^1/_3$	$166^2/_3$	200
Verbrennungsprodukte:	H_2O	—	$66^2/_3$	50
	CO_2	$33^1/_3$	$33^1/_3$	50
	N_2	$131^1/_3$	$133^1/_3$	200
Pyrometrischer Heizwert bei konstantem Druck, °C[1])		1500	1873	2040

Die Zerlegung des Wasserdampfes erfordert mehr Wärme, als die Bildung von CO und selbst von CO_2 liefert, so daß die Wassergasgewinnung nach beiden Gleichungen einer Wärmezufuhr bedarf. Wir haben nämlich:

$$C + {}^1/_2\,O_2 = CO + 21{,}1\ \text{Cal}$$
$$C + 2\,H_2O = CO_2 + 2\,H_2 - 40{,}4\ \text{Cal}$$
$$C + H_2O = CO + H_2 - 42{,}9\ \text{Cal.}$$

Somit erhalten wir:

Nr.	Prozeß	Heizwert des Gases pro 12 g C Cal	zuzuführende Wärme	Wärme-gewinn
			Cal	
1	$C + {}^1/_2\,O_2 + 2\,N_2 = CO + 2\,N_2$	+ 68,7	—21,1	89,8
2	$C + 2\,H_2O = CO_2 + 2\,H_2$	+139,5	+40,4	99,1
3	$C + H_2O = CO + H_2$	+137,0	+42,9	94,1

Der absolute Wärmegewinn ist also beim Wassergas gegenüber dem Generatorgas kein großer und wird noch kleiner, wenn man die Wärmeverluste in Betracht zieht, die mit der Zufuhr der erforderlichen Wärmemengen in dem Generator unvermeidlich verbunden sind. Der Vorteil des Wassergases besteht somit weniger in einem größeren Wärmegewinn, als darin, daß man ein Gas von größerem Heizwert erhält, das überdies weniger indifferente Gase enthält und eine höhere Verbrennungstemperatur liefert, welche besser ausgenutzt werden kann, wodurch man Brennmaterial spart.

Nr.	Prozeß	Heizwert des Gases pro 12 g C	
		in Cal	in Proz. des Heizwertes von C (97,3 Cal)
1	$C + {}^1/_2\,O_2 + 2\,N_2 = CO + N_2$	68,7	70,38
2	$C + 2\,H_2O = CO_2 + 2\,H_2$	139,5	142,99
3	$C + H_2O = CO + H_2$	137,0	140,37

[1]) Mit Benutzung der *Le Chatelier*schen spezifischen Wärmen der Gase.

Zieht man die beiden Reaktionsgleichungen

$$C + H_2O = CO + H_2$$

und

$$C + 2\,H_2O = CO_2 + 2\,H_2$$

voneinander ab, so erhält man die umkehrbare Reaktion:

$$CO_2 + H_2 \rightleftarrows CO + H_2O\,,$$

eine Gleichung, die man als Wassergasgleichung bezeichnet hat, und die im Sinne der von links nach rechts gelesenen Gleichung einer Wärmezufuhr bedarf, vom Drucke aber unabhängig ist, weil sich die Zahl der Moleküle bei dem Vorgange nicht ändert. Die Gleichgewichtskonstante ist

$$K_1 = \frac{C_{CO}}{C_{CO_2}} \cdot \frac{C_{H_2O}}{C_{H_2}}\,,$$

so daß für jede gegebene Temperatur dem Verhältnisse $\frac{CO}{CO_2}$ ein anderes Verhältnis $\frac{H_2}{H_2O}$ entspricht, oder mit anderen Worten, daß bei jeder gegebenen Temperatur eine unendliche Zahl von Gleichgewichtszuständen möglich ist. In Wirklichkeit aber ist die Gleichgewichtszusammensetzung des Wassergases keineswegs vom Drucke unabhängig, weil wir bei dessen Herstellung ja nicht von CO- und H_2O-Dampf, sondern von festem Kohlenstoff und Wasserdampf ausgehen. Um diesen Einfluß des Druckes zu ermitteln, müssen wir eine Reaktion heranziehen, an welcher auch fester Kohlenstoff beteiligt ist, und als solche bietet sich die früher schon besprochene Reaktion für das Generatorgasgleichgewicht dar:

$$CO_2 + C \rightleftarrows 2\,CO.$$

Mit Hilfe der Gleichgewichtskonstanten dieser Reaktion ergibt sich dann für die Konstante der sog. Wassergasreaktion[1]):

t° C	K_1	t° C	K_1
400	0,066098	1200	2,5246
600	0,32418	1400	3,4761
800	0,85381	1600	4,3943
1000	1,6188		

Mit Hilfe dieser Zahlen läßt sich die Gleichgewichtszusammensetzung des Wassergases für verschiedene Temperaturen und Drucke berechnen[2]), wie sie beispielsweise für 1 Atm Druck im Schaubilde (Fig. 24) dargestellt sind.

Der Brennwert von 1 cbm solchen idealen, d. h. im Gleichgewichtszustand befindlichen Wassergases in Cal ist folgender:

[1]) Ausführliche Angaben in *H. v. Jüptner*, „Die Heizgase der Technik" und *Ahrens'* Sammlung 1904, IX. Da es sich hier um Volumseinheiten handelt, bezieht sich die Konstante auf räumliche Konzentrationen.

[2]) *H. v. Jüptner*, „Die Heizgase der Technik".

Dampf-druck in Atm	Vergasungstemperatur in °C					
	400°	600°	800°	1000°	1200°	1400°
0,1	680	2417	3032	3060	3060	3060
0,25	590	2135	2995	3060	3060	3060
0,5	369	1946	2941	3060	3060	3060
0,75	311	1715	2892	3060	3060	3060
1,0	274	1707	2848	3060	3060	3060
1,5	230	1580	2767	3040	3060	3060
2,0	201	1493	2700	3040	3060	3060
2,5	182	1427	2642	3026	3060	3060
3,0	168	1374	2589	3010	3060	3060
4,0	148	1353	2499	3002	3034	3060
5,0	132	1230	2422	2990	3033	3060
10,0	95	1052	2168	2927	3033	3060

Wie Fig. 24 zeigt, enthält das Wassergas auch im Gleichgewichtszustande, namentlich bei weniger hoher Vergasungstemperatur oder bei höheren Dampfspannungen, nicht unbeträchtliche Mengen unzersetzten Wasserdampfes, und es ist natürlich, daß sich der Heizwert desselben ganz wesentlich erhöht, wenn man den Wasserdampf kondensiert, wobei allerdings der Wärmeinhalt des Gases bei der späteren

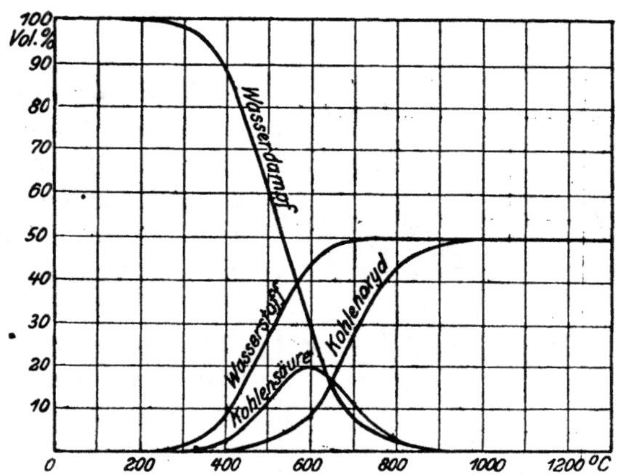

Fig. 24.

100 Volumen des nassen Wassergases liefern beim Trocknen Volumen trockenes Gas:

Druck in Atm	Temperatur °C					
	400°	600°	800°	1000°	1200°	1400°
0,1	33,12	91,84	99,57	100,00	100,00	100,00
0,25	23,82	85,82	99,01	100,00	100,00	100,00
0,50	18,02	80,75	98,14	100,00	100,00	100,00
0,75	15,20	76,40	97,32	100,00	100,00	100,00
1,00	13,43	75,64	96,56	100,00	100,00	100,00
1,50	11,23	69,29	95,10	99,59	100,00	100,00
2,00	9,85	66,21	93,83	99,59	100,00	100,00
2,50	8,92	63,76	92,68	99,35	100,00	100,00
3,00	8,21	61,74	91,57	98,97	100,00	100,00
4,00	7,23	58,52	89,68	98,83	99,39	100,00
5,00	6,47	56,09	88,02	98,57	99,36	100,00
10,00	4,66	48,70	81,91	97,25	99,36	100,00

Heizwert von 1 cbm trockenem Wassergas in Cal:

Druck in Atm	Temperatur ° C					
	400°	600°	800°	1000°	1200°	1400°
0,1	2054	2632	3044	3060	3060	3060
0,25	2050	2487	3025	3060	3060	3060
0,50	2046	2410	2997	3060	3060	3060
0,75	2045	2338	2972	3060	3060	3060
1,00	2044	2318	2950	3060	3060	3060
1,50	2044	2279	2910	3052	3060	3060
2,00	2044	2255	2906	3052	3060	3060
2,50	2043	2238	2851	3046	3060	3060
3,00	2043	2226	2828	3041	3060	3060
4,00	2042	2203	2786	3038	3052	3060
5,00	2042	2193	2752	3033	3052	3060
10,00	2040	2160	2645	3010	3052	3060

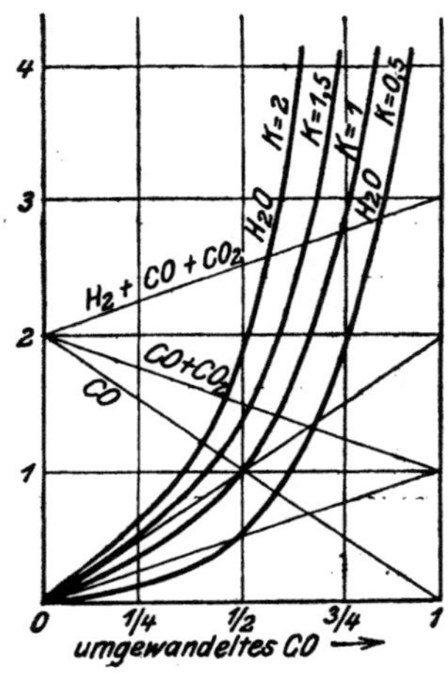

Fig. 25.

Verbrennung desselben in Wegfall kommt, und daher in anderer Weise (bei der Dampferzeugung oder zum Überhitzen des Dampfes usw.) ausgenutzt werden muß; die vorstehenden Tabellen geben über die durch Trocknen des Gases bewirkten Veränderungen Aufschluß.

Die Beziehungen zwischen Dampfdruck und Zusammensetzung des Wassergases sind in Fig. 25 graphisch dargestellt[1]. In diesem Diagramm sind die Gleichgewichtsdruckkurven der Reaktion $2\,CO = CO_2 + C$ für verschiedene Werte der Konstanten eingezeichnet. Die Abszissen stellen die Bruchteile des umgewandelten CO, bzw. des gebildeten CO_2 (bezogen auf die bei der vollständigen Umwandlung gebildeten Mengen CO_2) dar, während die Ordinaten die Zahl der Mole (oder die Partialdrucke, sowie den Gesamtdruck) angeben. Da bei der Wassergasbildung der Gesamt-Sauerstoff aus dem Wasserdampf stammt, wird

$$H_2 = CO + 2\,CO_2$$

sein. Die Menge (bzw. der Partialdruck) des Wasserstoffes ist also, wenn auch CO gebildet wird, ebenso groß, wie jene von CO; wird jedoch nur CO_2 gebildet, so ist sie doppelt so groß wie letztere. Im allgemeinen ist sie ebenso groß, als wenn ursprünglich nur CO gebildet würde, und dieses dann reduzierend auf Wasserdampf einwirkt. Die Menge des nach Eintritt des

[1] *H. v. Jüptner*, „Die Heizgase der Technik“.

Gleichgewichtes vorhandenen Wasserdampfes ergibt sich aus dem Wassergasgleichgewichte zu

$$K_1 = \frac{CO}{CO_2} \cdot \frac{H_2O}{H_2} = \eta \frac{H_2O}{H_2}$$

zu

$$H_2O = K_1 \cdot \frac{CO_2}{CO} (CO + 2\,CO_2) = K_1 \left(CO_2 + \frac{2\,(CO_2)^2}{CO} \right).$$

Wir erhalten so, wenn wir $CO + CO_2 = 1$ setzen, für $K_1 = 0{,}5$, $= 1{,}0$, $= 1{,}5$ und $= 2{,}0$ etwa die folgenden, in der Fig. 25 eingezeichneten Werte.

CO_2	CO-Rest	$\frac{CO_2}{CO}(CO + 2\,CO_2)$	H_2O, wenn $K_1 =$ 0,5	1,0	1,5	2,0
0	1	0	0	0	0	0
$^1/_4$	$^3/_4$	$^5/_{12}$	$\sim{}^1/_5$	$^5/_{12}$	$\sim{}^3/_5$	$^5/_6$
$^1/_2$	$^1/_2$	$^3/_2$	$^3/_4$	$1^1/_2$	$2^1/_4$	3
$^3/_4$	$^1/_4$	$^{20}/_4$	$2^1/_2$	$5^1/_4$	~ 8	$10^1/_2$
1	0	∞	∞	∞	∞	∞

Während sich vorstehende Betrachtungen auf das schließliche, durch die Reaktion $H_2O + CO \rightleftarrows H_2 + CO_2$ bedingte Gleichgewicht beziehen, können wir über den ganzen Verlauf der bei der Wassergaserzeugung auftretenden Reaktionen folgende Schlußfolgerungen ziehen:

Die Reaktion

$$H_2O + C = H_2 + CO$$

erfordert nur das Zusammentreffen von je 1 Dampfmolekül mit 1 Atom C, wird sich also[1]) rascher vollziehen müssen, als die Reaktion

$$2\,H_2O + C = 2\,H_2 + CO_2\,,$$

bei welcher je 2 Dampfmoleküle mit 1 Atom C zusammentreffen müssen. Beide Geschwindigkeiten werden übrigens von der Natur, Dichte und Stückgröße der benutzten Kohlen abhängen.

Die Reaktion

$$CO + H_2O = CO_2 + H_2$$

wird — da sie auch nur das Zusammentreffen von je zwei verschiedenen Molekülarten erfordert — gleichfalls rasch verlaufen und, nachdem es sich um Gasreaktionen handelt, jedenfalls — ganz besonders aber bei höheren Temperaturen — rascher als die beiden ersteren Reaktionen, welche zwischen einem Gas und einem festen Körper verlaufen.

Diese Schlußfolgerungen werden auch im großen ganzen durch die schönen Versuche von *J. K. Klement* und *L. H. Adams*[2]) bestätigt, wenn auch

[1]) *H. v. Jüptner*, „Technik und Reaktionsgeschwindigkeit." Feuerungstechnik 1924, Heft 7, S. 8 und 9.

[2]) Departement of the interior, Bureau of Mines, Washington; Bull. 7, 1911; *H. v. Jüptner*, „Die Heizgase der Technik", 1920. 158ff.

die bei niedrigeren Temperaturen ermittelten Werte ziemlich schwanken. Berechnet man sich nämlich aus den Versuchsergebnissen für verschiedene Temperaturen und Gasgeschwindigkeiten die Werte von $\eta = \frac{CO}{CO_2}$, so wird eine Abnahme derselben mit abnehmender Geschwindigkeit für die Annahme sprechen, daß zunächst nach der Gleichung

$$C + H_2O = CO + H_2$$

Kohlenoxyd gebildet werde, das sich dann später nach

$$CO + H_2O = CO_2 + H_2$$

weiter umsetzt. Tritt jedoch der entgegengesetzte Fall ein, d. h. wächst η mit abnehmender Gasgeschwindigkeit (wie das beispielsweise bei Holzkohle und 1200° C der Fall ist), so läge allerdings der Gedanke nahe, daß ursprünglich nach Gleichung $C + 2\,H_2O = CO_2 + 2\,H_2$ Kohlensäure gebildet werde, die sich später wieder mit Wasserdampf in $CO + H_2O$ umsetzen müßte. Erwägt man jedoch, daß die Gasreaktion $CO + H_2O = CO_2 + H_2$ nach dem früher Gesagten sehr rasch verläuft, so ist auch ganz gut denkbar, daß das primär gebildete CO sich sofort mit H_2O umsetzt. Im weiteren Wege des Gases tritt noch immer primär die Reaktion $H_2O + C = H_2 + CO$ auf, doch hat sich jetzt die Konzentration des Wasserdampfes (wenigstens bei genügend hoher Temperatur) schon so weit verringert, daß die Reaktion $CO + H_2O = CO_2 + H_2$ sich immer mehr verlangsamt, so daß der Wert von η wieder steigt. Übrigens zeigen die Versuche der beiden Amerikaner auch, daß neben dem Wasserstoff noch Methan auftritt, und zwar um so mehr, je langsamer sich der Gasstrom bewegt, so daß auch hier eine Ursache für das besprochene Verhalten liegen kann[1]. Ganz in gleicher Weise zeigt sich auch in den Hochofengichtgasen Methan, das — wenn verkohltes Brennmaterial verwendet wird — offenbar durch Synthese gebildet werden muß.

3. Halbwassergas oder Dowsongas.

Der Umstand, daß bei der Wassergaserzeugung die sich immer weiter abkühlende Beschickung des Generators häufig wieder auf höhere Temperaturen gebracht werden muß, was durch Unterbrechung des Wassergasprozesses und Einblasen von Luft (also Erzeugung von Generatorgas) geschieht, legte den Gedanken nahe, beide Vorgänge in demselben Generator gleichzeitig nebeneinander durchzuführen, und so den Wärmebedarf des Wassergasprozesses durch den Wärmegewinn des Generatorgasprozesses zu decken.

Theoretisch liegen die Verhältnisse wie folgt:

Die Reaktion

$$C + H_2O = CO + H_2$$

benötigt für je 12 g vergasten Kohlenstoff 42,9 Cal, der zweite Prozeß

$$C + 2\,H_2O = CO_2 + 2\,H_2$$

aber 40,4 Cal.

[1] *H. v. Jüptner*, „Die Heizgase der Technik".

Hingegen liefert der Prozeß

$$C + \frac{1}{2} O_2 = CO$$

für je 12 g Kohlenstoff 26,1 Cal und jener

$$C + O_2 = CO_2$$

94,8 Cal.

Da wir ein möglichst CO_2-armes Gas erzeugen wollen, werden wir im folgenden von den beiden Bildungsgleichungen für Wassergas nur die erstere in Betracht ziehen, während von den beiden Bildungsgleichungen für Generatorgas, teils aus denselben Gründen, teils wegen der großen Schütthöhe der Kohlen im Generator die zweite — obwohl sie beträchtliche Wärmemengen liefert — vorläufig außer Betracht gelassen werden soll. Sehen wir von allen Wärmeverlusten ab, so werden wir daher, um die Temperatur konstant zu erhalten, auf je 1 Grammatom C, das wir mit Dampf vergasen, 2 Grammatome C mit Luft vergasen müssen. Wir kommen somit zu der idealen Bedingungsgleichung

$$3\,C + H_2O + O_2 + 4\,N_2 = 3\,CO + H_2 + 4\,N_2\,,$$

welche ein Gas gibt mit

CO	37,5 Volumproz.
H_2	12,5 „
N_2	50,0 „
	100,0 Volumproz.

Würden wir übrigens auch die ungünstigere zweite Bildungsgleichung für Wassergas: $C + 2\,H_2O = CO_2 + 2\,H_2$ in Betracht ziehen, so kämen wir gleichfalls auf dasselbe Verhältnis der beiden Reaktionen:

$$3\,C + 2\,H_2O + O_2 + 4\,N_2 = CO_2 + 2\,H_2 + 4\,N_2 + 2\,CO\,,$$

welches ein Gas mit

CO_2	11,1 Volumproz.
CO	22,2 „
H_2	22,2 „
N_2	44,5 „
	100,0 Volumproz.

liefern würde. Diese Rechnungen sind aber deshalb nicht zutreffend, weil wir hierbei nicht auf die Gleichgewichtszusammensetzung Rücksicht genommen haben.

In der Praxis müssen wir allerdings, um die Wärmeverluste durch die abziehenden Gase und durch Ausstrahlung zu decken, weit mehr (drei- bis fünfmal so viel) Kohlenstoff durch Luft als durch Dampf vergasen, wodurch sich der Stickstoffgehalt des Gases beträchtlich erhöht, sein Heizwert aber verringert.

Auch hier können wir die Gleichgewichtsverhältnisse berechnen, wenn wir bedenken, daß der Reaktion

$$2\,CO \rightleftarrows CO_2 + C$$

die Gleichgewichtskonstante

$$K_1 = \frac{[CO]^2}{[CO_2]} = \frac{p^2}{P-p}\,{}^{1)},$$

der Reaktion

$$CO + H_2O \rightleftarrows CO_2 + H_2$$

aber die Gleichgewichtskonstante

$$K_2 = \frac{[CO]}{[CO_2]} \cdot \frac{[H_2O]}{[H_2]}$$

zukommt, und daß in beiden Fällen das Verhältnis

$$\frac{[CO]}{[CO_2]} = \eta = \frac{p}{P-p}$$

denselben Wert haben muß. Da die Verhältnisse hier jedoch ziemlich verwickelte sind, weil einerseits der Stickstoffgehalt der Primärluft die Berechnung erschwert (wie bei Generatorgas), anderseits aber die Vergasung der Kohle nicht nur durch den Luftsauerstoff, sondern auch durch jenen des Dampfes erfolgt, wollen wir hier nicht näher darauf eingehen[2]).

Schließlich müssen die Untersuchungen von *Kurt Neumann*[3]) über die Vorgänge bei der Mischgaserzeugung bei 540 mm hoher Brennstoffschicht erwähnt werden. Die Untersuchungen zeigen, daß bei großer Dampfgeschwindigkeit der Gleichgewichtszustand und daher auch eine befriedigende Dampfzersetzung überhaupt nicht erreicht wird, und daß dies auch bei geringer Dampfgeschwindigkeit nur dann gelingt, wenn auch die Windgeschwindigkeit nicht zu groß ist. Bei einem Generator von 470 mm lichter Weite liegen die Grenzen bei 147,3 cbm Winddurchgang pro Stunde (0,237 m Windgeschwindigkeit in der Sekunde, auf den freien Querschnitt berechnet) und bei einer Dampfkonzentration von 11,7 Volumproz. Dampfzusatz. Allerdings führt die Erreichung des Gleichgewichtszustandes nur dann zu einer befriedigenden Dampfzersetzung, wenn die Temperatur genügend hoch ist.

Die Geschwindigkeit, mit welcher das Gleichgewicht erreicht wird, hängt übrigens nicht allein von der Temperatur, sondern auch von der Gegenwart von Katalysatoren ab, als welche sowohl die Oberfläche der Koksstücke, als die Aschenbestandteile wirksam sein sollen; der maßgebende Faktor ist jedoch die Temperatur.

Nach *Neumanns* Untersuchungen ist in der untersten Kohlenschicht nur CO_2 und Wasserdampf vorhanden, die sich dann in den oberen Schichten untereinander und mit der Kohle ins Gleichgewicht zu setzen trachten.

---

[1]) p = Partialdruck von CO, P = Druck von $CO + CO_2$.

[2]) Siehe *H. v. Jüptner*, „Die Heizgase der Technik", S. 180ff.

[3]) Mitteilungen über Forschungsarbeiten auf dem Gebiete des Ingenieurwesens. Ver. d. Ing. Heft 140, 1913.

Neumanns Untersuchungen ergaben:

	Versuch Nr.					
	7	8	9	10	11	12
Anfangskonzentration des Wasserdampfes[1]	0,335	0,244	0,184	0,140	0,137	0,117
Eingeblasene Luft (15° C, 1 Atm) . . cbm	36,8	56,3	81,9	113,4	128,0	147,3
Gaszusammensetzung:						
CO_2 . . . . Volumproz.	8,81	8,39	6,88	5,26	4,73	4,11
CO . . . . ,,	16,68	16,10	20,22	24,02	25,35	25,84
H_2 . . . . ,,	12,12	11,39	10,31	9,49	9,09	9,19
CH_4 . . . . ,,	0,23	0,26	0,27	0,28	0,28	0,29
H_2O . . . . ,,	12,60	14,35	9,46	5,99	5,28	4,15
N_2 . . . . ,,	49,56	49,51	52,86	54,96	55,27	56,42
Temperatur . . . . °C	1120	1180	1220	1260	1280	1290
Der Temperatur entsprechende Gleichgewichtskonstante K	2,05	2,27	2,42	2,57	2,64	2,68
Konzentrationsverhältnisse im Gase $K' = \frac{[CO]\,[H_2O]}{[CO_2]\,[H_2]}$	2,47	2,42	2,70	2,88	3,12	2,84
Unterer Heizwert pro 1 cbm (15°C, 1 Atm) Cal	720	863	919	978	1000	1005
Vergaster Kohlenstoff, kg pro St.	7,00	11,36	17,69	23,35	28,66	33,00
Wasserdampf, kg, bezogen auf 1 kg C . . .	1,820	1,105	0,708	0,495	0,495	0,379

Das Gleichgewicht wurde in keinem Falle erreicht.

Eine genaue Trennung der durch den Luftsauerstoff einerseits und durch den Wasserdampf anderseits vergasten Kohlenstoffmengen ist deshalb nicht durchführbar, weil sowohl beim Generatorgasprozesse wie beim Wassergasprozesse CO_2 neben CO gebildet werden und ein Teil des im Generatorgase enthaltenen CO sich mit H_2O zu CO_2 und H_2 umsetzt. Immerhin können wir, im Hinblick auf den raschen Verlauf der „Wassergasreaktion" ($CO + H_2O = CO_2 + H_2$) ohne zu große Fehler annehmen, daß die ganze CO_2 des Endgases durch diese Reaktion gebildet worden sei.

Am einfachsten kommen wir zu einem Ergebnis, wenn wir von der Zahl der Atome O_2 ausgehen, die dem N_2-Gehalte der Gase entsprechen:

Das Gas enthält Mole N_2	0,4956	0,4951	0,5286	0,5496	0,5527	0,5642
Welche entsprechen O_2-Mole	0,1239	0,1238	0,1322	0,1374	0,1382	0,1411
Unter der Annahme, daß beim Generatorprozeß nur CO gebildet werde, vergast die Luft Atome C	0,2478	0,2476	0,2644	0,2748	0,2764	0,2822
Im Gas sind als CO und CO_2 enthalten Atome C	0,2880	0,2749	0,3053	0,3351	0,3444	0,3503
Somit durch H_2O vergastes C	0,0402	0,0273	0,0409	0,0603	0,0680	0,0681
Verhältnis $\frac{\text{C vergast durch Luft}}{\text{C vergast durch } H_2O} =$	6,164	9,070	6,464	4,557	4,064	2,684

Allerdings kann dieses Verhältnis nur als Annäherung angesehen werden.

[1] Dampfkonzentration $= \frac{\text{Volumproz. } H_2O}{100}$.

4. Vergasung durch den Sauerstoff von Metalloxyden allein[1]).

Die Reduktion von Metalloxyden durch festen Kohlenstoff ist ein Vorgang, der ganz analog jenem der Wassergaserzeugung verläuft und — ebenso wie letzterer — einer Wärmezufuhr von außen bedarf. Diese Wärmezufuhr erfolgt bei der Reduktion von Eisenerzen im elektrischen Ofen in Form von elektrischem Strom (1 kW-St. = 864 Cal).

Da wir es auch hier wieder mit dem Gleichgewichte zwischen C, CO und CO_2 zu tun haben, wird bei der Reduktion der Oxyde des Eisens sowohl CO_2, als CO gebildet werden müssen, d. h. die direkte Reaktion von beispielsweise Fe_2O_3 wird sowohl nach der Gleichung

$$Fe_2O_3 + 3\,C = 2\,Fe + 3\,CO$$

als nach

$$2\,Fe_2O_3 + 3\,C = 4\,Fe + 3\,CO_2$$

erfolgen müssen[2]). Nach einem Berichte von *Leffler* und *Nyström*[3]) wurden u. a. folgende Gaszusammensetzungen erreicht:

Gastemperatur ° C		24	17	13	13	13	15
Gasdruck im Ofen mm Wassersäule		195	279	212	233	223	186
CO_2	Volumproz.	26,77	21,88	26,50	16,89	30,38	24,37
CO	„	59,82	63,44	61,05	69,48	57,97	63,12
H_2	„	10,14	12,17	9,48	10,42	9,01	9,67
CH_4	„	1,46	1,34	1,67	1,72	1,30	1,31
N_2	„	1,81	1,17	1,52	1,49	1,34	1,53
$\eta = \frac{CO}{CO_2}$		2,23	2,90	2,30	4,11	1,91	2,50
Anteil an der Reduktion in Proz. bei Bildung von	CO	69,0	74,3	69,7	80,5	65,6	71,4
	CO_2	31,0	25,7	30,3	19,5	34,4	28,6

Mittlerer Wert von $\eta = 2,66$.

Mittlere Zusammensetzung der Gichtgase:

CO_2	24,96	Volumproz.
CO	61,98	„
H_2	10,81	„
CH_4	1,47	„
N_2	1,48	„

1 Mol des Gases enthält somit 0,8841 Grammatome C,

1 Grammatom (12 g) C geben daher 1,131 Mole Gas.

Heizwert von 12 g C	97,6	Cal
„ „ 1 Mol Gas	51,17	„
„ „ 1,131 Molen Gas	57,87	„

oder 59,3 Proz. des Heizwertes der vergasten Kohle.

[1]) Siehe auch *H. v. Jüptner*, „Beiträge zur Hochofentheorie“ und „Die Reduktion der Eisenerze im elektrischen Ofen“.

[2]) Es sind dies Bruttoreaktionen.

[3]) Stahl und Eisen 1912, 1409.

Theoretischer Luftbedarf = 204,03 Proz. des Gases; pyrometrischer Heizwert = 1851° C; während das beste der früher angeführten Gase einen Heizwert von 58,29 Cal/Mol, per 1 Grammatom C 1,136 Mole Gas, also einen Heizwert von 66,22 Cal, d. i. 67,85 Proz. des Heizwertes der Kohle besitzt und dessen theoretischer Luftbedarf das 2,505fache des Gases, sein pyrometrischer Heizwert aber 1898° C beträgt.

Andererseits gibt das schlechteste der obigen Gase:

Heizwert pro 1 Mol Gas 48,57 Cal oder weil 12 g C 1,115 Mole Gas geben, für je 12 g C 54,16 Cal = 55,5 Proz. des Heizwertes der Kohle. — Theoretische Luftmenge = 1,87faches Gasvolumen; pyrometrischer Heizwert = 1702° C.

Die Gase der elektrischen Hochöfen haben einen weit höheren spezifischen und pyrometrischen Heizwert, als die Gichtgase der Gebläsehochöfen und zeichnen sich noch überdies durch einen außergewöhnlich niedrigen Stickstoffgehalt aus.

Bei dem immerhin beträchtlichen CO_2-Gehalt dieser Gase könnte übrigens auch an eine Regeniererung derselben nach der Gleichung

$$CO_2 + C = 2\,CO$$

gedacht werden, wobei allerdings eine Wärmezufuhr erforderlich ist.

Bei einem elektrischen Hochofen, der meist — wie jene der Gesellschaft Elektrometall — mit Zirkulationsgasen arbeitet, ist im unteren Teile des Hochofens anfangs gar kein Gas vorhanden, sondern wird erst aus der Beschikkungskohle und dem Erzsauerstoffe gebildet. Es ist nun interessant, daß diese Gase — da der Gleichgewichtszustand zwischen C, CO und CO_2 nicht erreicht wird — CO reicher sind, als diesem Gleichgewichte entsprechen würde, wie folgende Zusammenstellung lehrt:

Gaszusammensetzung in verschiedener Höhe des Ofens[1]).

Probe-Nr.	t° C	Druck mm W. S.	$\eta = \frac{CO_2}{CO}$ gefunden	Gleichgewicht t° C	η'	p' Atm
5	800	40	2,15	427	0,63	—
				527	1,69	—
4	600	49	2,22	627	1,22	0,00022
3	700	70	2,37	727	1,59	—
2	800	88	2,95	827	1,86	0,0075
1	1000	188	3,05	927	2,14	389

Ähnlich stellen sich die Verhältnisse auch bei der Reduktion anderer Metalloxyde durch Kohle, doch ist dabei zu bedenken, daß die Gase im Gleichgewichtszustande immer größere Mengen CO_2 enthalten werden, je leichter (d. h. bei je niedrigerer Temperatur) diese Oxyde reduziert werden. Ein solcher

[1]) 1 liegt im unteren Teile der Rast, die übrigen Proben sind in der Ziffernfolge aus immer höheren Ofenzonen entnommen worden.

technisch verwendeter Reduktionsvorgang ist die Fabrikation von Calciumcarbid, welcher nach der Gleichung

$$CaO + 3\,C = CaC_2 + CO$$

erfolgt.

Die Zersetzung des CaO benötigt pro Mol	145,0 Cal
die Bildung von 1 Mol CO liefert	29,1 „
so daß zur Bildung von 1 Mol CaC_2	115,9 Cal

= 0,1341 kW-St. aufzuwenden sind.

Es liefern somit 3 Grammatome = 36 g Kohlenstoff 1 Mol CO mit einem Heizwerte von 68,3 Cal, also ein Gas, welches, weil es nahezu rein ist, nicht nur einen hohen Brennwert (3047 Cal/cbm), sondern auch einen hohen pyrometrischen Heizwert (2100° C bei konstantem Druck, bzw. 2430° C bei konstantem Volum) besitzt. Die theoretische Luftmenge ist 450 Proz.[1]).

5. Vergasung durch den Luftsauerstoff und durch Metalloxyde.

Da die Reduktion von Metalloxyden durch Kohle einer Wärmezufuhr bedarf, liegt es nahe, diesen Bedarf dadurch zu decken, daß man einen Teil der Kohle durch eingeblasene Luft (Wind) vergast, also ganz ebenso verfährt, wie beim Halbwassergas.

Der technisch wichtigste hierher gehörige Prozeß ist der Hochofenprozeß[2]), bei welchem metallisches Eisen aus seinen Oxyden gewonnen wird. Diese Reduktion kann auf folgende Weise vor sich gehen:

a) Direkte Reduktion durch elementaren Kohlenstoff:

$$3\,C + Fe_2O_3 = 2\,Fe + 3\,CO, \quad (1)$$

$$3\,C + 2\,Fe_2O_3 = 4\,Fe + 3\,CO_2, \quad (2)$$

$$4\,C + Fe_3O_4 = 3\,Fe + 4\,CO, \quad (3)$$

$$2\,C + Fe_3O_4 = 3\,Fe + 2\,CO_2, \quad (4)$$

$$C + FeO = Fe + CO, \quad (5)$$

$$C + 2\,FeO = 2\,Fe + CO_2. \quad (6)$$

b) Indirekte Reduktion durch CO:

$$3\,CO + Fe_2O_3 = 2\,Fe + 3\,CO_2, \quad (7)$$

$$4\,CO + Fe_3O_4 = 3\,Fe + 4\,CO_2, \quad (8)$$

$$CO + FeO = Fe + CO_2. \quad (9)$$

---

[1]) Auf die Darstellung von Acetylen (C_2H_2) aus dem Calciumcarbid wird später zurückgekommen werden.

[2]) *H. v. Jüptner*, „Beiträge zur Hochofentheorie".

Daneben spielen sich noch folgende Reaktionen zwischen der Kohle und dem Sauerstoff des Windes ab:

$$C + O_2 = CO_2 \text{ (vor den Formen)} \qquad (10)$$

und

$$CO_2 + C = 2\,CO \text{ (in weiterer Entfernung von den Formen)} \qquad (11)$$

Die Reduktion mit elementarem Kohlenstoff zu metallischem Eisen erfordert hohe Temperaturen, so daß hierbei praktisch nur CO gebildet wird und wir daher von der Reaktion (6) absehen können. Immerhin aber wird, wenn noch unreduzierte Oxyde in die untere Partie des Hochofens gelangen, auch ein Teil derselben nach (5) durch festen Kohlenstoff reduziert werden, während das so gebildete CO in den höheren Ofenpartien noch weiter reduzierend auf die Oxyde einwirken wird. Überhaupt erfolgt im Hochofen die Reduktion von Fe_2O_3 nicht unmittelbar zu Metall, sondern stufenweise zu immer sauerstoffärmeren Oxyden.

Nach den Reaktionsgleichungen brauchen wir zur Reduktion von 1 kg Eisen aus seinen Oxyden folgende Mengen Reduktionskohle:

Reduktion durch	CO	C	
unter Bildung von	CO_2	CO	CO_2
Fe_2O_3 zu Fe_3O_4	0,0357 kg C (= 0,083 kg CO)	0,0357 kg C	0,0179 kg C
Fe_3O_4 „ FeO	0,0714 „ C (= 0,167 „ CO)	0,0714 „ C	0,0357 „ C
FeO „ Fe	0,2143 „ C (= 0,500 „ CO)	0,2143 „ C	0,1072 „ C
Fe_3O_4 „ Fe	0,2857 „ C (= 0,667 „ CO)	0,2857 „ C	0,1429 „ C
Fe_2O_3 „ Fe	0,3214 „ C (= 0,750 „ CO)	0,3214 „ C	0,1607 „ C

Anderseits bedarf die Zerlegung der Oxyde des Eisens in Sauerstoff und metallisches Eisen einen Wärmeaufwand, der pro 1 kg darin enthaltenes Eisen beträgt:

Fe_2O_3 zu Fe_3O_4	195 Cal	444 Cal
Fe_3O_4 „ FeO	249 „	
FeO „ Fe	1352 „	
Fe_3O_4 „ Fe	1602 „	
Fe_2O_3 „ Fe	1796 „	

während sich die durch Oxydation der erforderlichen Reduktionskohlenmenge ergebenden Wärmemengen berechnen zu:

Reduktion durch	CO	C	
unter Bildung von	CO_2 [1]) Cal	CO Cal	CO_2 Cal
Fe_2O_3 zu Fe_3O_4	288,456	86,859	144,228
Fe_3O_4 „ FeO	676,912	173,717	338,451
FeO „ Fe	1731,544	517,535	865,772
Fe_3O_4 „ Fe	1908,446	689,966	954,223
Fe_2O_3 „ Fe	2196,962	776,180	1098,951

[1]) Einschließlich der durch die CO-Bildung vor den Formen entwickelten Wärme.

Wir haben somit nur bei den indirekten Reduktionen einen Wärmeüberschuß, und zwar pro 1 kg reduziertes Eisen und der Reduktion von

FeO	zu	Fe	= 1731,5 — 1352 = 379,5 Cal
Fe_3O_4	„	Fe	= 1908,4 — 1601 = 307,4 „
Fe_2O_3	„	Fe	= 2196,9 — 1796 = 400,9 „

Da wir aber Roheisen und Schlacke im geschmolzenen Zustande erhalten, müssen wir zu deren Schmelzung auch noch Wärme aufwenden, und zwar für

1 kg Roheisen etwa	330 Cal
1 kg Schlacke etwa	500 „

so daß wir einen Wärmeabgang erhalten, der durch die Wärmeverluste mit den Gichtgasen und durch Strahlung noch wesentlich vermehrt wird. Dazu kommt aber noch weiter, daß auch im Hochofen Gleichgewichtsverhältnisse angestrebt werden, wir also in keinem Falle in den Gichtgasen nur CO_2, sondern auch CO erhalten werden, und das Verhältnis $\eta = \frac{CO}{CO_2}$ als Maß für die Beurteilung des Hochofenganges gelten kann.

Die Verhältnisse im Hochofen sind so verwickelte[1]), daß wir uns hier darauf beschränken müssen, die mittlere Zusammensetzung der Gichtgase anzugeben, sie ist etwa:

CO	24 Volumproz.
CO_2	12 „
N_2	60 „
H_2	2 „
CH_4	2 „
	100 Volumproz.

1 Mol Gas enthält 0,38 Grammatome C, d. h. 1 Grammatom (12 g) vergastes C gibt 2,63 Mole Gichtgas.

Heizwert von 12 g C	97,6 Cal
Heizwert von 1 Mol Gichtgas	22,34 „
Heizwert von 2,63 Molen Gichtgas	58,75 „

oder 60,2 Proz. des Heizwertes der vergasten Kohle.

Theoretische Luftmenge für 100 Vol Gichtgas	80 Volum
Pyrometrischer Heizeffekt	1317° C

Eine Regeneration der Hochofengichtgase nach der Gleichung

$$CO_2 + C = 2\,CO$$

wurde mehrfach vorgeschlagen, ist jedoch selbst bei den früher besprochenen Gasen der elektrischen Hochöfen nicht rentabel.[2])

---

[1]) *H. v. Jüptner*, „Beiträge zur Hochofentheorie"; Berg- u. Hüttenm. Jahrb. 1920, Heft 1; 1926.

[2]) *H. v. Jüptner*, „Die Heizgase der Technik", S. 190 bis 193.

XIV. Veredlung der Brennstoffe durch Vergasung roher Brennstoffe.

Trockene Destillation bzw. Verschwelung und gleichzeitige unvollständige Verbrennung der Rückstände, besondere Arten der Durchführung.

In der Praxis werden meist nicht verkohlte, sondern rohe Brennstoffe der Vergasung zugeführt, wobei natürlich die Entgasung (trockene Destillation oder Verschwelung) und die Vergasung des so entstehenden Destillationsrückstandes (unvollständige Verbrennung), gleichgültig, ob sie mit Luft oder Wasserdampf erfolgt, nebeneinander verlaufen, so daß wir gemischte Destillations- und Verbrennungsgase erhalten. In den oberen Partien des Generators wird hierbei das hygroskopische Wasser verdampft, weiter unten beginnt die trockene Destillation, während die unvollständige Verbrennung in den untersten Teilen des Generators stattfindet. Die für die Trocknung und Destillation erforderliche Wärme wird von letzterem Vorgange geliefert.

Diese einzelnen Vorgänge werden natürlich teilweise ineinander greifen und die verschiedenen hierbei entstehenden Produkte auch chemisch aufeinander einwirken, so daß eine scharfe Trennung derselben unmöglich ist, doch hat der Verfasser versucht, die Vorgänge so weit als möglich auseinanderzuhalten[1]).

Hier mögen nur einige Beispiele über die Vergasung sehr verschiedener Arten von rohen Brennmaterialien angeführt werden (s. S. 236)[2]).

Außer dem Teer wurde mit dem Gaswasser auch Holzessig und etwas Holzgeist (Methylalkohol) kondensiert, und zwar erhielt man im Durchschnitt:

	Als Teer Proz.	Als Gaswasser Proz.	In der Asche Proz.	Summe Proz.
Kohlenstoff	3,03	0,16	0,04	3,23
Wasserstoff	0,29	0,04	—	0,33
Sauerstoff	0,57	0,21	—	0,78
Stickstoff	0,01	—	—	0,01

Sägespäne im Generator benötigen mehr Verbrennungsluft als Holz, weil sie mehr hygroskopisches Wasser enthalten und infolge schlechterer Verteilung des Gasstromes mehr CO_2 geben.

---

1) *H. v. Jüptner*, „Generatorstudien" (Chem. Ztg.), „Die Prüfung der Feuerungsanlagen", „Chem. Technologie der Energien" II; „Die Heizgase der Technik" und auch im X. Kapitel dieses Buches wurde ein Beispiel angeführt.

2) *Richard Åkermann*, „Jernkont. Annaler 1891", deutsch von *H. v. Jüptner*, Berg- u. Hüttenm. Jahrb. **40**, Heft 1; „Die Heizgase der Technik" S. 208ff.

Generatorgase aus Scheitholz, Reisig und Sägespänen.

Art der Brennstoffe	Munkfors	Arnäs	Fagersta	Forshaga			Falun	
	Strünke u. Wurzeln der Föhre	Föhren-Reisholz	Scheitholz, meist Föhre	Sägeabfall und Schwartenstücke			Scheitholz von Föhre und Sägespänen	
Gehalt an hygroskopischem Wasser Proz.	12	16	27	60	60	60	12 bis 39	12 bis 39
Gehalt an Asche . . . . „	0,9	0,6	0,5	0,3	0,3	0,3	0,5 „ 0,8	0,5 „ 0,8
Gehalt an Holzsubstanz . . . . „	87,1	83,4	72,5	39,7	39,7	39,7	87,5 „ 60,2	87,5 „ 60,2
Zusammensetzung der Holzsubstanz:								
Kohlenstoff . . . . „	53,0	?	51,0	?	?	?	? „ 51,6	? „ 51,6
Wasserstoff . . . . „	7,1	?	6,1	?	?	?	? „ 6,4	? „ 6,4
Sauerstoff . . . . „	39,8	?	} 29,4	?	?	?	} ? „ 42,0	} ? „ 42,0
Stickstoff . . . . „	0,1	?		?	?	?		
Rostfläche eines Generators . . . . qm	0,0	0,81	1,72	1,37	1,37	1,37	4,4	4,4
Inhalt eines Generators . . . . . cbm	26,7	1,9	24,2	7,4	7,4	7,4	11,4	11,4
Durchsetzzeit des Brennstoffes . . . St.	8,6	4,3	5,9	3,6	4,7	6,5 bis 5,9	8,3	8,9
Austrittstemperatur der Gase . . . °C	180	505	147	125	100	90	300	300
Brennstoff in 24 St. . . . . kg	14 866	1346	15 293	10 835	8414	6490 bis 6820	4313 bis 4835	4066 bis 4788
Teer in 24 St. . . . . kg	?	?	444	?	146	?	246	231
Zusammensetzung des Teeres:								
Kohlenstoff . . . . Proz.	—	—	75,5	—	75,0	—	82,9	82,9
Wasserstoff . . . . „	—	—	7,4	—	7,6	—	7,2	7,2
Sauerstoff . . . . „	—	—	16,6	—	} 17,4	—	9,8	9,8
Stickstoff	—	—	0,5	—		—	0,1	0,1
Volumprozentige Zusammensetzung der wasser- und luftfreien Gase:								
CO_2	3,8	6,2	6,0	11,3	11,7 bis 12,8	13,9	5,5	5,6
CO	29,8	26,0	29,8	19,6	20,3 „ 16,3	16,2	31,3	30,4
C_2H_4	0,6	—	0,3	0,9	0,8 „ 0,8	0,8	0,6	0,8
CH_4	4,2	5,1	6,9	4,3	4,2 „ 3,7	3,3	4,1	4,5
H_2	6,4	4,3	6,5	7,4	6,7 „ 6,2	7,9	9,8	7,0
N_2	55,2	58,4	50,5	56,5	56,3 „ 60,2	57,9	48,7	51,7

Generatorgas aus Torf.

		Munkfors		Arnäs		Lotorp
Beschaffenheit des Torfes		guter Fasertorf		Trettorf sehr schlecht, äußerst locker u. staubig		guter Fasertorf
Hygroskopisches Wasser	Proz.	23,0	25,0	22,0	24,5	36,0
Asche	„	3,0	2,8	17,7	7,0	5,5
Zusammensetzung der Torfsubstanz:						
C	„	—	57,8	61,1	58,5	61,0
H	„	—	6,8	6,2	6,0	6,3
O	„	—	34,0	30,6	33,3	30,6
N	„	—	1,4	2,1	2,2	2,1
Rostfläche des Generators	qm	0,0	0,0	2,64	0,81	1,6
Inhalt des Generators	cbm	22,8	22,8	22,4	1,9	21,9
Täglicher Brennstoffverbrauch	kg	10 322	6262	7256	1495	8446
Austrittstemperatur des Gases	°C	76	86 bis 100	78	500	75 bis 105
Teer in 24 St.	kg	—	152	—	—	173
Zusammensetzung des Teeres:						
C	Proz.	—	79,6	—	—	79,8
H	„	—	9,3	—	—	9,2
O	„	—	} 11,1	—	—	9,6
N		—				1,4
Zusammensetzung des luft- und wasserfreien Gases:						
CO_2	Volumproz.	—	6,6	7,1	5,4	6,8 bis 7,4
CO	„	—	29,6	21,5	23,5	27,6 „ 26,2
C_2H_4	„	—	0,7	0,4	0,3	0,4 „ 0,4
CH_4	„	—	4,0	5,6	6,4	3,75 „ 3,70
H_2	„	—	5,3	7,1	5,2	12,3 „ 13,5
N_2	„	—	53,8	58,3	59,2	49,15 „ 48,8

Generatorgas aus Steinkohlen.

		Söderfors			Ankarsrum			Degerfors
Art des Verkokungsrückstandes		Koks nicht gesintert						
Hygroskopisches Wasser	Proz.	3,0	3,0	3,0	7,6	7,6	7,6	2,3
Asche	„	4,0	4,0	4,0	5,1	5,1	5,1	5,2
Zusammensetzung d. Kohlensubstanz								
C	Proz.	—	—	—	79,0	79,0	79,0	82,6
H	„	—	—	—	5,9	5,9	5,9	5,8
O	„	—	—	—	13,7	13,7	13,7	10,2
N	„	—	—	—	1,4	1,4	1,4	1,4
Kalksteinzusatz	„	3,4	3,4	3,4	3,4	3,4	3,4	3,6
Rückstand im Aschenraum:								
Gewichtsproz. der Steinkohle		8,0	8,0	8,0	12,1	12,1	12,1	12,4
Zusammensetzung:								
C	Proz.	—	—	—	40,2	40,2	40,2	41,1
H_2	„	—	—	—	1,0	1,0	1,0	0,9
$O_2 + N_2$	„	—	—	—	1,2	1,2	1,2	0,3
Asche	„	73,6	73,6	73,6	57,6	57,6	57,6	57,7

Generatorgas aus Steinkohlen (Fortsetzung).

	Söderfors			Ankarsrum			Degerfors
Art des Verkokungsrückstandes	Koks nicht gesintert						
Rostfläche des Generators . . . qm	2,0	2,0	2,0	2,0	2,0	2,0	2,0
Inhalt des Generators . . . . cbm	?	?	?	4,0	4,0	4,0	3,8
Steinkohlen pro Tag . . . . . kg	3506	3357	2611	2502	1398	736	12046
Austrittstemperatur des Gases . °C	670 bis 740	639 bis 792	616 bis 722	500?	500?	500?	500?
Zusammensetzung des luft- und wasserfreien Gases:							
CO_2 . . . . Volumproz.	3,4	4,1	3,8	1,8	2,4	2,5	2,7
CO . . . . „	25,7	25,3	24,6	27,3	29,8	28,7	28,4
C_2H_4 . . . . „	1,1	1,0	0,7	0,4	0,1	0,3	0,6
CH_4 . . . . „	5,3	3,7	4,8	4,2	3,6	5,5	3,1
H_2 . . . . „	7,8	11,0	9,4	6,2	8,4	9,0	5,2
N_2 . . . . „	56,7	54,9	56,7	60,1	55,7	54,0	60,0

Generatorgas aus Braunkohle.

Zahl der Generatoren	3
Rostfläche per Generator	2,5 qm
Versuchsdauer	12 St. 45 Min.
Vergichtete Kohlen	3600 kg Leobner Stückkohle
Zusammensetzung der Kohle:	
Kohlenstoff. . . . . Proz.	61,72
Disponibler Wasserstoff . . . . „	1,85
Stickstoff . . . . „	0,22
Wasser, chemisch gebunden . . . . . . „	20,09 } 29,43
Wasser, hygroskopisch. . . . . „	9,34 }
Asche . . . . „	6,78
Verbrennlicher Schwefel . . . . „	0,37
Heizwert.	5446 Cal
Gewicht des Rostdurchfalles	936,7 kg
Zusammensetzung des Rostdurchfalles :	
C	73,94 Proz.
Asche	26,06 „

Zusammensetzung der trockenen Gase:	I	II	III	IV	Mittel
CO_2 . . . . Volumproz.	5,3	5,4	4,2	4,4	4,64
O_2 . . . . „	0,3	0,8	0,6	0,8	0,65
CO . . . . „	25,19	25,05	25,39	26,50	25,59
CH_4 . . . . „	0,29	0,15	0,51	0,40	0,38
H_2 . . . . „	10,29	10,65	11,29	11,60	11,11
N_2 . . . . „	58,63	57,95	58,01	56,30	57,63

Pro Stunde und 1 qm Rostfläche wurden somit vergast:

Von Scheitholz und Sägespänen gemischt . .	45 bis	50 kg
„ Sägeabfällen und Schwartenstücken . . .	200 „	330 „
„ Scheitholz		370 „
„ schlechtem, lockerem, staubigem Torf . .	75 „	120 „
„ gutem Fasertorf.	200 „	250 „
„ Braunkohlen	40 „	50 „
„ Steinkohle	60 „	250 „

Doch lassen sich die Generatoren auch viel langsamer betreiben; so sank in Ankarsrum in einem Falle die pro Stunde und 1 qm Rostfläche vergaste Brennstoffmenge sogar auf 15 kg herab.

Bei Wassergas und Mischgas treten ähnliche Verhältnisse ein. Die folgende Tabelle gibt eine Übersicht über die Zusammensetzung des aus verschiedenen Brennstoffen erhaltenen Halbwassergases:

Brennmaterialien	CO	H_2	N_2	CO_2	CH_4	C_2H_4	O_2	Heizwert
Anthrazit	24,0 bis 24,9	9,8 bis 11,3	58,4 bis 60,4	2,2 bis 3,7	1,6 bis 2,5	—	0,4 bis 1,0	Unterer 1228
Koks	29,4	1,9	66,7	2,0	—	—	—	Unterer 1140
Koks mit Dampfzusatz	23 bis 29	6 bis 18	52 bis 64	2 bis 7	0,3 bis 2,5	—	—	Oberer 1000 bis 1300
Steinkohle	26,80	18,10	46,30	4,9	3,50	0,40	00	1762 (?)
„	24.6 bis 29,8	5,2 bis 11,0	54,0 bis 60,1	1,8 bis 4,1	3,1 bis 5,5	0,3 bis 1,1	—	—
Braunkohle	25,05 bis 26,50	10,29 bis 11,60	56,30 bis 58,63	4,2 bis 5,4	0,15 bis 0,51	—	0,2 bis 0,8	—
Deutsche Braunkohle	23 bis 32	8 bis 13	—	5 bis 8	1 bis 3,5	0,1 bis 1	0,0 bis 0,8	1100 bis 1500
Torf	21,5 bis 29,6	5,2 bis 13,5	43,8 bis 58,3	5,4 bis 7,4	3,7 bis 6,4	0,2 bis 0,7	—	—
Schichttorf aus Hannover	30,6	6,1	52,5	5,7	5,1	—	—	—
Torf aus Giengen	30,0	10,0	51,6	6,0	2,4	—	—	—
Holz	29,8	6,5	50,5	6,0	0,3	—	—	—
Holzabfälle	19,6	7,4	56,5	11,3	4,3	0,9	—	—

Restlose Vergasung: Da der Rostdurchfall von Generatoren noch immer beträchtliche Koksmengen enthält, liegt es nahe, diese noch in Form von Wassergas vollständig zu vergasen. Die hierdurch erreichbaren Vorteile ergeben sich aus folgenden Betrachtungen: Durch restlose Vergasung von 100 kg Kohle (mit etwa 7000 Cal Heizwert) erhält man

	30 cbm Steinkohlengas à 5500 Cal	= 165 000 Cal
70 kg Koks, welche	120 „ Wassergas à 2900 Cal liefern	= 348 000 „
	150 cbm Gas mit	513 000 Cal,

wobei dieses Gasgemisch einen Heizwert von $\frac{513000}{150} = 3420$ Cal/cbm besitzt, was einem Nutzeffekt von 73 Proz. entsprechen würde.

Zur Herstellung solchen Doppelgases hat Strache einen Generator konstruiert, der sich in der Praxis bewährt hat, während später von *Dellwik-*

Fleischer ähnliche Trigasanlagen und noch manche andere ähnliche Generatoren gebaut wurden.

Ein weiteres Bestreben geht dahin, auch im Generatorbetriebe möglichst viele wertvolle Nebenprodukte zu gewinnen, aber auch minderwertige Brennstoffe für solche Zwecke nutzbar zu machen, für welche bisher nur hochwertige Verwendung finden konnten. Die wichtigsten Nebenprodukte bei der Vergasung in Generatoren sind der Teer und das Ammoniak. Um die Ausbeute an denselben tunlichst zu erhöhen, haben namentlich zwei Verfahren Bedeutung gewonnen, das Mondverfahren (welches Mondgas liefert) und das Zonenverfahren.

Das Mondgasverfahren bezweckt hauptsächlich eine möglichst große Ausbeute an Ammoniak und beruht auf der Erfahrung, daß der Stickstoffgehalt der Kohlen in einem mit Wasserdampf gesättigten Windstrom zum größten Teile als Ammoniak entweicht[1]). *Bone* und *Wheeler*[2]) haben den Einfluß eines gesteigerten Dampfzusatzes studiert und gefunden:

Mittlerer Heizwert der Kohle = 7405 Cal.

Dampfzusatz: kg Dampf auf 1 kg vergaste Kohle	0,45	0,55	0,80	1,10	1,55
Zerlegte Dampfmenge. . . Proz.	87,4	80,0	61,4	52,0	40,0
Luftverbrauch cbm/kg Kohle bei 0° und 760 mm/Hg S. . .	2,28	2,16	2,27	2,28	2,29
Mittlere Gaszusammensetzung:					
CO_2 . . . . . . Volumproz.	5,25	6,95	9,15	11,65	13,25
CO . . . . „	27,30	25,40	21,70	18,35	16,05
H_2 . . . . „	16,60	18,30	19,65	21,80	22,65
CH_4 . . . . . . „	3,35	3,40	3,40	3,35	3,50
N_2 . . . . „	47,50	45,90	46,10	44,83	44,55
Unterer Heizwert je 1 cbm Cal	1557,15	1547,00	1469,00	1416,00	1382,00
Gasausbeute cbm/t Kohle . . .	3810,00	3704,00	3896,00	4012,6	4065,00
Ammonsulfat kg/t Kohle	17,7	10,97	22,9	29,15	32,08
Wirkungsgrad des Generators:					
ohne Dampf für die Gebläsemaschine und Wäsche	0,80	0,773	0,772	0,763	0,760
mit Dampf für die Gebläsemaschine und Wäsche	0,715	0,667	0,660	0,640	0,604

Bei der praktischen Durchführung des Mondgasprozesses ist der Dampfverbrauch noch größer (etwa 2,5 kg pro 1 kg Kohle).

Eine Verbesserung des Verfahrens von *Moore*[3]) gestattet mit geringen Dampfmengen auszukommen, indem er die erzeugten Gase schon im

[1]) *Trenkler*, Stahl u. Eisen 1913, II., 1730.
[2]) Stahl u. Eisen 1914, 579.
[3]) Glückauf 1913, 970 bis 983. Stahl u. Eisen 1918, 114.

Generatorschacht stark abkühlte. Er macht hierüber folgende Mitteilungen:

Durchsatz in 24 Stunden 9 t gute englische Gaskohle.

Gesamtdampfzusatz[1]) 0,8 bzw. 1,0 kg pro 1 kg Kohle.

Stickstoffausbringen (als NH_3) 50 bzw. 66 Proz.

Unterer Heizwert des Gases 1400 Cal bzw. 1350 Cal.

Gastemperatur 200° C.

Das Zonenverfahren beruht auf der getrennten Durchführung der Destillation (bzw. Verkokung) und der Vergasung des Koks mit Luftsauerstoff und Wasserdampf. *R. Schulz*[2]) gibt folgende Vergleichung von gewöhnlichem Generatorgas, Mondgas und Zonengas:

Betriebsangaben für Steinkohle mit 1,3% N_2 und 6800 Cal Heizwert.

		Gewöhnlicher Generator	Mondgaserzeuger	Zonengas-Erzeuger	
				Primärgas	Sekundärgas
Gaszusammensetzung:					
CO_2	Proz.	4 bis 6	14 bis 16	10 bis 13	3 bis 5
CO	„	25 „ 28	10 „ 13	3 „ 4	23 „ 30
H_2	„	10 „ 12	22 „ 27	15 „ 20	10 „ 14
CH_4	„	1 „ 2	2 „ 3	10 „ 13	—
CxHy	„	0,2	0,2	1,5	—
Teer und Ruß	g/cbm	12 bis 14	8 bis 9	50	10
NH_3	„	—	2,5 „ 3,5	4 bis 5	—
Dampf	„	40 „ 50	400 „ 500	300 „ 400	20 bis 30
cbm Gas pro 1 kg Kohle		3,06	4,2	0,7	2,7
Heizwert	Cal/cbm	1300	1250	1900	1200
Gastemperatur	°C	800 bis 900	450 bis 500	100	700 bis 800
Brennbare Bestandteile der Asche	Proz.	8 bis 12	30 bis 40	8 bis 12	
Chemischer Wirkungsgrad	„	68	77	67	
Dampfbedarf für 1 kg Kohle	kg	0,3	1,7	—	
Kühlwasser für 1 t Kohle	cbm	6	55	11	
Sulfat pro 1 kg Kohle	g	—	35 bis 40	16 bis 18	
Teer pro 1 kg Kohle	g	—	35 „ 40	30 „ 40	
Verfügbare Wärme pro 1 kg Kohle	Cal	6180	5230	4820	
Wärmeverlust für 1 kg Kohle:					
In kurzen Leitungen	Cal	350	—	150	
Für Zentralanlagen	„	1000	—	200	

Nach *Schulz* stellen sich die Gaspreise und die NH_3-Ausbeute beim Mondverfahren weit günstiger als beim Zonenverfahren. Hingegen gelangt *A. Gwinner*[3]) zu etwas anderen Ergebnissen, weil sich seine Betrachtungen auf Feuerungen ohne, jene von *Schulz* aber auf solche mit Regeneration stützen.

---

[1]) Die Hälfte davon lieferte der zur Kühlung des Generators dienende Mantel, der gleichzeitig als Verdampfer wirkt.

[2]) Stahl u. Eisen 1913, 1221.

[3]) Stahl und Eisen 1911, 2085.

Hier möge noch die Zusammensetzung eines Doppelgasteers aus Steinkohle (auf den wasserfreien Zustand berechnet) angeführt werden:

Leichtöl	30,3	Proz.
Schweröl	37,9	„
Paraffin	1,5	„
Pech	18,9	„
Spez. Gew.	1,042.	

XV. Sonstige Veredlungsarten.

Einige technisch verwendete Gase, Extraktion und Verflüssigung der Brennstoffe.

Noch sind einige technisch verwendete Gase zu erwähnen.

Ölgas, durch Destillation verschiedener Materialien gewonnen, enthält

Art des vergasten Öles		Schieferöl, Reutlingen	Paraffinöl	Petroleum		Amerik. Steinöl
Analytiker		*Reissig*	*Hilger*	*Bolley*		*Silberschmid*
Schwere Kohlenwasserstoffe	Volumproz.	25,30	28,91	31,6	33,4	27,18
Methan	„	64,80	54,92	45,7	40,0	41,61
Wasserstoff	„	3,05	5,65	22,7	26,0	13,26
Kohlenoxyd	„	6,65	8,94	—	—	17,47
Kohlensäure	„	0,20	0,82	—	—	—
Sauerstoff und Stickstoff	„	Spuren	—	—	—	0,52

Acetylen, C_2H_2

zeichnet sich durch seinen außerordentlich hohen Heizwert aus. Es wird aus Calciumcarbid durch Zersetzung mit Wasser gewonnen

$$CaC_2 + 2\,H_2O = Ca\,(OH)_2 + C_2H_2.$$

Wenn hierbei die Temperatur auf 100° C steigt, so tritt Polymerisation ein und die Acetylenausbeute sinkt. Unter gesteigertem Druck kann Explosion eintreten. Es wird teils am Verbrauchsorte erzeugt, teils als Acetylen dissou (in Aceton gelöst) in den Handel gebracht und findet zum Schweißen Anwendung.

Wasserstoff

wird gleichfalls zum Schweißen verwendet. Er wird auf sehr verschiedene Weise bereitet[1]), von denen uns hier besonders jene, welche vom Wassergas ausgehen (*Griesheim-Elektron* und *Frank & Caro*) interessieren, weil sie zu den Brennstoffveredlungsverfahren zu rechnen sind.

---

[1]) Verfahren von *Bergius, Majert* und *Richter, Schuckert & Co., Schoop, Garutti, Machtolf, Messerschmidt* usw.

Methangas.

Hier möge auf die ausführliche Studie von *Jochum*[1]) verwiesen werden, welche alle älteren Arbeiten über Methanbildung zusammenstellt und auch den *Cedford*-Gasprozeß erwähnt, bei welchem Wassergas nach dem *Linde-Frank-Caro*schen Verfahren teilweise kondensiert wird, bis das richtige Verhältnis zwischen CO und H_2 für die Methanbildung erreicht ist (Siedepunkt des CO bei $-190°$, des H_2 bei $-252°$). Nach *Jochum* liegt die günstigste Reaktionstemperatur für das $CO + H_2$-Gemisch bei 270 bis 280° C.

Carburierte Luft

wird allerdings nur in kleinem Maßstabe für Heizzwecke verwendet und wird erhalten, indem man einen Luftstrom mit Dämpfen leicht flüchtiger Kohlenwasserstoffe beladet. Hierzu benutzt man Gasolin (ein Gemenge von hauptsächlich Pentan und Hexan neben wenig Butan und Heptan), Benzin und Petroleumäther. Die Eigenschaften der wichtigsten Carburierungsmittel sind folgende:

Name des Kohlenwasserstoffes	Formel	Siedepunkt °C	Spez. Gewicht	Oberer Heizwert Cal pro 1 cbm	Luftbedarf für 1 cbm Gas
Methan	CH_4	—100	0,554	9 530	9,6
Äthan	C_2H_6	— 93	1,049	16 600	16,8
Propan	C_3H_8	— 45	1,520	23 650	24,0
Butan	C_4H_{10}	+ 1	2,010	30 800	31,2
Pentan	C_5H_{12}	36,4	2,495	38 000	38,4
Hexan	C_6H_{14}	68,9	2,980	44 950	45,6
Heptan	C_7H_{16}	98,4	3,475	51 900	52,8

Bei der sog. heißen Carburation, die bei der Wassergasbeleuchtung angewendet wird, zersetzt man Petroleum, Öle usw. in Gasgeneratoren, durch welche das zu carburierende Gas strömt.

Blaugas

entsteht durch Vergasung von Gasöl bei niederer Temperatur, Reinigen und Komprimieren unter einem Drucke von 20 kg, wobei sich ein benzinartiger Kohlenwasserstoff bildet, nach dessen Abscheidung man es unter einem Drucke von 100 kg/qcm verflüssigt.

100 kg Öl geben:

Flüssiges Blaugas	30 bis 40 kg
Benzin	5 „ 6 „
Teer	50 „ 55 „
Schwer verdichtbare Gase	5 „ 6 „

[1]) Journ. f. Gasbel. 1911, 739.

Mittlere Zusammensetzung:

Schwere Kohlenwasserstoffe (C_nH_{2n})	48 Proz.
Paraffin (C_nH_{2n+2})	36 „
Wasserstoff	6 „
Kohlensäure	2 „
Luft	8 „

Spezifisches Gewicht 0,815.

Heizwert 14 800 Cal/cbm.

Es findet hauptsächlich für Beleuchtungszwecke (Eisenbahnwaggons usw.) Verwendung.

Halbflüssige Brennstoffe.

Der Weltkrieg führte zu verschiedenen Versuchen, die flüssigen Brennstoffe für den U-Bootkrieg zu strecken, indem man den verwendeten flüssigen Brennstoffen Pech (Deutschland) oder Kohle und Koks (Amerika) zusetzte. *Lindon W. Bates* gelang es, feinen Kohlenstaub (von welchem 95 Proz. durch ein 200-Maschensieb ging) durch Anwendung eines „Fixateurs" monatelang in Teeröl schwebend zu erhalten. Dieser Kolloidbrennstoff oder fixated oil genannte, halbflüssige Brennstoff bestand beispielsweise aus 45 Proz. Öl, 20 Proz. Teer und 35 Proz. Kohlenpulver, oder aus 38,5 Proz. Anthracitabfällen (mit 25,5 Proz. Asche), 60,5 Proz. Ölwaschabfällen (Schlammkohle, Petroleum, Pech), mit Brennwerten zwischen 4330 und 7340 Cal. Vom Fixationszusatz wurde 1 Proz. gegeben. Mit dem Kohlenstaubzusatz wächst die Zähflüssigkeit, doch konnten solche bei normalen Schiffskesseln anstandslos und ohne Absetzen von Bestandteilen oder Verstopfen der Düsen verheizt werden.

Schließlich müssen wir noch eine Reihe von Veredlungsverfahren besprechen, welche eine sehr durchgreifende Veränderung der Brennstoffe bezwecken:

Extraktion.

Pictet in Genf war der erste, welcher Kohlen (und zwar mit Benzol) zu extrahieren versuchte, doch erhielt er nur sehr geringe Extraktmengen. Führt man die Extraktion jedoch bei der kritischen Temperatur des Benzols (270° C) durch, so erhält man weit höhere Ausbeuten (bis 6,5 Proz.). Man erhält so ein dickflüssiges, beständiges, goldrotes Öl (dem Erdöl sehr nahe stehend) und einen festen, kakaobraunen Rückstand, der bei 180° schmilzt.

Bessere Extraktionsmittel sind organische Basen (Pyridin) oder auch sauere Stoffe (Phenol). *Hofmann* und *Damm*[1]) fanden in dem Pyridin-Extrakt aus oberschlesischer Kohle:

Gesättigte Kohlenwasserstoffe:

	Siedepunkt °C
$C_{11}H_{20}$	210 bis 215
$C_{12}H_{22}$	225 „ 230
$C_{13}H_{24}$	235 „ 240
$C_{14}H_{26}$	257 „ 263
$C_{15}H_{28}$	278 „ 283
$C_{16}H_{30}$	289 „ 295

[1]) Brennstoff-Chemie **3**, 88 (1922).

Ungesättigte Kohlenwasserstoffe

	Siedepunkt °C
C_8H_{12}	154 bis 158
C_9H_{14}	165 „ 170
$C_{10}H_{16}$	185 „ 190
$C_{11}H_{18}$	205 „ 210
$C_{12}H_{18}$	220 „ 225
$C_{12}H_{18}$	236 „ 240
$C_{13}H_{18}$	245 „ 250
$C_{13}H_{18}$	254 „ 258
$C_{13}H_{18}$	265 „ 268
$C_{14}H_{18}$	274 „ 277
$C_{14}H_{18}$	281 „ 284
$C_{14}H_{18}$	288 „ 291
$C_{14}H_{18}$	293 „ 295

Die von *Pictet* im Benzolauszuge von Saarkohle gefundenen, niedrig siedenden Kohlenwasserstoffe wurden nicht gefunden. Hingegen enthielt der Pyridinauszug eine feste gelbe Base, ein dickflüssiges, rotbraunes Öl, eine dritte stickstoffhaltige Substanz, zwei ungesättigte Carbonsäuren und vier verschiedene Phenole.

Benzin löst nur das Öl aus der Kohle; Essigäther und Äthylalkohol auch noch (ähnlich wie Benzol) harzartige Stoffe.

Aus Braunkohlen wird das Montanwachs schon lange durch Extraktion mit Benzol gewonnen; die Ausbeute läßt sich (nach *F. Fischer* und *Schneider*) wesentlich vergrößern, wenn man in geschlossenen Gefäßen bei höheren Temperaturen und Drucken extrahiert. Durch vorheriges Erwärmen auf 250° wird ein Teil des unlöslichen Bitumen löslich, wodurch sich die Ausbeute noch weiter erhöht. Auch ein Feuchtigkeitsgehalt der Kohle begünstigt die Extraktion.

Flüssige schweflige Säure extrahiert aus Steinkohlen nur die dickflüssigen, fetten Öle, aus Braunkohlen nur die Harze.

Verflüssigung.

Die Verflüssigung der Brennstoffe gibt größere Ausbeuten, weil man hierbei nicht allein schon vorhandene lösliche Stoffe, sondern auch andere, unlösliche, nutzbar machen kann. Überdies reichern sich bei der Extraktion im Rückstande die Aschenbestandteile und sonstigen Verunreinigungen an. Doch kann auch die Extraktion in Verbindung mit der Vergasung des Rückstandes praktische Bedeutung gewinnen, wenn man vor der Vergasung die wertvollen Stoffe auf billige Weise gewinnen kann.

Durch die Verflüssigung der Brennstoffe will man Öle gewinnen, die sowohl für Heizzwecke, wie als Trieb- und Schmiermittel Verwendung finden können. Da nun die Kohlen dieselben Elemente (Kohlenstoff, Wasserstoff und Sauerstoff) enthalten, wie die zu gewinnenden Öle, aber nicht in dem gleichen Verhältnisse, sondern zu viel Kohlenstoff und Sauerstoff oder zu wenig Wasserstoff, so stehen uns zur Erreichung unseres Zweckes zwei Wege zur Verfügung:

a) Abspaltung des überschüssigen Kohlenstoffes und

b) Angliederung des fehlenden Wasserstoffes.

Ersteres Verfahren wird — ähnlich wie das *Krack*verfahren der Schwelindustrie — als ein Druck-Destillationsverfahren ausgeführt. In der Großindustrie hat das *Walter-Graef*sche Verfahren Eingang gefunden, das namentlich für die Benzingewinnung aus Braunkohlenteer von Bedeutung ist. Die Zersetzung erfolgt entweder durch langsame Destillation, bei welcher die Destillationstemperatur den Siedepunkt nicht übersteigt, oder durch Überhitzung bei Temperaturen über dem Siedepunkt. Mit steigender Destillationstemperatur erfolgt die Zersetzung immer energischer und rascher. Auf beiden Wegen lassen sich 24 bis 30 Proz. bei höchstens 150° C siedende Benzine aus Braunkohlenteer gewinnen. Gegenüber dem aus Petroleum gewonnenen Benzin ist die reichliche Menge von ungesättigten Kohlenwasserstoffen und der nicht ganz zu beseitigende scharfe Geruch als nachteilig zu bezeichnen. Ersterer Umstand kann sie aber künftig als Ausgangspunkt für ein nachträgliches Hydrierungsverfahren wichtig machen.

Andererseits ist dieses Verfahren auf flüssige Ausgangspunkte (Teer) beschränkt, während die Angliederung von Wasserstoff die völlige Verflüssigung der festen Brennstoffe möglich erscheinen läßt.

Berthelot, der schon 1869 die Hydrierung von Cellulose, Braun- und Steinkohle mit Jodwasserstoff durchzuführen versuchte, erhielt bei 280° C in 20 Stunden ein dem Rohpetroleum ähnliches Öl, während andere Versuche zwar keine Verflüssigung, aber die Überführung der Kohle in wasserlösliche Form erzielten. Je jünger die verwendete Kohle ist, desto größere Ausbeute erhält man, von Anthrazit etwa 12 Proz., von Gasflammkohle etwa 80 Proz.

Dr. *Keller* konnte durch Destillation unter hohem Wasserstoffdruck die Teerausbeute von 4 Proz. auf 20 Proz. steigern.

Am aussichtsreichsten erscheint das Verfahren von Dr. *Friedrich Bergius*[1]), welches schon in der Rheinauer Betriebsanlage in größerem Maßstabe erprobt wurde und eben in den Großbetrieb eingeführt werden soll. Es gelang ihm, durch Einwirkung von Wasserstoff unter hohem Druck und bei erhöhter Temperatur bis zu 85 Proz. der Kohle zu verflüssigen oder doch in wasserlösliche Form überzuführen. Er erhielt aus 1 t trockener Rohkohle und der erforderlichen Menge Wasserstoff und Eisenoxyd:

Öl	445 kg
Gas	210 „
Wasser	75 „
Ammoniak	5 „
Öl und kohlehaltige Rückstände	350 „
Verlust	15 „
zusammen	1100 kg.

[1]) Die Verflüssigung der Kohle. Z. V. d. I. 1925, Nr. 42, 43.

Die Verkokung des Rückstandes ergab:

Öl	80 kg
Koks und Asche	240 „
Gas	25 „
Verlust	5 „
	350 kg

Das Gesamtergebnis war:

Neutraler raffinierter Motortreibstoff (Siedegrenzen 30° bis 230° C)	150 kg
Diesel- und Tränköl	200 „
Schmieröl	60 „
Heizöl	80 „
Destillations- und Raffinationsverlust	35 „

Noch leichter gelingt die Hydrierung von Teerprodukten und Pechrückständen der Teerdestillation. Namentlich die Hydrierung von Naphthalin, das in so großen Mengen gewonnen wird, daß es zum großen Teil verfeuert werden muß zu Di- und Tetranaphthalin, gelingt bei Anwendung geeigneter Katalysatoren leicht und wird von der Tetralin-Gesellschaft m. b. H. seit Jahren im großen durchgeführt. Auch hat *F. Fischer* das ältere Verfahren von *Friedel* und *J. M. Crafts* ohne Katalysator beim Zusatz von $AlCl_3$ unter Druck erprobt.

Nach *F. Fischer* ist auch die Löslichmachung der Kohlen durch Einwirkung von Ozon vollkommen gelungen. Hierbei entsteht ein noch nicht näher untersuchter, karamelähnlicher Stoff. *Fischer* vermutet, daß seine Hauptmenge eine Säure sei, indem sich primär Ozonide bilden, die durch Wasser zersetzt werden. Nach *Harries* in Kiel lassen sich unter Einhaltung gewisser Bedingungen bei der Ozonisierung aus Teer freie Fettsäuren bilden. Auf diesem Wege ließen sich also nicht nur technische Fettsorten, sondern auch das Ausgangsmaterial für die Seifenfabrikation, ja, vielleicht sogar Speisefett gewinnen.

XVI. Verwendung der Brennstoffe[1]).

Feste Brennmaterialien enthalten neben der brennbaren Substanz noch (und zwar manchmal recht viel) Asche und Wasser; flüssige Brennstoffe enthalten nur wenig von beiden, während gasförmige Brennstoffe keine Asche (manchmal aber nicht unbeträchtliche Mengen Flugstaub) und je nach den Umständen mehr oder weniger Wasserdampf mit sich führen.

Die Kohlenaschen stören die Verbrennung und Destillation der brennbaren Bestandteile, indem sie sowohl unerwünscht kräftige Zersetzungen, als auch einen unvollständigen Verlauf der Verbrennung, aber auch der Destillation hervorrufen können. Der Wassergehalt derselben stört wenig, wenn er nicht allzu groß ist (wie manchmal bei Braunkohlen und Torf). Alle festen und flüssigen Brennstoffe enthalten Kohlenstoff und Wasserstoff. Letzteres Element

[1]) *de Grahl*, „Wirtschaftliche Verwertung der Brennstoffe".

vergrößert die Reaktionsfähigkeit des Brennstoffes, während der in den festen Brennstoffen auch vorhandene Sauerstoff eine gegenteilige Wirkung ausübt.

Die Destillationsprodukte der Kohlen enthalten Sauerstoff, der zum Teil an C, teils an H gebunden ist, doch ist das Verhältnis zwischen beiden ein verschiedenes. Stets zeigt sich hierbei jedoch noch ein Wasserstoffüberschuß, der zum Teil an Kohlenstoff gebunden, zum Teil aber frei auftritt.

Nach *Aufhäuser* verhalten sich die festen Brennstoffe bei der Verbrennung so, als ob sie aus Koks und Gas beständen (oder anders gesagt, bei der Verbrennung werden dieselben zunächst entgast); das Gas verbrennt schnell und lebhaft, selbst schneller als die flüssigen Brennstoffe; trotzdem kann leicht unvollständige Verbrennung und Rauchbildung eintreten, wenn die Mischung mit der Verbrennungsluft nicht gut ist. Die Verbrennung des kohligen Rückstandes erfolgt zwar langsamer, aber gleichmäßiger als jene der entwickelten Gase.

Hoher Aschengehalt verringert den Heizwert, erhöht die Transportkosten und kann die Menge der unverbrannten Kohle im Rostdurchfall vergrößern; überdies können die Feuerzüge durch mitgerissene Asche verlegt werden.

Ein hoher Wassergehalt erniedrigt den Brennwert und erhöht die Transportkosten ebenso wie ein hoher Aschengehalt, vergrößert hingegen die Wärmeverluste durch die Abgase und erniedrigt die Verbrennungstemperatur; auch erschwert er die Verbrennung sowohl wie die Vergasung.

Ein hoher Schwefelgehalt (Schwefelkies) erniedrigt den Schmelzpunkt der Asche, befördert also die Schlackenbildung; er ist auch für die Roststäbe gefährlich und für metallurgische Zwecke unerwünscht.

Für Verbrennungsmotoren verwendet man entweder flüssige Brennstoffe (z. B. Teer und Teeröle) oder im Generator vergaste feste. Bei diesen ist die Luftzufuhr eine leichte und die gute Mischbarkeit mit letzterer ermöglicht gleichzeitige Verbrennung von Kohlenstoff und Wasserstoff ohne Rußabscheidung, doch dürfen sie weder zu reich noch zu arm an Wasserstoff sein. Am besten eignen sich die mittleren Destillate von Petroleum und Teer, namentlich die Gasöle aus Petroleum und Braunkohlen. An diese schließen sich die Teeröle (aromatische Kohlenwasserstoffe); am schlechtesten ist Teer, der wohl für diese Zwecke kaum eine weitere Verwendung finden wird.

Für Verkokung und Vergasung werden (mit einziger Ausnahme der Ölgaserzeugung, die aber nur für die Beleuchtung von Eisenbahnwaggons und lokale Zwecke Bedeutung hat) nur Kohlen (bzw. Holz und Torf namentlich in Schweden) verwendet.

Magere Steinkohlen und Anthrazit (die nur sehr wenig Teer geben), sowie nicht backende Fettkohlen (die bei nur 3 bis 4 Proz. Teerausbeute, schlechten Koks liefern) werden unmittelbar verbrannt.

Backende Fettkohlen, Gas- und Gasflammkohlen finden bei der Leuchtgasfabrikation, sowie zur Urteer- und Halbkokserzeugung Verwendung.

Von Braunkohlen werden die bitumenarmen Sorten direkt verfeuert, die mittleren Sorten brikettiert, die bitumenreichen aber vergast.

Für die Kokerei- und Leuchtgasfabrikation werden Steinkohlen benutzt.

Die Kohlenfeuerungen zeichnen sich durch Gleichmäßigkeit und Nachhaltigkeit aus, wobei die Kohlenlage über dem Rost als Wärmespeicher wirkt.

Die flüssigen Brennstoffe sind leicht entzündlich, lassen sich rasch und leicht abstellen und gestatten, rasch hohe Temperaturen zu erreichen. Eine Kombination von festen und flüssigen Brennstoffen wird sich in manchen Fällen auch schon aus kaufmännischen Gründen empfehlen (Teerzusatzfeuerungen).

Erdöl und seine Destillationsprodukte gestatten einen einfachen und (bei Verbrennungsmotoren) einen wirtschaftlich gesteigerten Betrieb; das gleiche gilt von den bei der Kohlenvergasung gewonnenen flüssigen Brennstoffen, die ein sehr wertvolles Nebenprodukt sind, den Wert der Kohlen erhöhen und um so mehr einen bedeutenden Gewinn der heimischen Volkswirtschaft bedeuten, als dadurch der Import ausländischer teurer Stoffe eingeschränkt wird.

Die gasförmigen Brennstoffe bieten ähnliche Vorteile wie die flüssigen, nämlich einfacheren Bau der Feuerungsanlagen, Wegfall des Rostes, sowie der Aschen- und Schlackenabfuhr, gute Mischbarkeit mit der Verbrennungsluft und Erzielung einer vollständigen Verbrennung mit geringerem Luftüberschuß. Demzufolge können höhere Temperaturen, sowie eine bessere Brennstoffausnutzung erzielt werden. Infolge der Möglichkeit des raschen Anheizens und Abstellens gewinnt die Feuerung an Betriebsbereitschaft, man spart an Arbeitslöhnen und Bedienung, und die gasförmigen Brennstoffe können in Gasmaschinen vorteilhaft verbrannt werden, weil die Brennstoffausnutzung eine günstigere ist als bei Dampfmaschinen.

Andererseits haben die flüssigen Brennstoffe gegenüber den gasförmigen den Vorzug, frei (d. h. ohne lange Leitungen) transportabel zu sein, und nehmen einen mindestens um $^1/_3$ kleineren Raum ein als selbst feste Brennstoffe, was für Schiffskessel, Lokomotive und Motorwagen den Aktionsradius bedeutend erweitert. Auch gibt 1 kg der flüssigen Brennstoffe ungefähr doppelt so viel Wärme wie 1 kg Kohlenstaub.

Für die Metallindustrie erscheint das Teeröl besonders geeignet, weil die erforderlichen Einrichtungen geringe Kosten verursachen, der Abbrand ein kleiner ist, Tiegel und sonstige Feurungseinrichtungen geschont werden und ihr Schwefelgehalt ein geringer ist. Außerdem steigern sie die Leistungsfähigkeit der Anlage, gestatten eine rauch- und rußfreie Verbrennung und eine unmittelbare Zuführung des Heizstromes zu den zu erhitzenden Gegenständen und gute Regulierbarkeit der Verbrennungstemperatur sowie des chemischen Charakters der Flamme (oxydierend, reduzierend oder neutral).

Minderwertige, aschenreiche feste Brennstoffe lassen sich entweder mit künstlichem Zug verbrennen, oder am besten im Generator vergasen. Solche Brennmaterialien, die nur sehr wenig brennbare Bestandteile enthalten, lassen allerdings keine wärmewirtschaftliche Ausnutzung zu, können aber aus volkswirtschaftlichen Gründen an Ort und Stelle (weil sie keinen Transport vertragen und sich nicht brikettieren lassen) zur billigen Dampferzeugung dienen.

Die Verwendung minderwertiger Brennstoffe in Vermischung mit flüssigen Brennstoffen (als Kolloidbrennstoffe) wurde schon früher erwähnt.

Die Staubkohlenfeuerungen bedürfen eines geringen Luftüberschusses und können noch mit ziemlich hohem Aschengehalte vorteilhaft benutzt werden. Allerdings kommen bei denselben die Zerkleinerungskosten in Betracht, weshalb sich für diese besonders Halbkoks (bei dessen Erzeugung man wertvolle Nebenprodukte gewinnt) eignet, und muß auf die Explosionsfähigkeit der Kohlenstaub-Luftgemische Bedacht genommen werden.

Für die Beurteilung der verschiedenen Brennstoffe ist von besonderer Wichtigkeit:

1. ihr Heizwert (bzw. auch ihr Gehalt an brennbaren Bestandteilen), und zwar sowohl ihr absoluter, resp. spezifischer wie ihr pyrometrischer Heizwert;

2. die Luftmenge, welche theoretisch zu ihrer vollständigen Verbrennung erforderlich ist;

3. die tatsächlich erforderliche Luftmenge, weil hierdurch die Verbrennungstemperatur beeinflußt wird. Bezeichnen wir die theoretische Luftmenge mit L, die wirklich verbrauchte aber mit $L_1 = n\,L$, so beträgt erstere erfahrungsgemäß

bei flammenloser oder Kontaktfeuerung	$n = 1{,}0$ bis $1{,}05$
„ Gas- und Halbgasfeuerungen	$= 1{,}3$ „ $1{,}7$
„ Kohlenstaubfeuerungen	$= 1{,}3$ „ $1{,}7$
„ gewöhnlichen Rostfeuerungen	$= 1{,}8$ „ $2{,}5$
ja bei schlechten Rostfeuerungen sogar bis . .	$= 4{,}5$;

4. die Gasgiebigkeit bzw. die Flammbarkeit der festen Brennstoffe, die mit ihrem Wasserstoffgehalte wächst,

5. das Verhalten der festen Brennstoffe im Feuer (ob sie zerfallen oder backen, oder ob sie verschlacken);

6. wenigstens für metallurgische Zwecke ihr Schwefel- und Phosphorgehalt und

7. auch ihr Preis, wobei ganz besonders die Transportkosten für Zufuhr der Brennstoffe und Abfuhr der Abfälle in Betracht kommen.

Welche Wichtigkeit vom volkswirtschaftlichen (aber auch vom privatwirtschaftlichen) Standpunkte die Beschaffung billiger Brennstoffe und die Schonung unserer Brennmaterialienvorräte besitzt, ergibt sich auch daraus, daß die Zufuhr von Brennmaterialien nicht nur Kraft, sondern auch einen ganz beträchtlichen Brennstoffaufwand, größere Gleisanlagen und Waggonparks und Kosten für die Abfuhr der Verbrennungsrückstände jener Kohlenmengen erfordert, welche für den Transport der zugeführten Brennstoffe aufgewendet werden mußten.

Unter diesen Umständen kommt auch der Ausnutzung der Wasserkräfte, sowie billiger Energieträger zur Gewinnung von elektrischer Energie, die sowohl als Kraft- wie als Wärmequelle Verwendung findet, hohe wirtschaftliche Bedeutung zu.

Namenregister.

Sachregister.

Von demselben Verfasser erschienen bereits folgende Werke:

1. Zur Sicherheit des Lebens in den Theatern (zusammen mit *Carlo Boog*). Wien 1882.
2. Praktisches Handbuch für Eisenhüttenchemiker. Wien 1885. Ins Französ. übersetzt 1891.
3. Die Verwendung von Hochofenschlacke. Wien 1887.
4. Frommes Montankalender von 1887—1914.
5. Chemisch-calorische Studien über Generatoren und Martinöfen (zusammen mit *Fr. Toldt*). Leipzig 1880, 2. Auflage 1900.
6. Die Heizstoffe und das Wichtigste aus der Wärmelehre. Wien 1890.
7. Die Untersuchung der Feuerungsanlagen. Wien 1891.
8. Fortschritte im Eisenhüttenlaboratorium in den letzten 10 Jahren. Leipzig, 1. Bd. 1895; 2. Bd. 1896.
9. Beziehungen zwischen Zerreißfestigkeit und chem. Zusammensetzung von Eisen und Stahl. Leipzig 1895. Ins Russische übersetzt.
10. Beziehungen zwischen chem. Zusammensetzung und den phys. Eigenschaften von Eisen und Stahl. Leipzig 1896. Ins Russische übersetzt.
11. Kompendium der Eisenhüttenkunde. Wien 1896. Ins Russische übersetzt.
12. Die Kohlenstofformen im Eisen. Stuttgart 1896.
13. Die Mikrostruktur des Stahles und die modernen Härtungstheorien. Stuttgart 1896.
14. Die Bestimmung des Heizwertes von Brennmaterialien. Stuttgart 1896.
15. Die Einführung einheitlicher Analysenmethoden. Stuttgart 1896. Ins Engl. übersetzt.
16. Grundzüge der Siderologie. Leipzig, 1. und 2. Bd. 1902, 3. Bd. 1904. Ins Englische, Französische und Russische übersetzt.
17. Lehrbuch der physikalischen Chemie. Wien, 1. Bd. 1904, 2. Bd. 1905.
18. Beiträge zur Theorie des Generator- und Wassergases. Stuttgart 1904.
19. Chemische Technologie der Energien. Wien, 1. u. 2. Bd. 1905, 3. Bd. 1907. Ins Engl. übers.
20. Beiträge zur Theorie der Eisenhüttenprozesse. Stuttgart 1906.
21. Das chemische Gleichgewicht auf Grund mechanischer Vorstellungen. Leipzig 1910.
22. Zur Ausgestaltung des technischen Hochschulunterrichtes. Wien 1912.
23. Das Eisenhüttenwesen, eine Übersicht seiner Entwicklung sowie seiner kulturellen und wirtschaftlichen Bedeutung. Leipzig, 1. Aufl. 1912, 2. Aufl. 1916.
24. Die Festigkeitseigenschaften der Metalle. Leipzig 1919.
25. Beziehungen zwischen den mechanischen Eigenschaften, der chemischen Zusammensetzung, dem Gefüge und der Vorbehandlung von Eisen und Stahl. Leipzig, 2. Aufl. 1919.
26. Die Heizgase der Technik. Leipzig 1920.
27. Beiträge zur Feuerungstechnik. Leipzig, 2. Bd. 1920.
28. Beiträge zur Hochofentheorie. Leipzig. 2. Bd. 1921.
29. Die Reduktion der Eisenerze in elektrischen Öfen. Leipzig 1924.
30. *Ledebur*, Handbuch der Eisenhüttenkunde. 6. Auflage, 1. Bd. 1923, 2. Bd. 1925.
31. Gas, Dampf und Flüssigkeit. Leipzig 1925.
32. Allgemeine Energiewirtschaft. Leipzig 1927.

GPSR Compliance

The European Union's (EU) General Product Safety Regulation (GPSR) is a set of rules that requires consumer products to be safe and our obligations to ensure this.

If you have any concerns about our products, you can contact us on ProductSafety@springernature.com

In case Publisher is established outside the EU, the EU authorized representative is:

Springer Nature Customer Service Center GmbH
Europaplatz 3
69115 Heidelberg, Germany

Batch number: 10683525

Printed by Printforce, the Netherlands